创新方法工作专项项目(2009IM020100,2011IM011000)

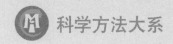

"十二五"国家重点图书出版规划项目

水文学方法研究丛书

气候变化对水资源的影响模拟

Modelling the Impact of Climate Change on Water Resources

〔英〕冯 辉 〔英〕A. 洛佩兹 〔英〕M. 钮 著

杨志勇 于赢东 严登华 邵薇薇 李光华 李孟南 译

科学出版社

北京

图字：01-2013-0910

内 容 简 介

本书针对气候变化对水资源影响模拟过程中存在的机遇与局限性，分别从天气和气候、区域气候降尺度、气候变化条件下的水资源供需、气候变化风险管理方法和气候变化对水资源影响模拟案例等多个方面进行了介绍和阐述。通过详细介绍气候降尺度方法、气候模式与水文模型耦合方法和气候变化风险管理方法，本书完整地描述了气候变化信息如何提供给水文模型并用于水资源系统模拟。为气候变化对水资源影响的相关研究者提供了完整的理论架构和技术示范。

本书可供高等院校和科研单位及从事气候变化对水资源影响、气候变化的应对与适应、水资源管理的专家学者、研究生及技术人员参考。

This edition first published 2011, © 2011 by Blackwell Publishing Ltd. All rights reserved. No part of this publication may be reproduced, stired in a retrieval system, or transmitted, in any form or by any means, electronic, mechanical, photocopying, recording or otherwise, except as permitted by UK Copyright, Designs and Patens Act 1988, without the prior permission of the publisher.

Chinese Translation Edition Copyright © Science Press, 2014. All rights reserved.

图书在版编目(CIP)数据

气候变化对水资源的影响模拟／（英）冯辉（Fung, F.）等著；杨志勇等译. —北京：科学出版社，2016.1
（水文学方法研究丛书）
书名原文：Modelling the Impact of Climate Change on Water Resources
ISBN 978-7-03-046981-6

Ⅰ.①气… Ⅱ.①冯… ②杨… Ⅲ.①气候变化-影响-水资源-研究 Ⅳ.TV211

中国版本图书馆 CIP 数据核字（2015）第 311347 号

责任编辑：李 敏 刘 超／责任校对：彭 涛
责任印制：张 倩／封面设计：黄华斌

科学出版社 出版
北京东黄城根北街 16 号
邮政编码：100717
http://www.sciencep.com

中国科学院印刷厂 印刷

科学出版社发行 各地新华书店经销

*

2016 年 1 月第 一 版　　开本：720×1000　1/16
2016 年 1 月第一次印刷　　印张：14 3/4　插页：2
字数：350 000

定价：118.00 元
（如有印装质量问题，我社负责调换）

《水文学方法研究丛书》编委会

主　编　胡四一

编　委　陈志恺　　刘昌明　　王　浩　　王光谦
　　　　　张建云　　钟登华　　康绍忠　　王　超
　　　　　沈　冰　　芮孝芳　　刘国纬　　胡春宏
　　　　　许唯临　　谈广鸣　　唐洪武　　夏　军
　　　　　杨大文　　丁　晶　　任立良　　秦大庸
　　　　　严登华　　王文圣　　杨志勇

本书主要作者

沃尔特．柯立钦：海军研究所，南大河州联邦大学，阿雷格里港，巴西

海利 J. 福勒：水资源系统研究实验室，土木工程与地球科学学院，纽卡斯尔大学，泰恩赛德，英国

冯辉：廷德尔气候变化研究中心，地理学院，牛津大学，英国

弗雷德里希·亨德里克：法国电力集团，法国

雷托·克努蒂：大气与气候科学研究所，苏黎世联邦理工学院，瑞士

A·洛佩兹：格兰瑟姆研究中心，伦敦政治经济学院，廷德尔气候变化研究中心，地理学院，牛津大学，英国

M·钮：地理学院，牛津大学，英国

罗德里格·派瓦：海军研究所，南大河州联邦大学，阿雷格里港，巴西

伊迪斯·比阿特丽斯·斯凯蒂尼：海军研究所，南大河州联邦大学，阿雷格里港，巴西

达西 A. 斯通：气候系统研究组，开普敦大学，隆德伯西，南非

简-飞利浦·维达尔：环境工程研究院，里昂第三大学，里昂，法国

格兰·瓦茨：监测与创新研究中心，环境署，布里斯托，英国

罗伯特 L. 威尔比：地理学院，拉夫堡大学，莱切斯特，英国

总　　序

　　水文学和水资源学是水资源可持续利用的科学基础和技术手段。20世纪90年代以来，由于人口、社会、经济的高速发展，除防洪形势依然严峻外，水资源短缺与水环境恶化的问题（并称为水问题）也突显出来，并成为国家可持续发展的制约因素。应对这些水问题，满足可持续发展所需要的水供给和水环境支持条件，自然成为这一时期水文学和水资源学研究的中心任务，这就向水文水资源科技工作者提出了新的更高要求。为防洪减灾提供水文水资源信息和知识支撑，需要加强特大洪水形成规律、水文信息采集传输预报调度决策现代化、非工程措施的研究；为水资源可持续利用提供科学基础，需要加强水资源形成、演化机理研究和全球变化对水资源影响的研究，注重水资源系统、经济社会系统、生态环境系统在其耦合演进过程中相互依存与相互制约定量关系的研究，以及水资源评价与规划、水资源承载能力评价、水资源开发利用与保护的研究；为生态安全和环境保护提供水文水资源知识服务，需要揭示水对于生态安全的控制机理和水作为环境要素的基础作用，研究不同自然地理条件下生态需水量计算方法，制定描述河流健康状态的评价体系和人类-经济社会-生态环境系统中水分配策略；在流域规划和工程设计中，需要加强高强度人类活动条件下的水文水资源预测研究，探索新的水文水资源分析计算途径与方法；为建设节水防污型社会提供水文水资源科技支撑，需要开发水资源循环再生利用、综合节水和水资源高效利用技术，建立水资源利用效率评价与水资源价值的综合核算方法，以及加强水管理制度安排和政策设计的科学基础与应用研究。

　　科学地认识和创造性地解决我国的水问题，离不开科学技术，水文和水资源领域的科技创新与技术进步将为我国水资源可持续利用提供坚实的科学理论和有效的关键技术。科技创新，方法先行，方法对路，事半功倍。随着水文学研究内容和应用方向的多样化，水文学界对学科发展的兴趣与日俱增，更加关注其学科方法和哲学基础，发展与创新传统的水文学研究方法，已成为解决我国在变化环境下复杂水问题的迫切需求。随着近几十年来科学技术的突飞猛进，大量新技术、新方法广泛应用于水文学研究，传统水文学方法也从技术进步中受益匪浅，促进了水文学研究方法体系的日趋成熟和完善。受数量化、系统论和信息技术的影响，也为了适应可持续发展日益增长的需求，水文学已经发生了显著的变化，逐步实现了从传统水文学向现代水文学的过渡，即以学科综合交叉发展为主线，以天-地一体化的系统视角，运用"原型观测+数值模拟+地理信息技术"的研究途径，模拟预测"自然-人工"范式下的二元水循环过程的演化趋势和动态变化，揭示水量、水沙、水质、水生态过程的耦合机制和相互作用，强调人类活动对水循环的重要性，注重复杂水资源系统的优化配置和综合调控，为提高水旱灾害的预测防控水平、提升水利工程的建管调控能力和加强水资源与水环境的协调管理提供科学原理及实践方法。在这一转变过程中，新的水文实验、水文观测、水文模拟、水文预测预报方法快速发展，在我国水问题研究和实践中获得了广泛应用，取得了丰硕的研究成果，水文学的方法体系也不断丰富完善，有力地推动了复杂水问题解决思路、研究平台和技术手段的现代化转型。系统回顾和总结水文学研究方法的发展历程，深入揭示水文学方法的演进规律和驱动机制，科学评估水文学方法的学科前沿和发展趋势，对于水文学的知识传承和学术创新发挥着基础性和先导性作用，对于进一步推动水文科学发展、实现水资源可持续利用具有重要意义。

2010年，中国水利水电科学研究院王浩院士和科学出版社共同发起，组织活跃在水文学研究领域的专家学者，成立了《水文学方法研究丛书》编委会。历经近三年的酝酿，通过组织召开多次编写工作协调会议及学术委员工作会议，在充分讨论并征求由多名院士组成的学术委员会意见的基础上，结合当前水文学方法研究中的热点和前沿问题，确定了《水文学方法研究丛书》的编写框架、主要内容、体例要求。丛书面向水文水资源相关领域学者、管理人员和基层水文工作者，针对不同读者的阅读需求，组织各主要分册编写。该丛书集成了当前国内外水文学研究领域主要的研究方法及相关的基本理论和分析思路，注重认识论和方法论层面的研究和总结，许多内容都是这些编著者多年潜心研究的成果，集中了众多水文学者的集体智慧，凝结了参与这项工作的全体同志的心血和汗水。该丛书的出版发行，必将助益于水文学科的传承和创新，进而对推动我国水文学科的发展发挥积极作用。

水利部副部长

2012年6月

原 书 序

　　这本书是我和我的同事、合作者花费大量时间完成的，本书分析了当前模拟气候变化对水资源影响过程中存在的机遇与局限性。全球气候模式通常通过降尺度到流域尺度或水资源系统模型尺度，他们是分析气候变化对水资源影响的有效工具。但是模型中的假设和可能出现的问题通常只对从事模型模拟工作的人公开，而对于想使用这些信息的人却是保密的。这本书的目的是清晰完整的描述气候变化信息如何提供给水文模型并用于水资源系统模拟。我们希望本书能够受到学生、研究人员和从业者的喜欢。

　　在此，我们要感谢对本书编写过程提供过帮助的所有人，同时要感谢牛津大学廷德尔研究中心的气候研究和地理与环境学院为本书提供的相关数据资料使得本书得以完成。

目 录

总序
原书序
第1章 引言 ·· 1
 1.1 关键议题 ·· 2
 1.2 本书结构 ·· 3
 参考文献 ·· 4
 延伸阅读 ·· 4
第2章 天气与气候 ······································ 5
 2.1 引言 ·· 5
 2.2 气候模型 ·· 8
 2.3 气候模型的输出 ·································· 17
 2.4 未来气候变化预测 ································ 24
 2.5 对主要不确定性的理解 ···························· 28
 2.6 未来几年可能的研究进展 ·························· 34
 2.7 术语汇编 ·· 35
 参考文献 ·· 37
 延展阅读 ·· 38
第3章 区域气候降尺度 ·································· 39
 3.1 引言 ·· 39
 3.2 数值天气预测中降尺度的起源 ······················ 40
 3.3 降尺度方法的回顾 ································ 41
 3.4 降尺度概念的发展 ································ 58
 3.5 降尺度的适用性 ·································· 76
 3.6 结论 ·· 80
 参考文献 ·· 84
第4章 人类之水：气候变化与供水 ························ 103
 4.1 简介 ·· 103
 4.2 供水规划的水文分析 ······························ 104
 4.3 从水文到水资源可利用量：供需平衡 ················ 121

| 4.4 气候变化下的供水 | 141 |
| 参考文献 | 144 |

第5章 气候风险管理的新兴方法 151
　　参考文献 157
　　延展阅读 158

第6章 实例研究 160
　　6.1 前言 160
　　6.2 案例1：气候变化对夸拉伊河流域地区水资源的影响 161
　　6.3 案例2：气候变化对水电的影响——以法国阿列日河流域为例 174
　　6.4 实例3：英国西南部的水资源管理水平实例 190
　　参考文献 208

图版

第1章 引 言

冯 辉[1], A. 洛佩兹[2], M. 钮[3]

[1]廷德尔气候变化研究中心，地理学院，牛津大学，英国
[2]格兰瑟姆研究所，伦敦经济学院，英国
[3]地理学院，牛津大学，英国

人类活动对气候变化造成了影响这一事实已被联合国所有成员所接受，并且很多国家已将此明确记入了国家法案（例如英国《气候变化法案》，2008）。目前人类社会已经普遍认识到人为因素对气候变化的影响，即便这种影响可能已经有所缓和，人类社会也必须采取行动来适应它（New et al.，2009）。这种适应性措施首先需要对气候变化影响评价的基础科学和技术方法有全面的认识，不仅涉及气候科学家，也关系到食品及农业、生态系统、能源及基础设施等一系列领域的科学家、工程师和决策者，而水资源作为所有生命的基础和几乎所有社会经济活动的必须资源，在气候变化研究中吸纳水资源领域的相关研究人员尤为重要（Bates et al.，2008）。

目前，有关气候变化对水资源潜在影响的评价方法多种多样，这些方法几乎都用到了气候模式数据和水文水资源模型。诸多复杂的气候模式被用来预测全球未来100年的气候变化情况，但是却难以得出哪种模型预测的结果更为可靠的结论。整个气候变化影响模拟过程包括：气候模式的选择、模式输出结果降尺度、水资源供需模拟三个过程。全面理解模拟中的每一个过程，是正确理解模拟中涉及的假定和注意事项以及这些假定和参数对模拟结果的影响的基础。气候变化涉及诸多学科，而多数学者是在自己的研究领域内进行相关研究，然后通过相对平行的渠道将信息从研究气候模型的学者传递给水资源管理者，因此会导致很多信息的缺失。虽然学者在气候变化领域已经公开发表了很多科技论文，并且被广泛引用，但是对于模型的假设及误差，只有模型开发者才能全面了解，而对其他希望利用这些信息的人却不公开。

因此，虽然目前已经开展了大量的气候模型研究工作，但模型的实际应用情况和模型传递给水资源管理者、水利工作者以及水资源决策者的信息情况却难以确定。

虽然气候变化是一个多学科交叉的议题，但模拟过程中对每个步骤的优劣

评价也不需要面面俱到。本书将评价过程中模型开发者在每个阶段提出的假设和警告一一列出，为模型使用者提供指导。本书的写作目的是为学生、工作人员和决策者提供目前水资源系统模拟影响科学发展的关键问题，同时为更好得做出气候风险决策提供基础。

1.1 关键议题

本书拟通过讨论气候和水资源要素，给出气候变化模拟的理论和目前存在的问题，关键议题如下。

- 非平稳性。气候是非稳态的，也就是说观测到的数据并不能描述未来的气候状态。基于历史事件的水资源管理决策在未来水资源研究中可能并不适用。未来水资源管理决策制定方式可能会彻底改变。

- 不确定性叠加。要计算世界某一地区可利用的水资源量，通常的方法是利用气候模型数据，进行降水尺度处理与水文模型耦合。该过程的每个阶段，都有很多假设，其中可能涉及许多不确定性；这些不确定性在整个过程中从一个阶段传递到下一阶段。不确定性的叠加及其在对结果的解释方面的应用都需要通过模拟过程来进行评估。

- 方法评估。由于时间和资源的限制，从业者更倾向于已开发成熟、应用广泛的方法，而不是一系列需要继续研究的模型和方法。目前是否存在一个适用于气候变化背景下的评估模型和方法？对于某个特定的问题，确定性方法是否比其他方法更适用？本书对这些问题进行了探讨，但要寻求一个适用于各种情景的万全之策是不可能的。

- 社会-地球系统的交界面。水资源分布在人类和地球系统交界的地方，人类活动和气候变化直接影响水资源的分布。一旦人类系统、水资源系统和替代适应性选择方法引入到模型中，会使其更加复杂并且不稳定性增加。在不确定性背景下发展适应策略需要重视物理机制以及人类活动的影响（如人口增加、土地利用变化、经济及标准服务）。

- 数据分辨率。受影响的群体需要比目前全球气候模型模拟的时空尺度更为细致的数据。气候数据为相关决策者，尤其是研究流域尺度的决策者，提供极为重要的水资源管理信息。但是，这些尺度上的数据是否可靠？其中的一个亟待解决的问题，就是这些模型是否能解决洪水和干旱等极端天气事件。

第 1 章 引　言

1.2　本书结构

本书根据常用于评估气候变化对水资源影响的方法进行写作。首先是对介绍气候模型概况的介绍，其次是介绍将气候模型数据转化到地区尺度的降尺度方法，最后是水资源模型的应用。

达西·A. 斯通和雷托·克努蒂编写"天气与气候"一章中（第 2 章）介绍了气候模型。这一章主要从简单的探索性模型到综合环流模型描述了气候模拟的不同方法。主要讨论了气候的可预测性、气候模型评估及气候变化背景下预测的不确定性等问题。其中重点关注利用气候模型模拟得出的数据定量评估气候变化对水文的影响这一途径的可能性和局限性。

第 3 章是由罗伯特·L. 威尔比和海利·J. 福勒编写的"区域气候降尺度"，通过将气候模型数据降尺度处理为与水资源规划相关的时空尺度，将气候模型和水文/水资源模型联系起来。包括阐述已经应用在数据处理中的统计学和动力学方法，及其自身优势和局限性。最后探讨适用于改善决策制定的降尺度方法。

第 4 章"人类用水：气候变化与供水"中，格兰·瓦茨从气候变化背景下供需水问题的角度阐述了社会-地球系统的相互关系。利用目前基于水文地质的供需水模型来评估气候变化对水资源的影响。同时探讨了如何利用模型在极大不确定性背景下制定决策方案。

第 5 章"气候风险管理的新兴方法"中，我们讨论了如何将模型不同步骤中所得的数据应用到适应气候变化的决策制定中。虽然本书并不能得出一套完整的决策制定理论方法，但讨论了如何在更大的不确定性条件下将气候-水-水资源系统模拟更为高效地应用到决策制定中。

为了将第 2 章～第 4 章中所介绍的不同概念整合起来，本书最后一章列举一些典型案例，这些案例解释了前几章提到的气候风险评价类型。罗德里格·派瓦，沃尔特·柯立钦和伊迪斯·比阿特丽斯·斯凯蒂尼列举了一条跨越乌拉圭和巴西两国的跨国河流的影响评价的案例。同时也列举了两个欧洲的案例：简飞利浦·维达尔和弗雷德里希·亨德里克 阐明了利用高度复杂的降尺度方法确定气候变化对比利牛斯山水利工程影响程度的案例；安·洛佩兹阐述了如何利用大量气候模型数据来探索英格兰西南部水资源系统适应性方案。这些案例分析不一定是成功的典范，但是包含了目前科学家试图解决这些问题所用的方法。

参 考 文 献

Bates, B. C., Kundzewicz, Z. W., Wu, S. and Palutikof, J. P. (eds) (2008) *Climate Chnage and Water*. Technical Paper of the Intergovernmental Panel on Climate Change, IPCC Secretatiat, Gneva, 210 pp.

New, M., Liverman, D. and Anderson, K. (2009) Mind the gap. Nature Reports Climate Change (0912), 143-144.

Avalaiable at: http//dx. doi. org/10. 1038/climate. 2009. 126.

延伸阅读

本书中所列问题并未在其他书刊中有所涉及，但是以下文章可能有助于更好地理解本文。

Garbreche, J. D. and Piehota, T. C. (2007) *Climate Variations, Climate Change, and Water Resources Engineering*. American Society of Civil Engineers, Reston, VA.

Millr, K. and Yates, D. (2006) *Climate Change and Water Resources: A Primer For Municipal Water Providers*. American Water Works Research Foundation.

Frederick, K. D. (2002) *Water Resources and Climate Change*, The Management of Water Resources: 2. Edward Elgar Publishing, Cheltenham.

Kaczmarek, Z, (1996) *Water Resources Management in the Face of Climate/Hydrologic Uncertainties*. Water Science and Technology Library, Springer.

第 2 章 天气与气候

达西·A. 斯通[1]，雷托·克努蒂[2]
[1] 气候系统分析小组，开普敦大学，隆德伯西；南非
[2] 大气和气候科学研究所，苏黎世联邦理工学院，瑞士

2.1 引　　言

2.1.1 气候变化问题

气候变化不属于任何一门科学方法。对科学家而言，将最近几个世纪有温室气体排放的情形与那些无温室气体排放的情形相对比是不科学的，同时也是不可行的。此外，科学家不可能构建出很多个地球来对其进行实验。因此，目前我们仍停留在观测阶段，期待进一步确定人类活动是否真正引起了足够显著的气候变化，从而进一步验证已有证据。这个问题与人们试图建立的一种疾病与吸烟之间特定的联系时遇到的问题很类似。强制一部分随机抽取的人群吸几十年的烟，而另一组随机抽取的人群不允许吸烟，需等待几十年来观察其不同结果，这是一个非常漫长的过程，最终用肺癌和心脏病发病率的高低，来验证之前的假设，但是仍有很多其他疾病并不能与吸烟建立明确的关系。

然而，人类活动排放的温室气体和吸烟是不同的。气候系统是一个物理系统，其大尺度的模式受一些读者熟知的流体和辐射运动的法则所控制，而人体本身是一个至今都未完全被理解的生物化学系统。这就意味着，与人体不同，理论上，气候系统可以通过建立数字地球、建立一套基于计算机语言的数学规则被模拟出来，这样研究人员就可以在模拟的地球上进行真实的科学实验。

当然，这个过程在实践中会十分复杂。这是因为气候系统动力学机制中蕴含的法则可能很简单，但是研究如此庞大的地球内部交互作用的过程异常复杂。同时，维持并且改变大气中化学物质的生物化学过程也牵涉其中，这对气候系统的运转是至关重要的，但是至今人们尚未全面理解生物化学过程。将一个本质上无限复杂的系统压缩到一个有限的计算机结构中，必然要寻找一些捷径。在通常的模型构架中，这些捷径包括用粗略的估算值来进行更小时空尺度的模拟。以目前

电脑的精度来说，可模拟的精度在几百千米内意味着模拟的范围在几百千米范围内。

从表面上看，利用气候模型来解释气候变化对水文的影响并不乐观。云量和降水是水文学科两个重要的天气因素，而在气候模型中仅通过启发式算法来体现，而不进行直接的模拟。因此在类似的实验中可靠度就主要依赖于学者对这些估算的信任程度。事实上这些简化计算可能并没有想象的那么差，只是目前还不能确定。

纵观气候变化对水文影响的研究，仍有一定的应用前景。通俗来讲，气候变化经常被认为就是"全球变暖"，这也是有一定原因的。造成目前气候变化的主要原因是过去和目前温室气体的排放，尤其是二氧化碳的排放（IPCC，2007）。温室气体阻碍地球将能量再次辐射回太空，使地球从太阳辐射中获得的能量滞留在地球上的时间有所增加，虽然增加时间并不多，但是长期作用的结果便导致了地球变暖。云量和降水的变化是气候变化的二级表现。这是因为它们的变化是对变暖的响应，而不是对温室气体本身浓度增加（气溶胶浓度变化可以直接影响云量和降雨，但对气温的影响最强烈）的响应。因此在很多地区，目前乃至未来，气候变化对水文的最主要的影响都不是通过云量和降雨等相对变化程度较小的因子来体现，而通过气温升高对水文循环的直接影响来产生，特别是地表和植被的蒸发以及蒸腾都将显著增加，雪盖萎缩并提前融化（Barnett et al.，2005，2008）。由于气温的变化多发生在较大时空尺度上，因此，气温可以通过气候模型模拟，而非粗略估计。另外，多种潜在因子促使气候变化，变暖是对其最主要的响应特征，因此，可以认为气候模型是评估目前和未来变暖的相对精确的手段。在全球很多地区，气候变化对水文影响的研究主要关注的是水文系统对某些我们认为气候模型模拟良好的因子是如何响应的。

以上所述过程之间都存在着细微差别。本章讨论了气候模型的概念，它们能做什么、不能做什么以及从能从中获得什么信息。并试图对研究领域有一个全面的阐述，但是会重点关注与水文相关的问题。

2.1.2 气候和气候变化的界定

一个著名的气候学家在六岁时问自己的母亲："妈妈，天气和气候有什么区别？"他已经有了一个很好的开始。令人难以置信的是，虽然目前全球对气候变化关注度极高，但并未对"气候"有普遍公认的定义。本章列举了三种普遍使用的定义（图2.1），图中用高速公路上行驶的汽车来进行类比。很大程度上人们是从自己的专业以及"气候"在其专业中的作用来对"气候"进行定义，所以在跨专业的交流中产生困扰也就在所难免了。本书试图通过阐述它们之间的区别以尽量减少困扰，同时也强调气候不同定义所使用的范围。在一定程度上，"气候"定义的选择也就决定了气候系统模型的使用和局限情况。

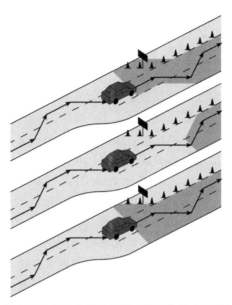

图 2.1　一个类似于气候的不同定义的使用示例：高速公路上汽车的行进轨迹。上图：观测的定义。汽车遵循的路线（天气）为顺着箭头方向，行驶至当前位置（状态），并将继续沿箭头方向前进。阴影区表示未来气候先后界定当前删除和先前的状态。注意，即使没有任何外部的影响气候也会发生变化，打开一个附加车道和关闭一个原来的车道可以是未知的。中图：时间尺度的定义。随着汽车在其目前的位置，接下来的几个位置的汽车被认为是天气，而后来的位置被认为是气候。底部：外部强迫的定义。任何汽车前面所允许的道路条件（先前）是气候。注意，一些气候，例如道路即将关闭的部分实际上是汽车无法进入的，因为汽车不能足够快变更车道。

　　传统定义的气候是指在某一地区某一特定时间段所观测天气情况的统计特性，而这些统计特性又是基于一定时间的观测资料。这个定义是在气候变化这个问题出现之前制定的，并且天气预报员普遍认可该定义。因为进行天气预报的可靠性是基于过去天气事件的规律，因此将气候定义为过去已观测的历史天气事件的集合。但是当考虑"气候变化"的时候，这个定义就出现问题了，这里的"气候"是一个特定的定义，而不是表示其固有性能的定义。假如观测年限为 30 年，也就意味着需要假定气候在 30 年或者更短的时间尺度上不能有明显变化。另外，如果我们将这个时间段延长，那么我们就可以完全将气候变化的影响忽略了。此外，年尺度和日尺度的天气在成因上都是类似的，在两极地区甚至是完全相同的，为什么气候的定义是取决于年尺度而非日尺度呢？

第二个常用定义运用了时间尺度阈值的概念。发生在几天时间尺度上的事件主要受大气的"记忆"控制，被定义为"天气"，发生在更长时间尺度上的就被定义为"气候"。这个定义来自于季节预报领域，用于与日常天气预报相区别。事实上，季节预报通常也被称作"季节气候预报"。当然根据重要的物理过程以及预报方法学，不同定义之间是有明确区别的。然而，分类本身也是模糊的：对未来七天的天气预测是属于天气预报还是气候预报？如果八天呢？

我们认为气候是所有给定了气候（大气-海洋-陆地-雪-冰）系统外部条件的可能的天气状态的集合。也就是说，给定目前太阳辐射、天数、年数、轨道偏心率、人类二氧化碳排放量、人类硫酸盐排放量等，便可以得出一系列可能的天气状态。即将出现的天气状态取决于先前的天气状态序列。这个定义是由 Edward Lorenz 提出的，他发现虽然天气可以被简单地认为是一个缓慢、随机的过程，但是其却是混乱无章的。其优势在于"气候"是一个很好的动态系统，可以随时发生变化。事实上假定的气候是无法被观测的，我们所能观测到的仅仅是我们正在经历的单一的天气状况。然而，在我们看来，这与诸如全球平均降水量等我们完全无法观测的变量是没有显著差别的，但是当我们将气候看作是一个具体变量的时候却比较容易接受。

涉及"气候变化"时，"气候"的意义就变得更为重要。此外，如《联合国气候变化框架公约》中所提到的，气候变化通常指人类活动排放温室气体所引起的那部分气候变化。因此，全球变暖、人类活动所引起的气候变化和气候变化通常是可以互换的，尽管从技术层面来说每个概念都概括得很全面。

本章将会使用"气候"定义中的最后一个，即给定外部条件下所有天气状态的总和。不管是自然变化还是人类活动引起的气候变化，本章中都统称为"气候变化"。此外，对于考虑气候变化完全取决于这些季节预报等外部条件的观点，尽管季节预测有明确的初始状态，研究者却持有不同的意见。在气候变化或者气候研究中，尤其是在跨学科研究背景下需要考虑这一点。

2.2 气候模型

2.2.1 模拟方法

本部分我们将介绍模拟气候系统的气候模型。表面看来，这似乎很简单，但水文模拟实践起来却非常复杂。气候系统的物理和化学过程遵循固定的科学原理,所以理论上应该只有一种方法来模拟气候系统。然而由于气候系统太复杂了,在实践中必须简化一些步骤才能使模拟方法具有可行性。根据不同的简化方法可以得到许多不同的气候模型,每个模型又有其各自的优缺点。

基于过程的模拟主要有两种方法:尽可能简单的模型和尽可能复杂的模型。简单模型的优势在于运行简单,并且可以很容易地判断出运行的状态。缺点是其具有很严格的假设,并且只能模拟气候系统中特定的部分。复杂模型的优缺点基本上与简单模型相反:运行复杂,判断难度大,但是在给定的前提条件下它们能给出尽可能广泛的结果。这部分我们先介绍最简单的模型,再介绍最复杂的模型。最后再分析难易程度处于中间水平的模型。

2.2.2 简单模型

简单模型拥有多种优势。首先,模型可适用性强。不论是通过分析还是数值计算,都几乎可以瞬时在计算机上估算出来。简单模型也具有指导作用,因为易于跟踪计算的输入—输出总过程。

最简单的气候变化模型是简单线性弛豫模型,依赖于时间并受外部因素控制:

$$\frac{c \cdot \mathrm{d}\Delta T(t)}{\mathrm{d}t} = \Delta F(t) - \lambda \Delta T(t) \tag{2.1}$$

简单线性弛豫模型通常也被称为能量平衡模型(EBM)。在 t 时间内地球温度的变化是对进入系统的部分反常能量通量 $\Delta T(t)$ 的响应。$\Delta F(t)$ 通常被称作"辐射胁迫",或者简称"胁迫"。气候系统热惯量 c 的影响响应有一定延迟,主要受海洋混合层热容量控制,海洋表层与大气直接接触,但是与深海几乎无任何接触。响应幅度受 λ 影响,表示气候系统中所有过程如何对反常的能量做出响应,也可以表示雪线后退或者前进程度以及云层运动的变化。λ 的倒数是反常能量通量升高一个单位所造成的气温变化的最终平衡值,通常被称为气候敏感度参数。

该模型运用了大量假设来简化气候系统的复杂程度,最终仅仅确定两个恒定参数来描述气候系统。优势在于这两个恒定参数的不确定性可以通过客观的方式来检验,这在复杂模型中是不可能实现的。复杂模型对不同气候过程仅进行部分近似计算,通常并不清楚如何对所有可能的近似计算进行抽样,而倾向于对某个具体的可能值进行取样。

当然,所有这些问题都取决于所作假设的合理性。从根本上说,能量平衡模型有一个主要的支撑假设：对气温的响应场是线性的，不管是海冰缘线的后退、大气气流的变化还是云参数的变化。复杂模型表明即便是在区域尺度上，这也确实是一个合理的假设。当然，作为线性模型，能量平衡模型自身并不会产生变化性（如天气噪音），也不会体现出气候系统的其他性质，如降雨和风。图 2.2 表示能量平衡模型与复杂的动力学模型（将在下部分详细介绍）所模拟出的历史气候变化的比较。除了能量平衡模型模拟结果更为平滑之外，这两个模型是十分类似的。

能量平衡方程确实揭示了气候变化中某些有趣的现象。外部胁迫 $\Delta F(t)$ 一直以一个恒定速率增加，这与人类活动排放的温室气体引起的辐射胁迫十分接近。一般有两种可能性，如果 c 和 λ 都很小，那么气候系统总是接近平衡的，所以变化受 λ 控制。然而，海洋混合层的热容量大大减缓了所有变化，因此永远达不到平衡状态，c 决定了整个过程。这就是为什么在气候敏感度大致平衡状态下，当二氧化碳浓度较 1750 年增加两倍时历史变暖下限为 1.5℃，但是却无法确定一个上限；如果敏感性高的话，观测到的气候变化由 c 控制，而不是 λ（Knutti and Hegerl, 2008）。

简单模型还存在于与水资源有关的气候系统的其他方面。例如，由于降雨实质上是大气向上运输能量的一种方式，平均降雨量主要取决于垂向气温梯度。一方面大气顶层要向太空辐射能量使温度下降，另一方面地表又需要升温，二者便需要相互竞争。要评估气候变化中平均降雨量的变化，可以通过计算外部胁迫如何改变大气垂向温度梯度来实现。然而，太阳入射可见光的变化（如自然火山喷发造成）比红外辐射更能强烈地影响大气不透明度，这与它们各自影响气温的方式相关。极端降雨事件比普通降雨更容易受到不同条件的影响，一场极端降雨事件中要降多少水量取决于大气所能存蓄水量的多少。如此根据 Clausius-Clapeyron 关系（将饱和蒸汽压和气温联系起来）可知，全球变暖背景下大气将能够存蓄更多水分，因此造成更强烈的降雨事件。

以上两个简单模拟降水如何对外部辐射胁迫响应的简单模型在复杂模型中似乎都能够成立（图 2.2），在观测数据中也确实得到了证实。由于其非常简单，可以提供很好的经验。当然其中也有很多需要我们注意的地方，如模型中假设大气环流模式恒定不变。在地球上那些由于温室气体大量排放而导致大气环流模型已经发生变化的地区，如在亚热带哈德来环流圈边缘地区，简单模型就不适用。对于这个地区就需要更为复杂的模型。

2.2.3 全球环流模型

目前使用最多的模型叫作全球环流模型（GCMs）。起初 GCMs 是"general

第 2 章 | 天气与气候

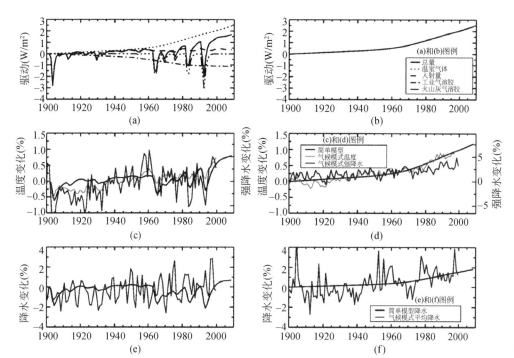

图 2.2 简单气候模型和复杂气候模型模拟输出的对比。简单模型模拟的结果在 1901 年出现异常,而复杂的 GCM 模拟 1901~2000 年的平均值和简单模型模拟的结果相同。(a) 和 (b) 为气候系统外部不同影响因子的变化,大气顶部异常的能量通量的表达。(b) 中仅仅为温室气体浓度的增加导致的气候变化,而 (a) 其他因素也包括在内。(c) 和 (d) 为分别考虑 (a) 和 (b) 中的影响因子时模拟的全球地表温度和降雨量的变化。黑色线为能量平衡模型模拟的结果,浅灰色线为复杂的大气–海洋 GCM 模拟的结果。深灰色线表示强降雨的变化(年平均瞬时最大降水率),简单模型根据右边轴进行统计。根据右边的坐标轴,黑线是简单模型,黑色和深灰色的线条分别对应的是简单模型和复杂模型模拟的结果。简单的降雨量模型与 Allen 和 Ingram(2002)的研究结果一致。GCM 数据来自区域气候系统模型和高校大气联合研究中心(UCAR)。

circulation models"的简称,意为"大气环流模型",后来演变为"global circulation models"的简称,意为"全球环流模型"。联合国政府间气候变化专门委员会(IPCC)在未来气候变化评估报告中得出的未来气候变化预测结果都是由这些模型模拟得出的。这些模型都非常庞大,最新的模型需要占用世界上最大的超级计算机的很大的空间才可以运行。考虑到之前我们所说的"模型"中对气候的定义以及它们实际上模拟的是天气这两方面,可以认为之前所谓的"气候模型",其实是对这些模型的误称。另外,这些模型是为了使气候实验更有成效,因此这个名字也比较恰当。

第一个全球环流模型是从天气预报模型中演化而来的，此时计算机已经能够进行更长时间段的模拟。这种大气模型通过湿软层计算海面下给定温度的热传递情况确定海洋的温度。20世纪90年代早期，很多研究模型的团队将海洋动力学模型耦合到大气模型中，形成目前所说的大气-海洋耦合全球环流模型（AOGCM）。同期，简单的地表水箱模型也被引入进来。到20世纪90年代后期，大多数气候模型也将海冰动力学模型引入进来，这就意味着此时海冰开始移动、断裂。在过去的十年中，最主要的变化就是化学模型被耦合到大气模型中。首先是硫酸盐化学。下一代模型也将模拟碳氮生物地球化学。

现代动力学气候模型的基本结构见图2.3和图2.4。图中用相对独立的模块分别阐述了大气、海洋、海冰和地表。这些模块通过"耦合器"相互作用，包括辐射、热量、水汽和动量的相互交换。

短波（可见光和紫外线）和长波（红外线）辐射在图2.3中用实线箭头表示。太阳短波辐射作用于大气顶层（太阳长波辐射相比而言很少，通常可忽略不计，地球和大气辐射的长波辐射更为显著）。有些被大气吸收，有些被大气（主要是云层）反射回太空，但也有某些短波辐射穿透大气到达地表。到达地表的短波辐射部分被反射或者吸收。被反射的部分可以逸散回太空或者被大气（主要为云层）反射回太空。所有这些成分都会由于自身温度而发出长波辐射。长波辐射不易在大气中穿透，所以能量通过热力状态（地表、海洋和空气的热能）和辐射状态（长波辐射）的相互转化被高效的维持在气候系统中。这就是著名的温室效应。一小部分长波辐射逸散到太空中。如果处在平衡状态中，逸散的能量与进入的能量相等。但是在变化气候背景下，这两股能量通量是不平衡的。

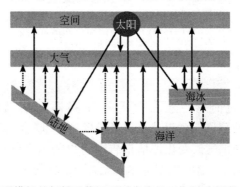

图2.3 现代动力气候模型模拟的气候系统间不同成分相互作用示意图。实线箭头表示短波辐射（紫外线和可见光）和长波辐射（红外线）。点线箭头表示热量和水分的转移，虚线箭头表示动力交换。

热量和水汽（图2.3中点线箭头）也在不同成分之间相互交换。水分从地表、海洋以及海冰表面的洼地蒸发，同时也由海冰和冰雪直接升华。水分可以从大气中凝结回来，大部分是通过降水的方式返回陆地。水分转换的同时也直接传播或者蒸发/升华/凝结的过程使热量发生转换。动量（图2.3中虚线箭头）也在模型不同模块的作用中相互交换。

图2.4表示了气候模型模块的构建过程。大气模型由三维栅格组成，每个栅格都与其相邻栅格进行辐射、热量、水分、动量和物质交换。海洋模型也由三维栅格构成，每个栅格也与其相邻栅格进行辐射（顶层）、热量、水分、动量和物质交换。现代模型中，大气栅格水平大小为100～300km，而通常海洋栅格的大小只有其一半。各个量在这个栅格之间的运动通常以10分钟为步长进行计算。某些量，尤其是辐射，在最后进行计算，步长比其他变量要长。空间栅格的确切形式由于模型不同而不尽相同。有时是极坐标网格，但是考虑到计算效率，很多模型通常利用求谐函数来计算大气动力，但是它们也需要再次被转化成类似于极坐标网格的一种坐标来计算辐射和水汽的运输以及云层的分布和特性。有些海洋模型用旋转极坐标网格，如"北极"处在格陵兰岛，因此要去除海洋中的网格奇异性。二者的垂向分辨率都随海拔而变化，最高分辨率出现在与其他要素交界的附近。

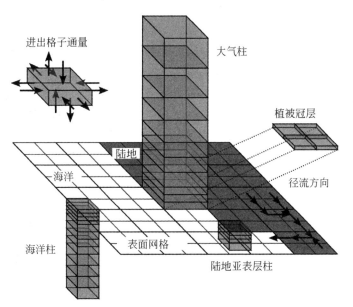

图2.4 动力气候模型模拟气候系统过程示意图。气候系统中的不同成分被离散化到网格后，通过模型计算相邻网格之间的辐射通量、热量、水分、动量和其他变量。图中，海洋和地表成分是在双倍水平分辨率的环境下运行。

这个方法最突出的问题是不能很好地模拟每个栅格内的情况。相反，它需要通过试探性，或者一个由物理机制推导出的简单方程，或一个观测到的关系来表示。这些问题涉及气候模拟群体的栅格参数化。然而，在海洋中海水主要在100km范围内的小涡流中发生明显垂向交换，因此这些涡流的参数化对模型中气候的大尺度变化十分重要。大气中所有云层和降雨过程都由这些参数化来表示。云层是反射可见光与吸收地表发射的红外线辐射的良好介质，气候变化背景下云层的微小变化都可能是一个极其重要的反馈。事实上，不同GCMs得出的未来与目前地表温度评估之间的差异多数是由云层参数化的不同导致的。

在某些方面，多年来动态气候模型的最显著发展体现在对海冰的模拟上。起初，即便引入动态海洋学，海冰也只是根据观测到的覆盖范围附加到模型中。最后根据热力学定理通过建模实现对海冰的模拟，这意味着冰可以模拟海冰的增加或者融化，但是却不能模拟其运动过程。这样至少与模型中其他要素在物理机制上是相一致的，但是仍然缺失了海冰模拟的很多重要方面。蒸发比升华速度要快得多，一个1m长的裂缝在几分钟的时间里就可以使北极空气湿度发生显著变化，进而影响云的形成。冰面上洼地能够显著加快直射阳光下冰的融化。这些过程与模型解决的问题相比，都是发生在小尺度上的过程。

目前GCMs使用流变模型将冰表征为一种流动的塑性材料，可以生长、萎缩、拉伸和断裂。尽管大气边界层模拟结果的不精确会导致海冰模拟结果与实测值存在较大差异，但是随着海冰模型越来越复杂和完善，气候模式对于极地气候模拟结果也得到了显著的提升。

从水文模拟的角度来说，气候模型对下垫面的表征仍然处于原始阶段。如图2.4所示，陆地通常被概化为几层栅格斗，有时斗之间会有缓慢地下流。径流通过指定路径流入海洋（过去常常是瞬时的，但现在一般有延迟）。每个栅格都有指定的不同土壤和植被类型，包含斗深、地表反射率以及降雪效应的变化。目前多数模型使用拼接方案，这样每个栅格就可以划分为多个类型表面，使得模型功能更为复杂。

需要说明的是，一个真正的水文模型总是比气候模型中的地表模块更为有用，也更精确。这是一个简单函数的结果：气候模型是用来模拟天气的，不是用来模拟水流的，而地表模块是为这个目的而设计的。同时，由于动态气候模型空间分辨率相对较低，对于一个特定的流域来讲，气候模型中不能包含的细微差别和特质都能包含在一个特定流域的水文模型中。因此气候模型主要用于为水文模型提供大气边界条件。我们将简单讨论一下气候模型中为水文模型所用的相关部分，但是首先要阐述一些动力学模型主题的变化，这可能对于特定的实验设备很有用。

2.2.4 中级复杂模型

在不同层次和范围的气候模型中，复杂程度有所简化的气候模型被称作"中级复杂地球模型"（EMICs）（Claussen et al.，2002）填补了简单能量平衡模型和复杂大气-海洋常规耦合模型之间的空缺。中级复杂模型在动力学和分辨率方面比 AOGCMs 都有大大简化，但是在模块数量与过程模拟方面可能会更为复杂。EMICs 有很多种，因此要描述一个典型 EMICs 非常困难。这些模型通常是为了某个特定目标而开发，包括从纬向（沿着纬线）和垂向平均能量水汽平衡模型、三维能量平衡模型到统计动力学模型和准地转模型。像在 AOGCMs 中一样，海洋通常用纬向平均动力学或低分辨率三维动力学模型来描述。这些模型中多数包含了海冰，有些也包含了生物地球化学循环、动态植被、地表过程和冰盖模型。模块的添加和复杂问题的解决由相关的问题和效率来决定。根据模型设计时的选择，可以用一个处理器（中央处理器；CPU）在几分钟至几小时内进行约 100 年的模拟，但对于 AOGCMs 来说，却需要几十甚至上百个 CPU，并且需要数周的时间；也就是说，用 CPU 运行时间来衡量的话，EMICs 要简便数千甚至百万倍。这些模型的效率使其适于进行长时间序列集成（数万年）和大量模型（数千个模拟）。这些模型的简单性和效率可能是不可靠的，这是因为常常在还没有充分理解其物理特性的情况下，模拟结果很快就被优化技术改变来与观测值相吻合。然而除非是根据观测来限定模型参数，否则应该避免这种"曲线拟合"。对 EMIC 结果的解释局限于空间大尺度上，并且与进行特定的预测相比，模型更适于研究动力学概念、机制和反馈机制。如果应用恰当的话，这些模型可用于研究气候系统的不同过程，进而可以用更为复杂的模型进行测试。

EMICs 和简单模型的主要区别是 EMICs 包含对地球地理学的描述，如经向分辨率或全三维栅格，虽然只有有限数量的栅格，而简单模型仅仅进行全球或半球平均的模拟。从另一个角度来讲，EMICs 与 AOGCMs 的区别是某些过程被大大参数化了。例如，某个 AOGCM 中的大气反馈机制可由云层、反照率、水汽等的变化明确计算出来，模型的温度响应依赖于许多明确求解的计算过程。在 EMIC 中，它们通常被概括为一个外部指定的反馈参数，因为这些模型不计算诸如云层变化等相关过程。在某些案例中这可能是一个优势，因为只要改变一个简单参数就可以改变模型的敏感性，以此可以研究模型在不同反馈机制下的情况。另外一个重要区别是多数 EMICs 没有任何内部非胁迫变异性，这是因为它们缺少海洋和大气循环的非线性混沌部分。对于给定的边界条件，它们只有一个状态，不会随时间而改变。

由于其效率，中级复杂程度的地球模型经常运用在古气候研究中。在人类引起的气候变化研究领域，经常应用于概率研究、不确定性分析以及长时间尺度研究中。概率研究运用贝叶斯方法，在一次运行中就有上千种模拟，包含了各汇总不同资源的不确定性（在2.5节中阐述），然后与观测方法进行对比评估（Knutti et al.，2002）。这是表征不确定性的一种有效方法，但是对模型结果的解释仅局限于大尺度或者地表温度的全球变化。当EMICs与海洋、陆地碳循环耦合在一起时，可用于确定二氧化碳排放量阈值，避免大气中二氧化碳浓度或温度超过某一阈值（Platter et al.，2008）。EMICs比昂贵的全球大气环流模型更有价值，但模型对结果的解释仅局限于大尺度或全球温度变化以及其他常用变量。

2.2.5 区域动力学模型

通常认为GCMs最大的局限是其空间分辨率较低，因此开发了很多方法用来将分辨率转化到更加实用的尺度上。这些方法都运用了这样一个事实：高分辨率通常局限在一个特定的地区，而不是整个地球。这是第3章的主题，所以这里对此不作过多讨论，仅介绍纯粹的动力学建模框架。

其中一种可能的方法是使用弯曲的栅格结构，在研究区具有更高的分辨率，当离研究区距离变远时，分辨率降低。这种方法虽然简洁，但是实施起来却比较困难，因为高分辨率地区的参数与低分辨率地区的参数是不同的。更普遍的方法是使用区域气候模型（RCM），它与大气GCM极为相似，只是局限在数千万平方千米的长方形区域内。研究区域变小可以获得更高的分辨率而不需要巨大的计算机资源。RCMs需要较低边界（海洋）的信息以及AOGCM提供的侧边界。在基本物理法则约束下，它能有效地非线性放大GCM的输出结果。

众所周知，GCMs的主要问题也是RCMs的主要问题。空间分辨率可以得到提高，但是通常不能达到预期目标。此外，如何将GCM边界数据转化到RCM中也非常重要。事实上，整个机制尚不完善，这是因为GCM在运行时完全不考虑RCM，因此无法保证一致性。然而，RCMs被认为是在区域尺度上获取信息的有效工具。其优势在山区（在GCMs中是模糊的小丘）以及热带地区尤为明显，因为在热带地区对流风暴是地区气象的主要驱动因子，所以分辨率只要有提高就会有明显改善。

2.3 气候模型的输出

2.3.1 时空分辨率

如 2.2 节所述，GCMs 计算栅格之间存在动量、能量、物质、水汽和成分的传递。这意味着比栅格尺寸小的尺度是不能通过模型来解决的。例如，单个云块和降雨等更小尺度上的过程通常通过启发式常数或者公式来表示，但是仍没有明确的解决方法。相似地，模型根据离散的时间步长来计算，所以无法计算比时间步长更短的时间尺度上的问题。对于目前的 GCMs，栅格大小在纬度和经度上大为 1°~3°，垂向上有 10~20 层，最底层大概有几十米厚，最短的时间步长大概为 10~20 分钟。在这个或者比这更大尺度上，所有问题就全都解决了吗？

事实上，细节问题可能更为复杂，因为很多模型并不能真正计算直观上极性（经线-纬线）栅格之间的数量转移。它们的计算是基于抽象但却有效的球谐函数空间，或者直接在非极性栅格上计算，此外根据下垫面地形和当前天气，垂向层面厚度也会发生变化。输出结果为了方便使用而被转换成极性（经线-纬线）栅格。极性栅格的分辨率可以反映模型计算的分辨率，但是模型本身可能根本没有用此栅格来进行计算。因此，极地附近更高的经向分辨率仅仅是一个假象：在极地和赤道附近，模型运行所用的分辨率是相似的，因为极坐标的简便性，极地附近的输出结果被插值到更高的分辨率上。同时还有额外的一个难题：模型中不同的变量实际上是按照不同的时刻和栅格来计算的。例如，风作为一阶导数的变量，其计算的空间栅格/时间步长会由于其他变量的空间栅格/时间步长而抵消一半。以上这些问题导致简便的数据输出格式错误地表示了模型本身的时空分辨率，因此输出数据的分辨率仅仅能大概表示模型物理计算的分辨率，GCMs 在栅格尺度上的输出结果并不完全可靠。

然而从根本上说，单位栅格在单位时间步长变化并不能真正解决某个现象。图 2.5 通过一个渠道来阐述这一问题。渠道宽为一个距离单位，由单位间距的栅格计算（需要注意的是只有信道和栅格边界重合时才正确）。根据定义，水流在这个栅格中只能沿一个方向流动。但是如果我们将分辨率加倍，可能在一个方向上的横向流动与两股水流中任何一个方向上的都是不同的。进一步提高分辨率解决了一些更小尺度上的过程，这些过程对于决定总流场是非常重要的；因此将高分辨率的输出结果降级到一个单位栅格上时，会在一个单位分辨率尺度上产生总流场预估的不同。现代模型中这样的问题非常重要。其中一个著名的案例是丹麦海峡（位于冰岛和格陵兰岛之间）的海流，它对全球气候变化影响非常重要，因为它控制着部分海洋表层和深层水的相互作用程度。在某些模型中，这个海峡只有一个栅格那么宽，因此无法计算通过海峡的复杂水流。考虑到某些政治自由裁量权，解决这一问题的一种可行的办法是去掉冰岛，这样就能有效放大海峡的宽度。这类问题在大气中非常重要，如计算一个风暴锋面，想要准确表示一个锋面的强度和发展情况，模型需要模拟更小的特征，如增强或者减弱锋面结构的湍流。

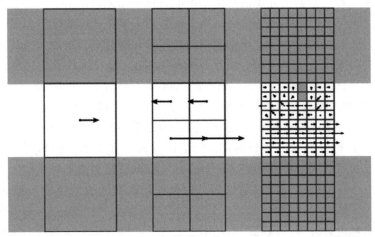

图2.5 流经通道时分辨率重要性的例证。左：采用网格处理通道，因为网格宽度相同并和通道宽度等宽。中：双倍分辨率下显示粗网格并未呈反方向流动，这会影响大气湿度和海洋盐度的传递。右：进一步提高分辨率可以解决通过流经通道时流动的方向，如边缘的摩擦阻力和堵塞。这个理想的例子可以全面地反映气候系统，如海流的流动和气流在大气系统中的流动。

　　这里的关键点是不能认为 GCM（和 RCM）的输出结果就是栅格的分辨率。需要注意的是 GCM 的输出结果通常提供的是日或月的平均值，不是模型中每个 10 分钟的时间步长上都会产生的一个数据。原因之一是输出结果在时间步长分辨率上并不含有足够准确的信息，因而不能为日分辨率提供有用信息。从技术上来说，空间维度上也应该是相同的：GCM 输出结果的分辨率应该更低一些。保持初始空间分辨率的主要原因仅仅是表面上的：高分辨率看起来更好。然而，不能认为 GCM 输出在所提出的"高"分辨率上十分精确。这个问题显然是一个水文模型应用的主要制约因素。基本上，从流域径流建模，GCM 的数据应包括一个流域以上的区域。解决此限制的最好的方式是以某种方式增加区域气候模型的分辨率，可以使用在第3章将要描述的降尺度方法。

2.3.2 气候模型适用性的评估

如何评价某一特定的气候模型对研究人员是否有用？目前仍没有明确的方法。下面将阐述一下目前几个常用的方法。

可能最基本的方法是"首要原则"方法。从理论上来讲，气候模型设计的"首要原则"是单纯的，并用数学方法来求解不同的物理基础方程。方程是基础，所以大型动态气候模型背后蕴含的哲学就是：实质上真实的世界也在做着同样的事情。也就是说用无限精度和分辨率来求解相同的方程，而这些我们人类是无法完成的。这个对于模型中参数化也是适用的，在某些案例中是基于填密的高分辨率物理模型，至少是基于基本管理法则的结构物理参数。按照此推理，我们可以认为模型越复杂越好。

从很多方面来讲，这是合理的。举一个极端的例子，一个简单的 EBM 根本无法计算或模拟单个风暴锋面，所以无法评估锋面系统的频率。而一个 GCM 至少可以模拟这些系统，利用足够高的分辨率可以很好地模拟锋面结构。从这一角度来看 GCM 比 EBM 要明显好很多。这个结论一直成立吗？如果一个复杂的 GCM 十分麻烦，那么我们将无法进行足够的模拟。这是对中级复杂程度模型的判定。随着复杂程度的提高，计算机代码中错误码出现的机会也会增加。事实上，工程师通过检查输出结果来调试模型，所以根本不会通过其结构来评估气候模型。

目前尚未有学者正式提出过气候模型不能成为"黑箱模型"，但需要考虑进行模拟的条件，以上介绍的 EBM-GCM 例子就证明了这一点。此外，如果输入数据不好，那么输出结果就不会理想，如过去十年中持续排放温室气体。并且"首要原则"的使用程度取决于主观意识，"越复杂越好"的概念在 EBM-GCM 中对风暴锋面可能适用，但是当仅仅对 GCM 分辨率加倍时还适用吗？有学者认为这种改善能使分辨率加倍，但是也有很多说法恰恰相反。复杂性就要求在 GCM 的不同模块之间寻求一个特定的平衡，从求解方程的数学方法到方程简化方法。最终，至少会通过评估模型的输出结果来评估模型整体。

因此要评估气候模型，就是要评估气候模型的输出结果，或者与其他模型的输出结果进行比较。有学者认为能够产生相似结果的气候模型比出现异常值的模型更有效。这将说明模型的构建是否纯粹根据"首要原则"，捷径的发展是否是独立和公正的。然而，这些条件仍存在质疑。世界上很多不同团队已经开发了很多气候模型，这些团队共享想法和模型模块，如海洋模型。各团队编写模型，但根据输出结果的不同肯定会有相应调整。如果不考虑其他问题，根据这种比较的评价是一种平行压力的形式，即便没有收敛的基本物理原因，也会强制收敛。考虑到这一点，外包模型可能更有用，因为它们提供了附加信息，而集合模型在很大程度上是多余的。

解释模型之间比较结果的模糊性，然后将大多数输出结果的评估与过去地球上的观测数据进行对比。需要注意的是，这种比较实际上是与真实值做对比，而不是看气候模型是否正确，因为这样对结果的解释更有利。问题的起因是天气和气候之间的区别（根据定义），意味着我们只有一个地球天气样本。给定足够资源，气候模型可以进行很多模拟来评估气候，每一个模拟都会与初始天气状况稍有不同。但只有一个真实值。因此对气候的评估和评估中的不确定性都来自于气候模型的模拟。一个不太好的后果是没有几个模型可以给出完全相同的测试结果。在测试时，与只有少量模拟结果的模型相比，具有大量模拟结果的模型要得出一个评估结果更为困难，因为更多的模拟样本可以获得更准确的气候模型的评估。与此类似，具有更多内在生成的自然变化的气候模型更容易接纳或多或少的观测结果至噪音测试中，而变化数量较少的气候模型本身会有更严格地检验。

评估对象究竟是什么？最初回答可能是评估一切要素。将模型的所有输出结果与观测结果作比较。目前的评估局限于已有观测资料的数量，而实际上这是一个技术问题。更难的问题是"所有输出结果"是什么？例如，包含比某一阈值更暖的天数，还是只包含每天的气温？月平均气温和每小时的气温都包含在内吗？很明显，对比一个山区降雨的评估得分应该与地球上距离该地很远地方的平原地区的气温评估结果无明显的相关性，即可根据相关性来确定权重。但距地表1.5m气温权重究竟比大气中风速权重重要多少？答案肯定是每个案例各不相同，但目前为止仍没有一个公认的客观选择的方法。

即使能对参数选择和权重进行分类整理，结果仍然不明确，一直没有学者研究得到最优模型。例如，与其他模型对比时气温模拟很好的GCM可能在气压模拟上效果一般，对降雨的模拟效果可能很差。令人惊讶的是，GCM模拟的结果同包含一系列诊断变量模型的结果一样好。这对于不同地区的同一变量也是适用的，如某个模型对北美气温模拟很好，而另一个对非洲的模拟更好（图2.6）。此评价方法最大的问题是如果包含足够多的变量，所有气候模型都是不合格的，这样我们就根本没有可利用的工具了。

考虑到这一点，另外一类想法是应该把气候模型看做是"黑箱"，仅通过研究人员所关注的那部分输出结果来判定。如果关注的是非洲南部降雨，那么我们就只通过非洲南部降雨来进行评估，这可能会引起一个比较抽象的比较。例如，如果我们的关注点是未来50年由于人类活动排放的温室气体所引起的变暖情况，那么我们需要评估过去50年内由于温室气体排放引起的变暖情况。我们对此并无观测资料，因此需要用模型模拟来确定近年来有观测资料的变暖有多少是由于

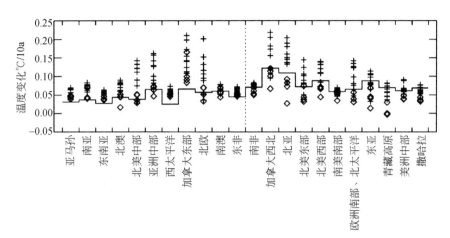

图 2.6 区域地表空气温度变化趋势实测值与模拟值对比图。22 个标准区域可以覆盖除南极洲以外的全球大陆。实线为网格站点测量的 CRUTEM3 的结果值;十字架为 CCSM3.0 耦合大气-海洋气候模型模拟的 9 个模拟值;菱形为 PCM1 耦合大气-海洋气候模型模拟的 4 个模拟值;数值代表 1901~2000 年的普通最小二乘法线性趋势。在有站点实测值的区域,进行对模拟结果的分析。区域大小通常为数百亿 km^2,但区域大小和选择站点的差别部分是由于选取各区域模拟站点的分布不同。这些区域被依次排序,从 PCM1 模型的模拟值与观测值最为接近的区域(左侧)到 CCSM3.0 模型的模拟值与观测值最为接近的区域(右侧)。虚线表示为从与 PCM1 模型的模拟值与观测值较为接近的区域到与 CCSM3.0 模型的模拟值与观测值较为接近的区域。因此,每个模型都要比仅模拟半个区域的模型更准确,这暗含着根据这个方法任何一个模型都不可能进行系统的模拟。大气环流模式的数据来自社区气候系统模式设计和大气研究学会,观测数据(CRUTEM3)来自于英国气象局哈德利中心和东安格利亚大学的气候研究室。

温室气体排放引起的,然后再根据"虚拟观测方法"来进行评估。这种方法可能有些牵强,但就像将在下一节中阐述的一样,通常很多气候模型的输出结果并不是直接与观测结果进行对比。

在实践中,任何一个气候模型的评估都应该在一定程度上遵循三个步骤。首先,通过建立模型来模拟研究对象,如果模型不够理想,根本不能对比。如果一个气候模型对很多测量都运行良好,而对研究的测量运行不好,那么这个模型是不可靠的。相反地,即使一个气候模型对目标变量模拟得非常好,如果对于其他变量模拟不好,可能是"错误的原因产生了正确的结果"。每种模拟方法的相对重要性仍然没有明确,很大程度上仍具有主观性。

最后,如何根据气候模型的评估结果来合理处理模型的不确定是一个主观问题。仅使用相对最优模型,排除模拟精度较低的模型?还是使用所有模型,再根据评估结果来衡量？或者根据评估结果得到不同模型的权重从而对模型的结果进行集合？最终，选择哪个方案在很大程度上取决于研究的彻底性。然而一般建议使用多个气候模型的输出结果来衡量结果的可靠性。至少到目前为止，我们认为评估方法是类似于 GCM 设计的一种不确定源，对可能正确的结果具有指导作用。

2.3.3 与水文相关的输出

这里我们将重点考虑水文学研究中气候模型的两个输出变量：地表气温和降雨。其他量也是我们所关注的，但这两个变量广泛地覆盖了气候模型输出中的强度和问题。气温是一个连续变量且其测量简便，能很好地与标准统计模型拟合；降雨在时间和空间上都是不连续的，基本上不符合任何统计模型。气温异常会发生连续变化，因此目前的气候模型具有足够的时空分辨率来对其进行模拟，然而降雨异常在几百米范围内或者一分钟之内都会发生变化。在气候模型模拟中，气温是气候系统的基本特征，而降雨完全通过参数化的形式表达。一个世纪以来，通过精确并且密集的监测网络气温已经得到了全面监测，却很难对降雨进行精确测量。

由于以上原因，气温是最容易评估和使用的变量之一。然而，我们仍然需要注意某些问题。首先，什么是地表气温？根据监测网络，地表气温是在空旷地点距离地面 1.5～2.0m 的暗箱中测量的。其次，这样能真实反映地表气温吗？测量时距地面高度很重要，因为温度在地面以上最初的几米内变化十分显著。例如晴天走在沙滩或者小路上：脚能明显地感觉比头更热，地表温度确实要比更高处的温度高。地球上多数的陆地都被森林覆盖，而不像多数气象站一样是草地。大多数站点都设立在居民区附近，即河谷地区而不是山顶。因此，与海洋监测一样，实际上我们不知道高精确度下全球平均地表气温是多少。

在气候模型中没必要对气温进行简化。因为气温随海拔变化，某个栅格中的绝对气温取决于栅格的平均海拔，不反映栅格中的绝对温度范围，而绝对温度范围会由于地形的变化而增加。温度是模型模拟的关键变量，模型的垂直分辨率意味着 1.5m 温度就是地表温度和大气最底层温度之间的插值结果。这不是一个简单的线性插值——在某些理论中是循环中边界层的动态特征，但是地表气温仍然是通过模型中的参数化进行输出的。从水文模型的角度看，这一点非常重要，尤其因为插值可能通过天然的植被冠层。第二点在利用地表温度（skin temperature）中也是个重要问题。

然而在气候变化背景下，这一问题却显得不那么重要。温度变化在时间和空间上异常平滑。通常，变暖和变冷的过程在山顶和山谷中是一样的，只是初始温度不同而已。对于气候变化而言也是相同的。不同气候模型对地球地表气温的预估相差大于 1℃，然而对于过去的 100 年中变暖程度的预估的不同仅有其十分之一，即 10% 的差异。对于小区域和更短时间内的变幅更大，但变化特性是一致的。值得庆幸的是，人类似乎生活在一个很稳定的气候机制中，它对外部胁迫具有线性响应关系（因为 EBMs 运行非常好）。对于气候变化我们更关注其变化趋势而不是其真实值，这也就意味着在初始值上的分歧并无影响（见 3.3.1 节其在水文应用中的讨论）。但有一个例外需要注意：气温–雪/冰强度的反馈作用决定了初始温度在冰点的哪一侧。

对于降雨这些问题更为极端。在某一地点可能大雨滂沱，而在仅几千米之隔的另一地点则可能滴雨未下，这意味着监测网络不足以精确监测降雨事件。这个情况在长期积累作用下会好一些，如月降雨，这是因为降雨事件发生地点的偶然性被平均掉了。由于降雨事件发生的地点不是随机的，或者降雨事件稀少，因此地形因素的重要性大大减弱，受风、喷溅和蒸发影响，测量降雨也十分困难。例如，在监测状况良好的英国，对年降雨的观测预估总计可变化 20%，对雪的监测更困难：由于测量方法的不同，国界线量测的冬季降雪可能突然变化超过 50%。

与云滴相关的过程在厘米尺度上进行，这些过程的变化能够在数十米和几分钟尺度上产生。对降雨来说，基本上无法在 100km 的空间分辨率上通过使用气候模型来求解，因此降雨在很大程度上是模型参数的产物。这并不意味着是没有意义的。例如，参数化方程和模型确保只有条件合适时才降雨。在发展利用参数化表现云和降雨方面已经投入了很大精力，因此这些参数化已有了很多在利用高分辨率的云模拟方面的技术支撑。

目前尚未确定气候变化背景下降雨的变化趋势在参考平均值上的不确定性是不是像气温那样稳定。但在绝对趋势上可能存在一个问题，雨林里降雨相对较小的增加量对于沙漠来说是非常大的量，因此绝对变化在一定程度上取决于参考平均值。降雨的变化可能反映某个特征的移动，如极向暴雨轨迹的变化并不是水文循环的区域变化，因此气候模型预测的变化取决于是否在正确的地点具有暴雨轨迹。所以对于降雨来说，有时评估参考平均值是非常重要的，如即使我们仅仅对趋势感兴趣，也要考虑暴雨轨迹是否在正确的地点。

其他大气变量在气候模型和观测方法上评估的潜在问题倾向于出现在气温和降雨之间。例如，湿度就像气温一样，在大尺度上变化十分光滑并且代表了大气的本质特性。地表辐射取决于云层的存在和发展，但在一定程度上比降雨的敏感性低，因此它处在降雨和气温之间。然而，地面风在很大程度上取决于当地的地形和植被，因此可能比降雨更难评估。所谓的"极端事件"也比平均值更难评估。一个可能的原因是极端事件不是频繁发生，因此很难取样；另一个可能的原因是极端事件更局限于某一地区并且转瞬即逝，因此对气候模型和观测之间的大气变量定义的不同更为敏感。

作为气候模型与地球上天气观测方法进行对比的基本推理，模型公式和观测方法十分关键。一个气候模型只有（或者为应该）在模型输出与这些观测方法具有一致性时才能进行很好的模拟。所有的评估都应对其进行考虑。

在气候变化背景下，学者不得不对气候模型进行实验而不是在真实的行星上开展实验。通过对气候模型的评价，某模型的结果优于其他气候模型，用其判断未来气候演变趋势。我们对气候模型的评估是否能真正解决实际问题？未来的气候预测实际是一种推断，也就是说，在一定程度上说明我们对气候模型进行评估增加了我们对适宜模型的信息。如果所有气候模型评价的都不准确，我们就不再使用气候模型，所以从这方面来看模型是有用的。因此，现在我们开始利用气候模式预测气候。

2.4　未来气候变化预测

2.4.1　背景

对未来气候的预测因为没有观测资料，所以需要某些模型。其中最简单的形式，如统计模型中的云，是对过去趋势的外推，没有任何机理过程的理解。这样的模型并不复杂，在预测未来过程中比随机猜测更为可靠，这是因为它包含了过去经验和气候与人类活动相联系系统的线性和持久性，这一方面是否已经得到了证实尚待考证。比简单的统计外推更为复杂的一个方法是利用动态模型来描述主要机理过程（见2.2.5节），包含了公认及正确的物理过程，如能量守恒，质量或者角动量守恒。模型包含了多少细节取决于所关注的问题（见2.2节不同模型举例）。在百年时间尺度内，全球AOGCMs以及地区大气模型是两个主要的预测方法。假设（尚未验证）包含细节最多的模型在最大可能分辨率上包含最多的过程，将会进行最精确的预测。

对模型结果的说明应该一直在假设模型的背景下进行，需要解释其解决的过程，同时评估模型对过程的描述是否与真实数据相一致。由于很多过程在模型中都只是估算，我们在利用模型结果作为其他模型的输入的过程中必须考虑其不确定性，以此来确定影响，或者作出决定。通常，模型结果的可靠度在更小的空间尺度上和更短的时间尺度上都会降低。对于某些变量来说其可信度也比其他变量更低。本书2.5节对不确定性进行了讨论。

第 2 章 | 天气与气候

气候模型通常不包含经济或者人类活动。然而所谓的"排放情景",也就是人口增长、能量需求、单位能量排放的碳量、城市化和土地利用等,都在外部进行定义(见 2.4.2 节)。在这种情况下,所得结果在学术上都被称作"预测",以此来表明它们仅仅在假定的经济、社会和政治路径下成立。在不同不确定性源的背景下这个分离的动机在 2.5 节中进行了讨论。

气候系统展示了很多时间尺度上内部非驱动力下的变化,如像北大西洋波动或者厄尔尼诺南方波动等的年内变化,由大气和海洋之间大尺度的相互作用引起的气候模式。当这些模型在一定程度上的季节预报上可以预测时,气候预估通常关注更长的时间尺度,将多数的内部变化平均掉了。自然外部胁迫变化(太阳变化和火山喷发)在未来预估中通常也被忽略了,因此多数模拟团队得出的预估结果实际上只是对人类活动引起的气候变化的预估,自然变化被忽略了。从这个意义上来说,预估是从假定及过去的参照中得出的异常值,而不是绝对值。

2.4.2 外部强迫条件条件的演变

大气组成、太阳辐射和某些其他过程的变化会引起辐射平衡(见 2.2.2 节)。在未来预测中通常都忽略了自然胁迫(11 年周期的太阳活动和间歇的火山喷发),原因是其不可预测并且我们通常认为它不够重要,也就是说这两个方面在目前被认为是恒量。对于人类引起的在辐射平衡方面的变化,尤其应该关注温室气体和气溶胶气体,以及臭氧层、炭黑、有机碳、轨迹和其他对总胁迫产生影响的微小过程的变化。二氧化碳对温室气体胁迫最大,由于排放的碳中有一部分能够在大气中停留很长时间,人类活动对气候的影响主要与二氧化碳排放相关,多数由化石燃料燃烧引起。气溶胶对气候具有最大的冷却效应,但是与二氧化碳不同,他们的影响在空间上是混杂的并且仅仅局限于产生气溶胶的地区(多数由沙漠中的燃烧和尘土引起)。入射短波辐射的反射可直接影响其冷却,云层改变和降水效率改变,更多粒子成为凝结核也可间接影响其冷却效果。气溶胶生命周期很短,在数天至数周的时间内就会由于干湿沉降而转移。气溶胶排放量的减少会对数周时间尺度内的冷凝产生显著影响,引起变暖(Brasseur and Roeckner, 2005),即使二氧化碳排放量大量下降,也不可能显著降低几个世纪内的气温(Solomon et al., 2008)。因此,虽然很多短生命周期的物种对短期气候变化具有明显的作用效果,讨论点仍多集中在二氧化碳上,这是因为二氧化碳在大气中存在时间长,并且决定了长期的作用效果。

因此,气候模型根据不同假设条件运行,即所谓的排放情景,它们描述了未来世界可能的人口增长、能源利用、可持续性和社会经济决策等不同方面的假设情景。在大多数案例中不可能与这些情景吻合，因此应该称作假定情景案例。目前有不同的研究团队利用不同模型建立的上百个不同的假设情景。很难对他们全部进行描述，但是可能将其划分为非干涉的（正常情景）和干涉的（减缓情景）两部分。前者假定无政治干预来避免气候变化，但它们同样做了假定，如假定能源利用率变化对于经济来说至关重要。从这个意义上来说，"正常情景"就会产生误导作用。减缓情景假设政治干预来避免不同程度的气候变化。在大多数的非干涉化石燃料密集燃烧的情景中，二氧化碳排放量在2000～2100年增加了五倍，而在经济学家认可的减缓作用最为强烈的情景下，二氧化碳排放量到2050年会降低50%，到2100年基本实现二氧化碳零排放。图2.7给出了三个著名的非干涉情景。在A2高排放情景下，二氧化碳浓度在2100年会超过800ppm，而B1情境描述了一个更为稳定的状态，二氧化碳浓度将会稳定在550ppm上下。

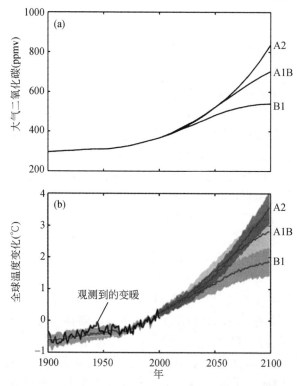

图2.7　（a）表示IPCC专用报告A2、A1B和B1三个常用情境下排放的大气二氧化碳浓度；（b）表示全球最新一代的模型模拟的全球地表平均温度。阴影面积表示标准误差范围。观测温度用黑色表示，温度变化是相对于1980～1999年的平均值。ppm = 10^{-6}，1ppmv为1ppm的容积比。

2.4.3 当前的预测

鉴于与气候相关的许多变量和区域的差别，不可能对某一区域可能出现的所有变化给出详尽的讨论。气候模型需要对每一个应用进行仔细的评估，集合起来以适应研究区和各种影响或者水文模型的需求。以下的结果基于 IPCC（Intergovernmental Panel on Climate Change，2007a，2007b）第四次评估报告中使用的最新模型之间的相互对比，对预测的未来变化给出了更为详尽的描述。

总体来说，在不久的将来，许多情况下目前的趋势预计会持续或加速。在未来几十年中大多数情景下的变暖可能会以每十年 0.2℃ 的速度增长，在情景 A2 下，到 2100 年全球气温将比 1980～1999 年的平均气温高 3.5℃。图 2.7 给出了多个模型的气温变化的均值和标准差。陆地和高纬度地区的变暖幅度比海洋要大，区域的变化可能比全球平均变化的两倍还多（图 2.8）。降雨的变化更具有区域性和不确定性（见 2.5.3 节）。大尺度模式通常是干旱的地区更为干旱而湿润的地区更为湿润。因此，亚热带地区确实有变干的趋势而高纬度地区有变湿的趋势，但此模式明显更为复杂，并且要取决于不同的模型。这些趋势在旱年平均范围内更加明显、一致。图 2.8 给出了两个气候模型对气温和降雨变化的模拟以阐述不同模型模式的异同。

气候系统的许多其他方面也可能会变化。北极夏季冰盖在 21 世纪末基本消失，海冰可能会减少。雪盖和冰川可能会退缩，也会引起海平面升高，同时导致海水变暖的热膨胀和极地冰盖的融化。近地表永久冻土层的很大部分也将会在 21 世纪末解冻。例如，以厄尔尼诺南方涛动为特征的年内变化，与热带旋风一样具有不确定性。

很难对极端事件的变化进行量化，极端事件本身倾向于变得更为极端。大多数的模型预测热浪、炎热和干旱天数会增加，同时降雨强度也会增加（Tebaldi et al.，2006）。

在程度减缓较大以及 21 世纪末化石燃料排放减少 70% 的模型模拟情景下，与参考案例相比产生的变化中一半的变换都可以通过减缓来避免。因此，即使在一些迅速干预的情况中，某些变化仍然是无法避免的，仍然需要采取适应措施。由于长时间尺度与海洋碳摄入量之间的联系，大多数的变化只要被观测到，即便二氧化碳排放量被全部消除，在很多个世纪之内都是无法逆转的。因此目前的排放量会影响未来几年甚至更长时间内的气候变化（Solomon et al.，2008）。

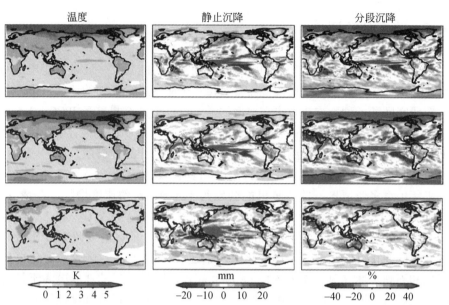

图2.8　依据 IPCC SRES AIB "正常"的人为排放量情景，全球气候（GCM）模拟变化图。2038～2057年与1988～2007年的年平均变化不同。左：地表气温变化；中：降水变化的绝对值；右：降水的相对（百分比）变化。上部和中部：两个 CCSM3.0 模型的模拟，该模型模拟开始的天气状况不同；底部：GFDL-CM2.1 模型模拟。GCM 数据由社区气候系统模型集合项目、大学大气研究公司及地球物理流体动力学实验室提供（见图版1）。

2.5　对主要不确定性的理解

2.5.1　不确定性的来源

基于定义的数值模型不能完整地描述一个真实的系统、我们对气候系统不完整的理解、无法对模型中所有已知的过程进行描述、在分辨率和计算能力上的局限性以及"未知的未知数"（也就是说目前我们未知的可能产生影响的因素）都暗示着气候模型的预测是不完全的。因此，在解释模型结果的可靠程度时，描述气候预测的不确定性是一项重要但是困难的工作。如果预测未来一个世纪的气候会更具有挑战性。每日天气预报的可靠度和不确定性可以通过与实测数据进行对比来评估，但是对于气候模型来说，对2100年的预测却无法短时间内进行验证。

（实际上可能根本无法对其进行全面的评估，因为我们只能体会和观测天气，同时我们毫无疑问地会遵循一个外部胁迫的不同情景）。因此，预测的不确定性和模型的可靠性需要用不同的方法来描述，如可以考虑常见的信号和模型差异分析法。

在已知不确定性条件的气候模型预测影响中，外部胁迫、初始条件和模型的限制都是不确定的。对于这一章使用的气候的定义，初始条件对于气候预测来说不是很重要，但在预测哪种气候将会停止出现这点上却有很大的意义。胁迫的不确定性，也就是在驱动模型的情景中的不确定性，将会在 2.5.2 节中单独介绍。胁迫通常与无法预测的经济和人类不理性的行为事实相联系。例如，2020年的"世界大战"能够显著影响气候演变。如果已知排放的变化，气候模型可以预测战争对气候的影响，但是很明显它无法预测战争是否会发生。类似地，我们也不知道下一次主要的火山爆发将会在什么时候发生。模型的不确定性对所有时空尺度上总的不确定性具有很大作用，将会在 2.5.3 节进行介绍。

不确定性的相对和绝对性取决于空间尺度、预测间隔时间、变量和数量。例如，均值、方差的改变或者一些极端行为是否被计划在内。对所有方面的更为细节的讨论超出了本章所讨论的内容，并且当给出了一些常规的规则之后，对于每个应用还需要一个仔细的不确定性评估。通常，预测未来时更具有不确定性。

2.5.2　情景设置的不确定性

预测一个世纪以后的经济状况是很困难的，甚至是不可能的。很难想象生活在 1909 年的人们能够预测出我们目前生活的世界。经济模型中的很多假设都基于过去的经验相关关系，对于未来的预测可能恰当，也可能不恰当，但是对于已知的正确的物理定律则不适用，如能量守恒定律或者动量守恒定律。因此不同的人对于世界将如何演变以及什么是可能发生的都有不同的看法。因此这些情境的传播面是非常广的，但是它反映了人类活动的不确定性，而不是气候系统的不确定性。

不确定性源于即将实施的减缓气候变化的政策，可用的技术及其花费，以及对于减缓愿意付出的人力（也取决于如果不采取减缓措施破坏的大小程度）。自然胁迫的演变也是不确定的，也就是说我们无法预测下一次大型的火山爆发，但是自然胁迫与人类活动引起的成分相比就显得没那么重要了，并且不太可能影响到超过全球气温的 0.1℃。

通常，只有在 2040 年以后情景的不确定性才变得相关起来，在很多案例中，不确定性在未来 20 年的预测中都是可被忽略不计。原因之一是气候系统对于排放的变化能够缓慢地作出反应。由于海洋的热容量巨大，地表气温对其响应具有滞后性，并且起作用的是温室气体在大气中的储存，而不是每年的排放量，因此未来几十年的变暖在一定程度上是对我们过去引起的胁迫的响应。各种情景很相似的另外一个原因是由于经济和政治系统是缓慢变化的，投入的时间尺度通常很大，尤其在能源部门，通常是几十年。因此假设世界经济在十年左右的时间内就转变成为碳零排放是不现实的。

岩土工程问题通常被单独讨论（Crutzen，2006）。大多数的情景都试图减少温室气体排放，而不去考虑通过"工程修复"的方法来人为降低地球温度。理论上来说，有一些人工干预的方法能改变能量平衡，包括在太空放置镜子或者向太空摄入气溶胶前体来减少太阳能量摄入，增强海洋上方的云层覆盖，增加植被覆盖，增加海洋的碳摄入量，如对海洋生物进行铁加富。所有这些方法至今都没有在大尺度上实施或者有效运用过，很多可能都有明显的副作用。例如，向大气中摄入气溶胶前体可能在全球静辐射上抵消温室气体的作用，但是可能会通过直接或者间接的气溶胶效应改变地区的水文循环（Trenberth and Dai，2007）。碳捕获和碳汇，也就是说如果碳可以安全的储存几个世纪的话，在燃烧后捕获二氧化碳，甚至将二氧化碳从大气中提取出来，将可能没有或者有极少的副作用。然而，能否在如此大的尺度上以合理的花费来部署这样的技术目前是未知的。同时国际组织在何时何地实施岩土工程也是不明确的，尤其是当某些地区可能受益而某些地区可能遭受损失的时候。对岩土工程措施的研究需要了解其潜力和存在的问题，目前将其认为是一项可行的方式为时过早，本书也不再做进一步讨论。

2.5.3 模型局限性

估算模型提供信息的关联性，并且做出决策，决策者需要了解模型的假设、条件、不确定性和基本的框架。在实践中，决策者通常没有时间或者不了解模型的细节，因此科学家需要对模型结果的可靠性给出指导。模型和过程的不确定性可能是最难量化的部分，然而也是模型应用最关键的部分，不管是气候模型还是任何过程的数值模型。

就像在 2.2.3 节中讨论的那样，现在气候模拟过程操作的时空尺度远小于模型目前可以解决的范围。云的凝结是涉及微小尺度的典型例子，然而云的数量、类型、地点和寿命对于全球大气能量平衡以及全球水文循环都十分重要。水平分辨率在几百千米（包括分辨率在几十千米的区域模型）的气候模型需要对云层进行参数化，也就是说，描述云层对某个栅格地点气候的总体影响必须有一个简单的近似，以此来作为模型栅格可获得的数量方程（气温、湿度、垂直剖面、风、气溶胶等），而不是直接模拟云层的形成本身。这些参数化都是基于过程（如暖气比冷气能保持更多水汽）的物理理解以及室内和室外实验来进行的。参数化的形式一旦形成（如使用线性关系还是指数关系），一个或者多个参数的数值就被确定下来。这些参数通常都不是系统内能直接观测的量。参数可以同时描述多个影响（如可能选取扩散法来描述任何无法解决的复杂过程）。参数经过校验保证模型可以正确地模拟平均值、时空模式和趋势。由于参数值不能在高置信度下进行确定，或者由于没有很好地理解参数化结构，导致了模型的不确定性。此外，参数化都是近似值，因此它们的存在和使用必然暗示着不确定性。对于某些过程，不同的科学家基于不同的假说或者观测证据给出了不同的参数化。参数化结构中的不确定性或者参数化参数值中的不确定性因此通常被分开考虑，虽然从模型总体运行上来说二者产生的影响是类似的。

大体上，参数的不确定性可以通过改变某个模型中的参数来产生通常所说的"扰动物理集成"这样的方法进行直接研究。然而，对所有参数的敏感性的综合评估在计算时可能是十分困难的，尤其是当多个参数同时变化的时候，只有在使用 EMICs（Knutti et al., 2002）或者分布式计算（Stainforth et al., 2005）时才可行。结构上的不确定性可以通过对比不同模型，即所谓的"多模型集合"或者"机会集成"来实现，也就是说世界上不同团队开发的不同模型都在同一个驱动情景下运行。最简单的量是扩散方法，但受多种原因影响很难对其进行直接解释。首先，模型数量不够多，通常是 10~20 个全球气候模型。其次，模型不是独立的，他们都共享相同的假设，数值方法，某些案例中具有相同的代码。例如，目前所有 GCMs 都在类似的分辨率下运行，因此需要对相同的过程进行近似，即使是参数化本身的实施是不同的。再次，这些机会总体没试图跨越多个不确定性。他们应该是由相同的观测数据调整的一系列最佳模型的集成，而不是将世界上可能的模型都集中在一起。因此，对于不确定性的正式评估只有对很多尚未证明确定的假设时才成立（Tebaldi and Knutti, 2007）。

当在更小的尺度上进行预测时不确定性会增加。这是因为模型的分辨率不足以解决小细节，并且一些不透彻的理解或模拟的流程可能会强烈影响到当地的气候，但是对于全球尺度来讲影响不会那么大。比起与水文循环或者海冰、冰川、地表或者植被相关的变量来说，预测与气温相关的变量更为可靠。很多与水循环相关的过程在小的空间尺度上运行，需要进行参数化（如云的形成、冷凝、地形影响）。模型能够复制并且将过去的降雨趋势归于最大尺度上的人类活动（Zhang et al., 2007），并且与某些预测趋势是一致的（如高纬度地区降雨的增加和亚热带地区的趋于干旱化）。然而在小尺度上，他们通常与预测的趋势显著不同（图2.8）。更高数量级的运动（如变化性和极端事件）比气候平均值更难模拟，也可能是因为涉及在极端事件中的过程具有区域性或涉及了不再适用于气候模型中假设、简化和参数化的情况。底线是通常与社会、农业和基础设施最为相关的事件中的变化，如暴雨的趋势通常是最难模拟的部分，因此误差也最大。

如果我们在一个完全不可能出现的情景下对未来一个世纪的气候进行预测，是不可能评估模型的运行情况的。因此对不确定性量化的方法通常是基于过去和未来多个模型运行的，评估它们过去和现在的运行情况，然后考虑那些评估良好的模型的扩散（Knutti et al.，2002；Tebaldi and Knutti，2007）。这需要科学家给出"良好"的标准，从而选出可靠的模型。但由于关注问题角度的不同和应用中特点的要求，其运行结果的标准也不同。"标准"的判定主要根据模型模拟目前气候特征反面的多少及对过去一个世纪内时空模式的演变特征和更早时期的特征的模拟，如末次冰期。然而模型中很多参数化是具有不确定性的，模型的物理核心取决于诸如能量守恒方程、动量守恒方程和质量守恒方程等公理。对于那些我们信任的 GCMs 的案例，我们直觉上会认为其模拟结果都是合理的，并将其与简单模型或其理论联系起来。对于模型不确定性和评估的更为详细的讨论可以参照最近的 IPCC 报告以及相关的科学论文（Räisänen，2007；Tebaldi and Knutti，2007；Knutti，2008）。

2.5.4 基准期设置的不确定性

最后，在构想和解释气候变化问题上也存在不确定性。就像我们在 2.3.3 节中讨论的一样，将观测值和气候模型模拟结果对比，也容易产生误解。一部分是由于观测方法的问题，也是由于这是一个类似于"比较苹果和橘子差别"。目前对此常用的解决方法是从某些参考状态中来看异常现象，将参考状态和观测数据以及气候模型数据分开评估。假设变化和长期变化在很大程度上与绝对平均状态是独立的。这对于气温来说似乎是很合理的（除去靠近冰和雪边缘的部分）。对于降雨来说如果看微小（如百分比）的异常也可能是恰当的。然而，就像我们在 2.3.3 节提到的，如果研究区暴雨轨迹出现在错误的地点，那么我们也会认为这个气候模型不可靠，因此即使我们会对某个特定的应用使用具有微小异常的结果，我们还是会考虑评估目的的绝对状况。

然而这引出了另外一个更深层次的问题：我们需要确保基态评估中使用的量与观测数据及气候模型输出异常量是相同的。这个原则看起来是很明显的，但是实现起来比较难。首先，这就需要将地表气温从观测数据和气候模型中提取出来，保留具有实测数据（如果有可用的模型输出）的时段和地点的那些数据，然后使用同一时段来评估参考标准。

第 2 章 | 天气与气候

屏蔽数据的可用性可能会产生严重的副作用，因此需要进一步的处理。尤其是观测网空间覆盖随时间而发生的变化。如果异常不是根据地点和月份来计算，也会产生明显的趋势。如图 2.9 中所示，北极案例，改善冬季覆盖并且提高纬度，能够在这一地区产生明显的变冷的趋势，如果覆盖有波动也会产生明显的极端年份。应对这一问题有两个方法。一是直接去掉没有完整（或者基本没有完整）观测数据的地区。另一个方法是运用这一步骤来产生很多观测数据结果，就像图 2.9 中 CRUTEM3 数据一样。这涉及对区域逐月异常值的计算，参考季节循环评估由参考时期产生。这一修正的结果在图 2.9 中进行了说明。

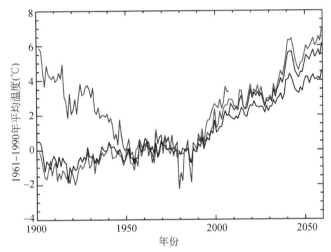

图 2.9 单一的气候模型模拟的北极地表气温异常时间序列估计不同。年平均值，在北纬 60°以北海陆域，表现为 1961～1990 年的平均值异常。绿线：没有应用观测范围掩饰的 GCM 数据。红线：月 GCM 数据被保存在栅格箱（grid boxes）内，并且仅有实测数据，但计算每年区域平均值之前，没有消除季节性周期。黑线：每月的 GCM 数据被隐藏，根据观测的可用性和季节性周期移除计算年度区域的平均值，把 2007 年观测范围用于到未来。蓝线：运用过去数月可察隐藏的常见做法。GCM 的数据由气候系统模型项目集合和大学大气研究合作所（UCAR）提供；由英国气象局哈德利中心和东英吉利大学气候研究组提供观测数据（HadCRUT3）（见图版 2）。

以上是利用历史数据时常用的方法，但在考虑未来预测时通常不用这些方法。大多数预测研究都假定未来我们有完善的观测覆盖，也就是说都不会直接去掉某些地方。这意味着参考中用到的量和趋势计算实际上都是不等同的。例如图 2.9 所示，假定未来的观测网比目前的观测网更完善，对北极未来 50 年的预测，会有 1.5℃之多的误差。哪种覆盖网络是正确的？很明显，完善的覆盖网络是正确的。然而因为我们是在过去观测变暖的背景下来解释未来变暖状况，并且短期内我们还会采用类似的观测网络来监测未来变暖状况，使用目前的观测网络似乎更为合适。

本问题的影响程度取决于具体情况和位置。存在的模糊问题需要进行预测，未来气候变化的预测便存在潜在不确定性。

2.5.5 气候响应的非线性

如果气候系统与未来排放存在明显的非线性的话，目前所有的不确定性源可能都非常重要。这样的非线性通常被称作是"转折点"，也就是气候突然从一种机制转换到另外一种机制中，通常是不可逆的。例如，南极西部冰盖的消退，它可以抬升海平面并改变海岸线，改变海洋中盐分的分配（这是海洋循环的一个重要驱动因素），也会改变南极的地理特征。然而，这样的事件又不属于本章"天气和气候"的范畴。

气候系统似乎可以发生像过去记录中说明的那样的突然变化。因为气候系统在转折点处是不稳定的，在气候模型平均状态、绝对值校准、模型构想、参数值、驱动情景的不确定性下，预测转折点出现的时间会产生巨大的差异。某个阈值可能在一种情景下达到，但是在另外一种情境之下就无法达到。某个参数值的微小差异都可能达到延迟几十年的阈值。在这些方法背景下，气候模型预测看起来都具有不确定性，因为在气候模型输出中微小的偏差就可能会导致完全不同的结果。目前所有的 GCMs 都没有预测出未来一个世纪内灾难性的气候突变事件，相反却表明响应是线性的。过去的一万年间，气候是非常稳定的，但并不意味着我们未处在转折点上。然而，这段时期没有温室气体的输入，而我们目前的气候系统和合理的临界点在 GCM 模型中通常涉及对显著反馈过程的初步参数化。因此，尽管地处偏远，考虑危害的严重性的提示有时也是必要的。

2.6 未来几年可能的研究进展

如果历史序列对未来序列具有指示作用，那么气候模型将会继续在模拟目前气候和特定过程方面加以完善，然而与气候预测相联系的不确定性短期内几乎不可能下降。部分影响总体的不确定性也无法避免，如未来火山喷发的不确定性，或者在一定程度上气候转折点发生的地点。未来模型的开发可能会包含更多具有内在相互作用的部分和过程，如碳氮循环的表示、冰盖和冰架模型、化学和上层大气模型、动态植被、海洋生态系统模型等。模型会更加完善，但是同时成本会更高，也更难理解。对新过程和自由度的介绍通常会增加不确定性，除非有更多的观测数据并且对模型有更多的限制条件。

分辨率显然是气候模型中的一个限制因子，尤其是当需要地区-区域尺度降雨时，同时水文过程也是很重要的问题。在100km的分辨率下，没有模型可以有效模拟山脊的表面形态，因此所有模型在类似的方面上都可能是错误的。从理论上来说，用运行速度更快的计算机就可以解决分辨率问题，但是在实践上这是非常困难的。水平分辨率的加倍会使计算花费增加10倍左右，也就是说，对于千米尺度上的全球气候模型中，对几十年或者更长时间段的预测是不可行的。提高分辨率需要调整、改变或者去除某些参数，因为这些参数可能仅仅对某些特定的尺度适用，因此需要大量的人力。最后，由于单个处理器饱和，提高计算机计算能力意味着未来模型需要更多的处理器（几千个到上百万个）。气候系统中的很多相互作用会导致不同处理器之间的严重累积，计算十分困难。

观测资料越多、观测时间越长、覆盖面越广、计算能力越强、模型关键过程处理更好，产生的结果越好。未来十年提供的监测数据更利于新成果的产生，这是因为下一个十年中人类活动的影响比过去任何一个十年都大。可用的数据通过多模型比对运动也有助于发展，模型间的差异性也更容易被量化。这些数据集也推动了可用于评估的统计框架的发展，和衡量概率预测模型的产生（Tebaldi and Knutti，2007）。虽然仍处在初期阶段，但也能将很多模型中共同的气候变化信号从单个模型中特定细节相关的"噪声"分离开，因此为评估气候预测的可靠性提供了一个方法。气候模型的发展可以预测未来的变化，但预测的结果和我们需要的信息存在一定的差距。气候模型结果已表明气候变化非常严重，需要实施适应和减缓措施。当前的任务是对其进行改善和优化以指导决策者做出正确决策。

2.7 术语汇编

AOGCM
atmosphere-ocean global climate model（大气-海洋耦合全球环流模型）
模拟大气和海洋的全球气候模型。通常也模拟海冰和地表特征。
EBM
energy balance bodel（能量平衡模型）
简单气候模型，包含对外部胁迫的指数响应，但不能独立产生天气变化。
EMIC
earth model of intermediate complexity（中级复杂地球模型）

全球气候模型的变种，在模型规划时进行简化，因此允许实验有更为广泛和更多的模拟。

forcing（或者 external forcing）
作用于气候系统的气候系统外部的影响，如人类排放。

forcing scenario
外部胁迫对气候系统作用过程的可能情境。

GCM
global climate model（全球环流模型）
模拟气候系统不同成分之间相互作用以及它们在时空上如何变化的计算机模型，可以包含也可以不包含模拟海洋的模块。

grid box（或者 grid cell）
一个栅格规划的成分模块，在很多全球气候模型（GCMs）的计算和输出结果中都有使用。

IPCC
Intergovernmental Panel on Climate Change（政府间气候变化专门委员会）
一个以为联合国气候变化框架公约提供周期性气候变化状态评估为主要任务的委员会。

parameterization
给定大尺度的输入条件，对较全球气候模型栅格更小尺度上的过程如何影响栅格内的气候状态进行的启发式表达。

RCM
regional climate model（区域气候模型）
全球气候模型（GCM）的一个区域变种，在一个更为局限的空间内用更高的分辨率运行，其边界条件由 GCM 或者观测结果提供。

UNFCCC
United Nations Framework Convention on Climate Change（《联合国气候变化框架公约》）
联合国指导国际应对气候变化协商过程的公约。

致谢

大多数 GCM 数据由气候系统模型工程提供（http：//www.ccsm.ucar.edu），通过大气研究大学社团的首页（http：//www.earthsystemgrid.org）和美国能源部，由国家科学基金地球学指挥部和美国能量部生态研究办公室的支持。其他

GCM 数据由地理物理科学流体力学研究室通过 http：//data1. gfdl. noaa. gov。系统网格观测的温度数据是由 the UK Met Office Hadley Centre and the Climate Research Unit of the University of East Anglia 通过 http：//www. metoffice. gov. uk/hadobs 提供。作者对 racy Ewen 和本书的编辑对初稿的批评意见表示感谢。

参 考 文 献

Allen, M. R. and Ingram, W. J. （2002） Constraints on future changes in climate and the hydrological cycle. Nature, 419, 224-232.

Barnett, T. P., Adam, J. C. and Lettenmaier, D. P. （2005） Potential impacts of a warming climate on water availability in snow-dominated regions. Nature, 438, 303-309.

Barnett, T. P., Pierce, D. W., Hidalgo, H. G. et al. （2008） Human-induced changes in the hydrology of the western United States. Science, 319, 1080-1083.

Brasseur, G. P. and E. Roeckner （2005） Impact of improved air quality on the future evolution of climate. Geophysical Research Letters 32, doi: 10. 1029/2005G L023902.

Claussen, M., Mysak, L. A. Weaver A. J. et al （2002） Earth system models of intermediate complexity: closing the gap in the spectrum of climate system models. Climate Dynamics, 18, 579-586.

Crutzen, P. J. （2006） Albedo enhancement by stratospheric sulfur injections: A contribution to resolve a policy dilemma? Climatic change, 77, 211-219.

Knutti, R. （2008） Should we believe model predictions of future climate change? Philosophical Transactions of the Royal Society A: 366, 4647-4664, doi: 10. 1098/rsta. 2008. 0169.

Knutti, R. and Hegerl, G. C. （2008） The equilibrium sensitivity of the Earth's temperature to radiation changes. Nature Geoscience, 1, 735-743.

Knutti, R., Stocker, T. F., Joos, F. and Plattner, G. -K. （2002） Constraints on radiative forcing and future climate change from observations and climate model ensembles. Nature, 416, 719-723.

Plattner, G. -K., Knutti, R., Joos, F. et al. （2008） Long-term climate commitments projected with climate-carbon cycle models. Journal of Climate, 21, 2721-2751, doi: 10. 1175/2007JCL1905. 1.

Räisänen. J （2007） How reliable are climate models. Tellus Series A-Dynamic Meteorology and Oceanography, 59, 2-29.

Solomon, S., Plattner, G. K., Knuttiand, R. and Friedlingstein, P. （2008） Irreversible climate change due to carbon dioxide emissions. Proceedings of the National Academy of Sciences of the USA, 106, 1704-1709.

Stainforth, D. A., Aina, T., Christensen, C. et al. （2005） Uncertainty in predictions of the climate response to rising levels of greenhouse gases. Nature, 433, 403-406.

Tebaldi, C. and Knutti, R. （2007） The use of the multi-model ensemble in probabilistic climate projections. Philosophical Transactions of the Royal Society A, 365, 2053-2075.

Tabaldi, C., Hayhoe, K., Arblaster, J. M. and Meehl, G. A. (2006) Going to the extremes: An intercomparison of model-simulated historical and future changes in extreme events, Climate. Change, 79, 185-211.

Trenberth, K. E. and Dai, A. (2007) Effects of Mount Pinatubo volcanic eruption on the hydrological cycle as an analog of geoengineering. Geophys. Research Letters, 34, doi: 10.1029/2007GL030524.

Zhang, X. B, Zwiers, F. W., Hegerl, G. C. et al (2007) Detection of human influence on twentieth-century precipitation trends. Nature, 448, 461-465.

延展阅读

对气候系统的简单合理的说明。

Archer, D. (2007) Global Warming: Understanding the Forecast. Blackwell Publishing, Oxford.

对气候系统的全面的说明。

Hartmann, D. L. (1994) Global Physical Climatology. Academic Press, San Diego.

气候变化和气候模型的目前状况的权威评论。

Intergovernmental Panel on Climate Change; Core Writing Team, Pachauri, R. K. and Reisinger A. (eds) (2007a) Climate Change 2007: Synthesis Report, Contribution of Working GroupsⅠ, Ⅱ, and Ⅲ to the Fourth Assessment Report of the Intergovernmental Panel on Climate Change. IPCC, Geneva, Switzerland, 104 pp. Available at: http://www.ipcc.ch/publications_and_data/ar4/syr/en/contents.html.

Intergovernmental Panel on Climate Change; So; omon, S., Qin D., Manning, M. et al..(eds) (2007b) Climate Change 2007: The Physical Science Basis. Contribution of Working Group I to the Fourth Assessment Report of the Intergovernmental Panel on Climate Change. Cambridge University Press, Cambridge, UK. 996 pp. Available at: http://www.ipcc.ch/ipccreports/ar4-wgl.htm.

第3章 区域气候降尺度

[1]罗伯特 L. 威尔比，[2] 海利 J. 福勒
[1]地理系，拉夫堡大学，莱切斯特，英国
[2]土木工程和地球科学学院水资源系统研究实验室，纽卡斯尔大学，泰因塞德，英国

从区域尺度（全球变化模型）结果中获取次区域尺度信息将会变得更加重要。

Wigley 等（1990）

即使未来全球气候模型具有较高的分辨率，但是仍然需要在特定地点的影响研究中对全球气候模型的结果降尺度。

Department of the Environment（1996）

在气候变化影响评价和水文模型研究中，降尺度技术通常被用来解决低分辨率的全球气候模型（GCM）和区域或局地流域尺度之间的尺度不匹配问题。

Fowler 和 Wilby（2007）

3.1 引　　言

"降尺度"指从低分辨率（>100km）的大气数据或全球气候模型（GCM）的输出数据中获取局地尺度和区域尺度（10~100km）气候信息的方法。这个过程中可以校正大气过程或陆地表层特征的系统偏差，而这些偏差在大尺度气候模型中由于太小而不能得以解决。而当决策者需要在高分辨率情景下评价气候变化的影响和响应时，上述降尺度过程是十分必要的。近三十年来，众多学者花费了大量的时间和精力研究区域气候降尺模型，但对于高空间和时间分辨率下的未来气候是否对气候风险评价和决策的制定有帮助，至今仍存在异议。

毫无疑问，GCMs 需要在全球范围内采取行动控制引起气候变化的人为排放，然而，GCMs 对于如何适用于区域或局地尺度却不能提供更多的帮助（Schiermeier，2007）。对于过去的排放和无法避免的气候变化，如何保证更多的财政以及技术支持来适应逐渐引起人们重视的气候变化（UNDP，2007；Parry et al., 2009)。易于理解和利用的降尺度工具在需求中不断发展。但简单精炼的降尺度方法已满足不了需求。因此，进行气候风险评价和适应计划等问题的降尺度方法亟待开发。

降尺度方法此前已被多次检验（Giorgi and Mearns，1991；Hewitson and Crane，1996；Wilby and Wigley，2000；Zorita and Von Storch，1999；Xu，1993；Mearns et al.，2003；Wilby et al.，2006；Carter，2007；Christensen et al.，2007b；Fowler et al.，2007）。即便如此，在描述不同的降尺度方法的技术基础之前，我们也应该从可运行的天气预报中得到降尺度方法的基础。继而通过不确定性分析研究气候变化影响评价等新兴领域。此外，需要探讨气候研究中那些合理主题的概念和步骤，使之用于国际合作和国际比较研究，并实现降尺度工具在公共领域的应用。最后，本章认真研究了关于降尺度的前景展望，以及该技术有助于适应形式的范围。这为第 5 章关于现有的气候变化情景概念框架是否适用于适应计划的讨论提供了思路。降尺度是行业术语，读者可以在专业词汇表中找到。

3.2　数值天气预测中降尺度的起源

许多降尺度技术概念的基础来源于 20 世纪五六十年代的实验与客观的天气预报。与此同时，理想预报法（PP）开始应用于估计地面风、降水概率和降水类型、最高最低气温、云量和能见度等气象站的数值天气预测（Klein et al.，1959，1960，1967）。以上参数可以通过有用的变量与天气预测模型中低分辨率的类似参数之间建立的统计关系来获取。在运行模式中，数值模拟输出用来表示统计关系，进而在给定的时间之前预测局地天气。后一种方法被称作模型输出统计（MOS），即利用局地变量和投影频次的数值模型输出之间的统计关系（Glahn and lowry，1972；Klein and Hammons，1975；Baker，1982）。通过这种方式，数值预报中的任何偏差将直接通过统计尺度关系得到缓解。然而，原有模型的修改，或者新的数值预报模型的改进都需要对模型进行重新校准。

Kim 等（1984）利用 PP 方法对转换 GCM 尺度输出首次进行了降尺度研究。在此开创性的研究中，俄勒冈州 49 个站点的月地表温度和月总降水量可以回归表示为经验正交函数（EOFs），从而反映所有站点的逐月温度和降水的月均值和异常值的空间变异性。第一个 EOF 可以分别解释温度和降水总方差的 79% 和 81%。此研究的意义在于证明通过覆盖目标区域的 GCM 格网点观测到的长时间序列的月天气变化异常是可以预测局地气候条件（及其影响）的。Wigley 等（1990）概述了此方法，并采用了完整的预测变量（平均海平面气压，位势高度和气流梯度，除此之外，还包括地区平均温度和降水）。尽管该研究证实多数可释方差是由区域可预测变量的平均值所引起的（即区域温度可以很好地说明局地温度），也同样说明特定地点的变化明显不同于 GCM 格网尺度的相同位置。

事实上，关于 GCM 输出的首次研究是被用于重建观测的地表气候，通常也被称为"基于模型统计的气候推测"技术（Karl et al.，1990）。利用俄勒冈州立大学的两层大气 GCM 的早期版本（包括特定的海平面温度）通过 PP 和 MOS 公式估计了美国 5 个主要站点日气温、降水和云底部高度，从而获取了 22 个预测变量值。由于 GCM 的均值与方差的偏差可以被克服，所以 MOS 版本被作为首选。就我们的想法而言，第一篇降尺度的论文研究的是北大西洋的伊比利亚冬季降水异常和海平面压力场异常的 PP 关系（von Storch et al.，1993）。该研究同时也是第一次利用 GCM 中相同的大尺度压力场降尺度到双倍二氧化碳浓度下的区域降水变化。结合以前的研究发现降尺度后的降水与同样位置 GCM 估计的明显不同。

从古到今，来源于数值天气预测的区域气候模型不断发展（Giorgi and Bates，1989；Giorgi，1990）。美国西部是最早采用嵌套式区域模拟实验的国家之一，这里复杂的地形和海岸线显著影响降水和温度的空间分布。宾夕法尼亚州立大学/大气研究国家中心的 60km 分辨率的中尺度模型（MM4）通过为期一个月的冬季气候变化驱动观测进行模拟检验。由于地形理想，通过 MM4 得到的一月降水和气温情况好于群落气候模型（CCM1）的两个版本。一个类似的模型配置被用来在欧洲进行双倍二氧化碳浓度实验（Giorgi et al.，1992）。然而，由于缺少有效的每 6 小时的 GCM（fields），早期的气候变化实验和区域气候模型（RCMs）的长时间模拟能力受到限制。尽管如此，不久之后，仍建立了许多理论，如决定区域尺度和分辨率的选择，以及处理边界限制等（Giorgi and Mearns，1991）。这些方法的详细情况将在 3.3.2 节讨论。

3.3 降尺度方法的回顾

已多次证明影响资源评价所需气候信息的空间尺度优于 GCMs 所提供的（Grotch and MacCracken，1991）。很早人们就认识到影响评价的重要性（Kim et al.，1984；Gated，1985；Lamb，1987；Cohen，1990）。GCMs 的分辨率达到几百公里，而 RCMs 为几十公里（图 3.1）。然而，许多影响模型需要点气候观测当量，并且对通过低分辨率模型参数化得到的小尺度气候变化极为敏感，这种情况在复杂地形、沿海或者岛屿，以及土地覆被高度异质性的区域表现明显。因此，降尺度的主要目的就是解决气候模型和气候影响研究所需尺度之间的不匹配问题。

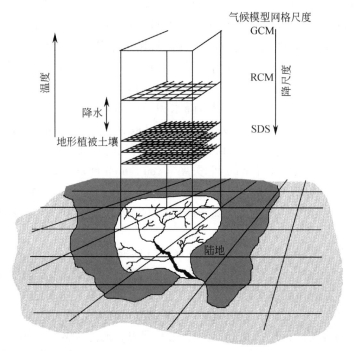

图 3.1　降尺度方法示意图。GCM：大气循环模型；RCM：区域气候模型；SDS：统计降尺度。

3.3.1　基本方法

　　获取高空间分辨率情景的最直接的方式是 GCM 格网点的内插（Cohen and Allsopp，1988；Smith，1991）——有些人认为这是一种"不智能的降尺度"的方法（Hulme and Jenkins，1998）。插值的主要优点是特定位置的情景的建立相对容易、快速。然而，该方法忽视了地形、土地覆被海岸线或者水体的变化对局地气候的影响。但在相对均质的地形或者较小的气候梯度下可能是比较合理的假定。若上游集水区地形复杂，如仅几千米外海拔、植被、积雪的显著变异。将严重影响地表能量和水平衡，同时影响气候评价各方面的确定性，包括水资源、洪灾风险管理和与雪相关的活动（Ray et al.，2008）。

　　所谓的"变化因子"法，"增量变化"法和"扰动"法可以被认为是降尺度复杂度的下一层次（Arnell and Reynard，1996；Pilling and Jones，1999；Hay et al.，2000；Prudhomme et al.，2002；Arnell，2003；Eckhardt and Ulbrich，2003；DiazNieto and Wilby，2005）。首先，在研究区域建立参考气候。根据具体的应

用，可能是长期的均值，如 1961～1990 年，或者是实测气象记录，如一系列日最高气温。其次，当量（这种情况下的气温）的变化可以通过距离目标区域最近的 GCM 格网计算。例如，3℃的差异出现在从 21 世纪 50 年代的平均值减去以 1961～1990 年为基准的平均 GCM 温度。最后，将通过 GCM 提出的温度变化（如+3℃的情况）简单地加到参考气候中。

尽管合成的情景结合了站点记录，以及特定 GCM 格网点的区域气候变化，但是该方法同样存在问题。尺度和基准情景仅在各自的均值和最大、最小值等方面有所差异；数据的其他特征，如范围和变异性保持不变。该过程同样假设现在气候的空间格局在未来保持不变。此外，如果不做修改，由于加入（或者乘）GCM 降水变化得到的降水记录会影响降雨天数或者极值事件的大小，该方法并不易应用于降水记录（Prudhomme et al.，2002）。当直接尺度应用于基准降水序列时，该方法则对影响评价至关重要的干湿季长度变化环境作用不大，如干旱、湿润区域对降水量和时长的水文响应是非线性的。更为重要的是，该方法无法识别单一格网值可能包含的总偏差。例如，在 GCM 中主要的暴雨轨迹可能被错误识别。因此，对此方法仍存有质疑。

分位数–分位数法是变化因子方法的变体（如 Wood et al.，2004；Harrold and Jones，2003；Déqué，2007；Michelangeli et al.，2009）。该技术主要分为四步。首先，选择可以提供可信度较高的感兴趣区域的局部特征（预测值）的大尺度大气变量的观测值，这个筛选过程可通过预测值和可用预测变量之间的相关性确定；其次，预测值和选择的 GCM 预测变量可以转化成 0%～100% 分位数；再次，对预测预报匹配的百分数使用回归分析的方法（图 3.2）。最后，未来局地值则通过特定百分数的大尺度预测因子的相同经验尺度关系获取。例如，图 3.2 中的多项式回归（传递函数）可以通过 99% 的区域平均温度来估计 99% 的最大和最小温度。

分位数–分位数降尺度法已用于将低分辨率的季节预报调整到流域尺度运行的河道水流信息（Wood et al.，2004）。该方法的主要优点是降尺度响应可以较为容易地被一系列气候模型和/或者排放情景所估计，从而描述降尺度数量的不确定性的范围，然而该方法假定数十年（所有降尺度技术）和预测因子值之间的尺度关系是固定的，并且这些预测因子值超出初始百分数范围，被设定为历史极值或者利用尺度公式超过观测值的推测值。当月均值分解到日气象值，以及降水降尺度的结果对湿日的发生和极值敏感时，需要额外的过程，因此限制更多（Christensen et al.，2004）。

复杂的降尺度基于以下假设：区域气候的大尺度气候特征和局地特征是有条件的（即地形，陆地海洋分布和土地利用；von Storch 1995；von Storch and

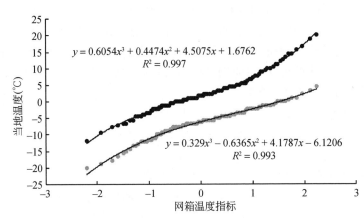

图 3.2　关于北美区域气候变化评估计划（NARCCAP）的区域气候模式的空间域的比较。资料来自 http：//www.narccap.ucar.edu/data/domain-plot.png.

Zwiers，1999）。涉及局地预测的大尺度预测对象（是否使用物理或统计关系）及区域胁迫处理是否具有确定性或随机性，采用的方法也是不同的，预测在此基础上，降尺度方法属于动力学（3.3.2节）和统计学（3.3.3节）方法，随后进一步被划分为天气分类（3.3.3.1节），转换函数（3.3.3.2节）或者天气发生器（3.3.3.3节）等方法。

3.3.2　动力降尺度

在 GCM 模拟提供特定区域上的大气状况的基础上，区域气候模型在50km 或者更小的分辨率上动态模拟气候特征（图3.3和图3.4）。大尺度大气场通过 GCM 在多个水平和垂直水平模拟（如地表气压、风、温度和水蒸气），并通过一个侧向缓冲区增大 RCM 的边界。然后这些信息通过高分辨率 RCM 来处理，物理机制和动态模型可以生成不同于 GCM 的气候变量格局。在 GCM 中嵌套 RCM 是一种具有代表性的方式。换句话说，RCM 并不能影响 GCM 的大尺度大气环流。迄今为止，RCMs 已被广泛应用于各种用途，包括数值天气预测，古气候研究，下垫面改变的影响，区域未来气候变化等（Mearns et al.，2003）。

3.3.2.1　模型处理

RCMs 的主要优点是具有模拟区域气候对地表植被或者大气化学变化响应的能力（表3.1）。在近年来的发展中，生态和水文中心（CEH）与英国气象局研究了一种集成了 RCM 和1km 分辨率分布式降雨径流和汇流模型的"格网-格网"

第 3 章 | 区域气候降尺度

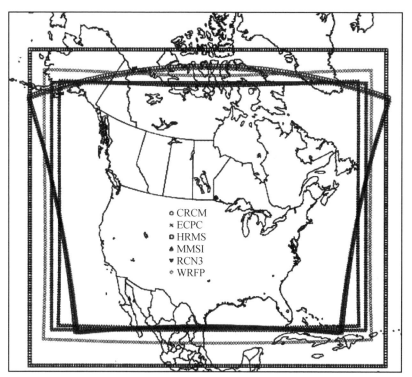

图 3.3 北美区域气候变化评价方案的区域气候模型空间域对比。转自 http://www.narccap.ucar.edu/data/domain-plot.png（见图版 3）。

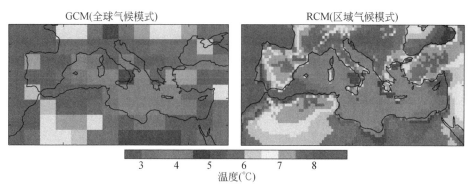

图 3.4 关于地中海及其周围的夏季温度变化，哈德利中心的全球大气环流模式（GCM）和区域气候模型（RCM）分辨率的比较。科西嘉岛，撒丁岛和西西里岛等岛屿没有用 GCM。摘自 Jones et al.，2004（见图版 4）。

方式（Bell et al.，2007）。该系统正被用于河道流量的连续模拟，以及气候变化条件下的洪水灾害风险估计。与 GCM 相比，RCM 能够更好地求解地表地形，以及产生极端降水事件的大气过程（图 3.5）。

表 3.1　缺乏英国气象局 MOSES 系统的地面过程名单

在地表、植被和大气之间温度和湿度的交换，
温度和湿度的地表通量：
植被截留

释放到土壤或者蒸发

依靠植物类型

土壤表面和大气之间通过截留热量和湿度的交换

湿度和温度的次地层通量：

四层土壤模型
root action（蒸发）
水相改变

不同土壤类型的渗透率
地表径流和次地表汇入海洋

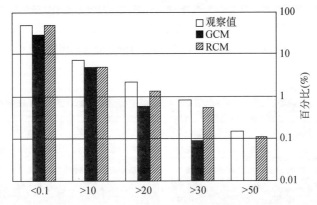

图 3.5　在阿尔卑斯山日降雨量超过规定阈值 50mm 的可能性

然而，RCMs 在计算上要求较高，计算相同情景时，需要和 GCM 相当的处理时间，并且不容易转换到另外新的区域。RCMs 结果同样对实验开始的初始参数（特别是土壤水分和土壤温度）的选择比较敏感。依赖于局地地质和土壤特性，自旋阶段（或者 GCM 在 RCM 中建立稳定行为的时间）可以达到几季或几年的程度。在此阶段，RCM 可能产生不可靠的结果，这是因为土壤含水量和温度通过

调整地表显热和潜热通量而影响气候模型。相比之下，大气自旋的时间取决于 RCM 的区域尺度、大气环流的季节和活力，但是通常只有几天。

区域气候模拟部分已经讨论了在 RCM 中充分实现 GCM 物理性应用的相对优点，与发展不同于主机 GCM 的 RCM 物理性相反。在嵌套的 RCM 和驱动的 GCMs 中，相同物理方案最大化模型的兼容性，但是存在一些无效的 GCM 参数化方案（例如对流云）特别是在高分辨率的 RCM 中。在 GCM 和 RCM 尺度上利用不同的物理方案的主要优点是不同模型分辨率的每个过程得到了发展，这也就导致了一些人呼吁在 RCM 物理学的某些方面出台明确的尺度的依赖性（Noguer et al.，1998）。

3.3.2.2　边界条件

区域气候模拟的质量不仅取决于 RCM 物理的有效性，更取决于 GCM 边界信息的正确与否。一个通常的情况是"无用输入，无用输出"。例如，如果 GCM 错误估计中纬度喷雾以及与其相关的暴雨轨迹，RCM 的降水气候可能会产生较大的误差。然而，随着超级计算机的出现，以及 GCMs 水平尺度的不断完善和改进，相对于早期的实验，大尺度水文循环的模拟质量得到了极大的改善。即便如此，区域气候建模者仍然主张利用再分析资料进行 RCMs 的初始检验。这些格网尺度的准观测数据通过将实际气象观测值同化到全球气候模型的方法中，进而为 RCM 提供近似完美的边界条件。将观测值与降尺度的区域气候（通过在分析或者 GCM 产生）进行对比，这些误差可能和 GCM 内部物理机制或者 GCM 边界信息有关（Noguer et al.，1998）。

模型区域范围和栅格间距的选择是 RCM 实验的一个重要的因素（图 3.3）（Jones et al.，1995；Seth and Giorgi，1998）。在理想情况下，应该有足够大的范围来实现中尺度大气环流的自由发展，如洼地和格网间距足以获取详细的地形和海岸特征，如海风。因此，最佳的区域范围在中纬度和热带气候之间可能是不同的（Bhaskaran et al.，1996；Jones et al.，1995）。此外，区域位置应该能够体现影响相关区域气候的显著的循环过程（如低空急流或者暴雨路径）。例如，在印度洋已有研究表明区域面积与位置影响热带气旋的模拟（Landman et al.，2005）。实际上，区域范围和栅格间距受到计算资源的限制，垂直和水平分辨率增加一倍，模拟时间增加近八倍。

最后，相关区域应该是可以延伸到的横向缓冲区（以 GCM 格网间距表示的部分区域逐步转变为 RCM 格网间距）。这是由于在侧向边界模型噪声最大，而 RCM 较好的分辨率格网满足 GCM 的粗格网。许多技术用来融合两种不一致尺度，包括可变格网，插值和光谱法（Alexandru et al.，2009）。侧向力进一步的考虑是对大尺度 GCM 的等间距更新。在夏季，与昼夜循环相关的近似差分热量至少要每 6 小时更新一次。

3.3.2.3 区域气候模式的局限性

前面已经指出，如果 GCM 错误估计中纬度喷雾以及与其相关的暴雨轨迹，现代 RCMs 是单向的嵌套。换句话说，地表变化或者高分辨率地形的局地尺度大气响应不能影响大尺度的 GCM 行为。对硫酸盐气溶胶、生物燃烧和尘源微粒（所谓的"褐云"）相关联的区域气候反馈可能具有重要意义。例如，在 1996～2006 年，由撒哈拉沙尘引起的地表降温使得西非季风降雨相对于萨赫勒地区降低 8%（Solmon et al., 2008）。虽然如此，降水距平和烟尘排放之间的反馈是复杂的，取决于许多局部因素，包括尘缘地貌、风力运移能力和沉积物的可用性（Büullard et al., 2008）——超过现有 RCMs 的范围的过程耦合程度和细节。然而，可以想象得到的是大尺度风场类型的改变可能影响北纬 15°区域的风蚀力（Clark et al., 2004），从而改变区域能量平衡，云的形成和地表温度（Zakey et al., 2007）。

尽管由改进的 RCM 垂直和水平分辨率的地形进行的降水模拟的优点显著，但仍然不能很好地表达某些景观特征。甚至在 RCMs 中，20km 分辨率表示的地形是不准确的，山峰可能会消失，深谷可能被填充（图 3.6）。这意味着影响雨影位置和强度的微小过程将不会被捕捉（Malby et al., 2007）。同时发现 RCMs 对降水预估容易偏高，对温度的预估值容易偏低，反之亦然（Pal et al., 2007）。此外，在规定地表水温度没有双向交互作用的情况下，开放和封闭的水体是空气能量通量的典型代表。这意味着由动态湖的属性，如深度或面积［即就维多利亚湖来说，区域水平衡的改变的潜在影响（Tate et al., 2004）］引起的能量和水汽通量变化并未和上覆大气进行有效反馈。然而，当维多利亚湖的水动力学被整合到 RegCM2 的控制运行过程时，湖泊的热交换导致浅层地区的变暖，也将反过来改变上覆云循环、云量和降雨（Song et al., 2004）。

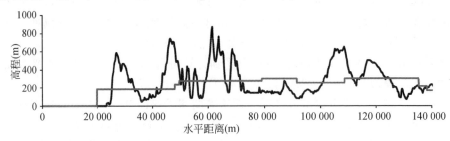

图 3.6 用区域气候模型（RCM；灰色线）表示的英国湖区高程（黑色线）。

最后，随着计算能力的持续发展，大数据集、高分辨率的气候模型实验在典型的 RCM 尺度（数万公里，而不是数百公里）运行是可以实现的，并且是针对整个行星。例如，地球模拟器的全球大气循环模型（JMA-GSM）已经在 20km 分辨率上进行全球模拟（Mizuta at al.，2006）。这将对小尺度现象和极值时间的研究更加方便。而 RCM 区域尺度和边界力的技术问题就显得多余。即使如此，仍需要对 1km 或者更小的分辨率上的对流过程操作进行参数化。

3.3.3 统计降尺度

统计降尺度依赖于大尺度大气变量（预测变量）和局地地表变量（预测值）之间的经验关系。一种最直接的方法是将预测值作为预测变量的函数，同时也需要利用其他关系。例如，建立预测变量和描述统计分布的参数（Pfizenmayer and von Storch，2001）或者预测值的极值（Katz et al.，2002）之间的关联。许多统计降尺度主要关注单独位置（即点尺度）的日降水预测值，因为对于许多自然系统模型，它是最重要的输入参数。预测变量的设置主要来源于海平面气压、位势高度、风场、绝对或相对湿度或者温度变量。这些数据以运行和再分析气候模型的格网分辨率存档，如欧洲中期天气预报中心（ERA）和国家大气研究中心（NCEP/NCAR），主要代表 300~500km。然而，观测的气候活动的格网间距与 GCM 气候变化预估输出不一致。因此，利用 GCM 输出驱动统计降尺度模型可能需要内插 GCM 到格网分辨率和/或者模型校准过程中大气预测变量的预报等额外处理。

3.3.3.1 天气分类方案

天气类型或者分类方案与一个局地气候或者影响变量的特殊的天气格局的发生有一定的关系（表 3.2）。早期主观的分类方案主要是基于将地表气压图分为 Grosswetterlagen 或者 Lamb 天气类型（Jones et al.，1993）（图 3.7）。在降尺度开始之前，大气数据必须分为可控制的离散的天气类型、环流模式或者根据天气相似性的状态。[注意，模糊分类允许局地数据作为天气类型的一类（Bárdossy et al.，2002，2005）]。这些循环或者典型的天气状态主要应用聚类或者降低方差等技术来定义，如主成分分析（PCA）用于大气压力场（Goodess and Palutikof，1998；Corte-Real et al.，1999；Huth，2000；Kidson，2000；Hewitson and Crane，2002；Huth et al.，2008）。但无论哪种方式，均根据最邻近及参考类型的相似性，将天气模式进行分组。然后将相关的局部变量指定到占优势的天气状态中，通过重采样或者回归函数在变化的气候条件下不断重复（Hay et al.，1991；Corte-Real et al.，1999）。

表 3.2 与 1881—1990 年 7 个主要 Lamb 天气模型（LWTs）有关的英国杜伦站的事件发生频率、湿润天数比例、湿润日平均降雨量以及日平均气温

天气类型	频率（%天数）	湿度（%天数）	降水（mm/天数）	温度（℃）
反气旋	18	10	3.9	9.3
气旋	13	62	7.1	9.9
东风	4	40	5.2	7.5
南风	4	41	5.0	9.9
西风	19	33	4.1	10.1
西北大风	4	23	3.8	9.9
北风	5	40	4.7	7.3

数据表明降雨的最小可能性与反气旋有关，最大日降雨量也出现于气旋情况下。最高平均气温与西风同时出现。因此，如果 GCM 在以减少气旋为代价的前提下设计更高频率的反气旋天数，将会出现年降雨量净减少的情形。

图 3.7 频发发生的 Lamb 气候类型的三个表面压力模式的例子

类比法是天气分类方法中通过将以前的情况（类比）匹配到现在天气状态的方法选择预测值的一种。该方法最初由 Lorenz（1969）为天气预报应用而设计，但是由于成果有限而被放弃。由于一系列预测变量的可用性（Kalnay et al.，1996），该技术在气候变化中重新得到应用（Zorita et al.，1995；Martin et al.，1997）。即便如此，当观测值有限或者分类预报器的数目较大时类比法（Timbal et al. 2003）仍旧存在质疑（Van den Dool，1989）。但类比法优于许多复杂的回归方法（Zorita and voStorch，1995），并且适合于多站点和多变量的降尺度应用（Timbal and McAvaney，2001）。

另一个方法就是利用隐马尔可夫模型对空间降雨的发生进行分类，然后推断相应的天气格局（Hughes and Guttorp，1994；Huges et al.，1999）。隐马尔可夫

模型代表一个双重的随机过程，包括将一个潜在（隐性）随机过程转化为另一个产生时序观测的随机过程。观测过程（如站点网络的降水过程）以隐藏过程（天气状态）为条件。根据一阶马尔可夫链，天气演变从一个状态转变到另一个固定概率的状态，仅取决于现在的状态。由于（spell-length）几何分布的隐含假设，传统的马尔可夫模型对湿润和干燥阶段持续性时间的长短估计偏低（Wilby，1994）。而非均匀隐马尔可夫模型的转变概率受到大气预测变量的限制，因此随着时间而变化。这些模型复制了降水的主要特点，如单独站点年际变率，发生以及雨期和干旱期的持续性，一对站点的降水序列的相关性等（Hughes and Guttorp，1994；Charles et al.，1999a）。

不管采用何种方法用于天气分类，都利用 GCMs 通过改变频率来评估气候变化。假定它们的特征在未来保持不变，温暖/寒冷或者湿润/干燥等级可以降低自身的变异性（Brinkmann，2002）。例如，Enke 等（2005a）最近提出通过系统的循环模式将地区天气元素的不同值进行优化区分来约束类型间变异。该方案基于预测变量的多元逐步回归，从而有序地减小预报和观测值间的误差。首先通过应用 GCM 的循环模式频率，进而内插大气状况变化（如增加位势厚度）结果的方式，该方法对超过训练集取值范围的逐日极值进行降尺度（Enke et al.，2005b）。

天气模式方法是通用的，也可以用于一系列环境指标的降尺度，包括空气质量和水文变量（Yarnal，2006）。天气模拟的变频可以解释干旱和洪水等极端事件趋势的物理基础（Bárdossy 和 Caspary，1990）。另一个优点是天气分类方案可以对高度非线性的预测变量和预测值，以及观测值（如干热和湿冷天的组合）进行降尺度。据推测，像过去一样，无论天气类型间属性（例如较高的环境温度或者湿度）如何变化，同样的天气模式在未来将提供相同的局部反应。该方法还可以看出假定模式复制的类型形态同观察的类型是一样的。此外，未来可能会出现没有先例的天气模式。两个警告（稳定特性和公认模式）意味着未来的压力分布形式将尺度模式并不足以明确当地的响应。

3.3.3.2 转换函数

术语"转换函数"已被用于描述直接量化预测值和一套预测变量之间的关系的方法（Giorgi and Hewitson，2001）。最简单的转换函数是利用预测变量的地表温度和降水的格网值建立回归模型（Hanssen-Bauer and Forland，1998；Hellstron et al.，2001）。一些早期的降尺度方法基于不同空间和时间尺度的相同变量之间的回归关系，如逐日雨天的概率和数量条件下的月降水总量（Wilks，1992），或者利用区域温度估计特定地区温度（Wigley et al.，1990）（图 3.8）。

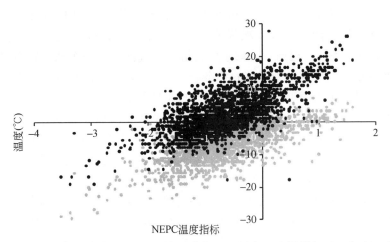

图 3.8 美国俄勒冈州学士山日观测的最高气温（黑点）和最低气温（灰点）的关系，正常温度指数来自最近的国家环境预报中心再分析网格盒。

回归分析法是表示预测值与大尺度大气外力作用之间的线性非线性关系的一种简单方法。变体包括多元回归（Murphy，1999）、典型相关分析（CCA）（Von Storch et al.，1993）、人工神经网络（ANN），这与非线性回归、广义线性模型和奇异值分解类似。基于回归的降尺度具有多种用途，并且具有从中尺度（5 天）降水预报（Bürger，2009）到 21 世纪末的干旱情景等一系列广泛的水文应用（Vasiliades et al.，2009）。所有基于回归的方法的一个公认的局限性是预测观测值的方差偏低（Buger，1996；Von Storch，1999）。大尺度外力作用的局地数量预测相对低的现象在逐日降水量的降尺度上表现更为严重（Bürger，2002）。解决方法之一是利用约束回归模型，从而保证局地协方差（Bürger 和 Chen，2005）；另一种方法是人为提高降尺度后的预测值的方差，从而与观测值更好地匹配（Charles et al.，1999a；Wilby et al.，2004）。后一种方法通过增加白噪声能够实现，但是时间序列的其他方面（如自相关结构）在处理过程中可能会被降低。

基本回归降尺度的修改形式还有许多。例如，Bergant 和 Kajfez-Bogataj（2005）利用多元偏最小二乘回归（适合于强互相关的预测变量的技术）对斯洛文尼亚四个站点的寒季月温度和降水进行降尺度。Abaurrea 和 Asin（2005）在西班牙埃布罗谷地应用逻辑回归模拟日降水概率，以及 GCM 模拟雨日天数。这些方法较好地模拟了季节特征和日行为的其他方面，但是却不能很好地重建极值事件过程。这个问题也是多数降尺度技术共有的问题，尤其是 ANN 和回归方法（Harpham and Wilby，2005；Haylock et al.，2006；Tolika et al.，2008）。

部分原因在于降尺度模型通过不太适应于处理极值事件的方式进行校准，因此成功应用的方式不多；降尺度技术通常转变为在平均条件下更成功应用的方式。此外，水文极值的短暂和/或者高度局部性也是一个限制，因此 GCM 分辨率下的驱动过程可能并没有解决。如上所述，这些可以通过分位数降尺度或者通过随机天气发生器（下文）等技术加以克服。EUSTARDEX（欧洲区域极值事件的统计和区域动力降尺度）是最早进行系统的比较统计、动力和统计-动力等降尺度方法的，主要关注极值事件（http://www.cru.uea.ac.uk/projects/stardex）。针对这些方法（动力和统计），降水极值的降尺度冬季的结果比夏季好，并且降水发生指数比数量的可信度更高（Haylock et al.，2006）。

3.3.3.3 天气发生器

天气发生器（WGs）是用来重现局地变量的统计属性（如平均值、方差和自相关），但是并不能重现观测事件的准确序列（Wilks and Wilby，2002）。最简单的 WGs 降水发生是通过一阶马尔柯夫过程模拟干日/湿日的转变。高阶马尔可夫模型也可以用来较好地重现雨期和干旱期的持续性（Dubrovsky et al.，2004；Mason，2004）。雨量的最优分布包括对数，四次方根，帕累托和混合指数（图 3.9），但是他们仅适用于特定位置，并且对高强度事件作用较弱（Furrer and Katz，2008）。在降水发生的条件下，模拟诸如最高最低温度、太阳辐射和风速等其他变量（如夏季干日比湿日具有更多的阳光）。地形属性，如经纬度，高程可用于在气象站点之间内插 WG 参数（Hutchinson，1995）。

天气发生器适合于大尺度大气预测变量，天气状态或者降水特性参数条件下的统计降尺度（Katz，1996；Semenov and Barrow，1997；Corte-Real et al.，1999；Wilks and Wilby，2002）。然而，未来气候情景的参数修改将导致不可预料的结果（Wilks，1999）。例如，控制雨季或干旱期长度参数的改变可能会在控制气温和太阳辐射的参数修改之前，这就会影响这些变量的模拟。如前所述，基于一阶马尔柯夫链 WG（一个状态到另一个的转变）通常会低估时间变异性和降水的持续时间（Gregory et al.，1993；Mearns et al.，1996；Katz and Parlange，1998）。这个缺陷可以像海面温度和 WG 参数中慢变的大气环流指数一样，通过利用低频预测变量的混合模型来克服（Katz and Parlange，1996；Kiely et al.，1998）。例如，Wilby 等（2003）利用北大西洋振荡指数来决定英国季节性的 WG 参数（图 3.10）。条件 WG 方法对时间降尺度也是有用的，需要将月降水总量和降雨日数分解到日总量中，或者将日总量分解到亚日分量中（Kilsby et al.，1998；Fowler et al.，2000）。

对于气候变化条件下的 WGs 的另一个替代策略是应用观测的天气序列的变化因子，然后利用扰动记录重新校准，而不是观测值。变化因子来源于由 GCM、

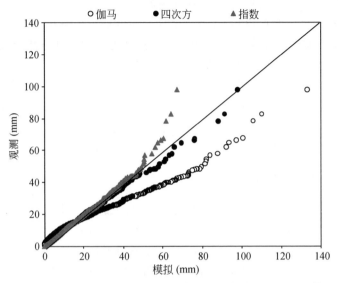

图3.9 阿迪斯阿贝巴,埃塞俄比亚的日降雨量模仿分为数和观测数的对比,
空心圈表示伽马、实心圈表示四次方、灰三角表示扩展指数。

RCM 或者其他降尺度技术得到的未来和基准情景的差异。这就保证了气候变化信号直接与新的 WG 参数结合在一起。该技术用于限制 neyman scott 矩形脉冲(NSRP)模型的参数,从而反映 2009 年英国气候预估下的区域降水的变化(Kilsby et al., 2007)。降水发生与数量等一系列数据再被转到用来模拟气温、太阳辐射和蒸散的日序列数据的气候研究单元(CRU)天气发生器中(Watts et al., 2004)。NSRP 模型存在的缺陷是气温变化的重复计算(由于直接压力或者通过降水发生的间接影响),以及曲解来自随着面平均气候变化而引起的点过程模型的变化。

Semenov 等(1998)评价了各种天气发生器的相关技术。他发现在含有大量参数和复杂分布的情况下,LARS-WG(Racsko et al., 1991)在重现美国、欧洲和亚洲地区月气温和平均降水方面比 WGEN(Richardson, 1981)表现好。当对持续性进行简单处理时,LARS-WG 和 WGEN 对月平均气温的年际变异与重现霜冻和高温持续时间的模拟效果不理想。Qian 等(2005)评价了 LARS-WG 和 AAFC-WG(Hayhoe, 2000)天气发生器,论述了他们在性能上存在的差异,并强调 AAFC-WG 模型在重现湿润和干旱期的分布上好于 LARS-WG。总而言之,现在 WGs 已经成为生成综合的气候资料序列的工具,特别是在只有夏季统计数据可用(如湿日天数和月总量),数据稀疏的情况下,适合于发展中区域的水文应用。

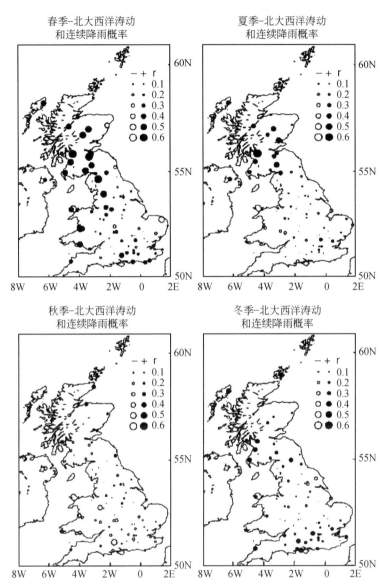

图 3.10 北大西洋震荡（NAO）指数季节相关系数分布区域以及 1961～1990 年湿日-湿日（连续2个湿日）发生概率（Pww）。相关系数绝对值为±0.35，在95%水平上显著。转自 Wilby R，Tomlinson O，Dawson C（2003）Multi-site simulation of precipitation by conditional resampling. Climate Research，23：183-194.

3.3.4 降尺度方法的主要缺陷

上述说明表明没有普遍先进的降尺度方法，在预期用途的情况下应该谨慎评估每种方法的优缺点（表3.3）。即使采用这些方法，但对降尺度后的区域气候变化情景推断其潜在影响时，下面几个共性的缺陷应该被注意。

● 用来削弱当地预报的预测变量（如边界力）应充分复制反应局部条件和时空尺度的 GCMs 的主模式。当筛选潜在的预测变量（统计方法）或者评估控制气候（RCM 实验）时，GCM 输出误差的先验知识是明显有益的。理想情况下，应该在相关联的目标预测值和气候模型准确的表达之间平衡的基础上选择统计降尺度预测变量（Wilby and Wigley，1998）。降尺度社区应当将承担 GCM 产品的验证工作作为一种必要的责任，至少应该包括区域边界力和/或者感兴趣预测变量。应该承认，降尺度后的降水和气温情景对模型率定和验证中所用的重分析产品比较敏感。

表3.3 缩小规模的主要方法的优缺点

方法	优点	缺点
气候类型（如模拟法、混合算法、模糊类算法、自组织映射、蒙特卡洛法）	物理生产量可说明与表面气候的联系。通用的（如适用于地表气候、空气质量、洪水、寝室等）	需要气候分类的额外的任务 criculation-based 方案可以对未来气候胁迫性不敏感 不可能抓住内部表面气候变化类型
回归方法（如线性回归、神经网络、典型相关分析、克里金插值）	相对简单的应用，采用全系列的可用预测变量，现成的解决方案和可用软件	观察差异的代表性差 可能存在线性关系或者不正常的数据，极端事件的代表性差
天气发生器（如马尔可夫链、随机模型、法术长度算法、风暴注册费差额倍、混合模型）	对于不确定性分析或极端模拟造成巨大影响，使用景观空间插值模型参数，可以生成日常子信息	对将来气候的判断参数的随机性 对降雨参数改变的第二变量的意外影响

● 假定边界力和局地气候响应的关系在模型校准所用数据范围之外仍然有效，即保持稳定（Wilby，1997；Schmith，2008）。注意该假设应用到动力和统计降尺度的参数化中，该假设对于观测记录数据预测变量–预测值的关系是不准确

的（Huth，1997；Slonosky et al.，2001；Fowler and Kilsby，2002）。然而，局地气候营力的动态变化没有被降尺度预测变量序列完全获取来说明非平稳性。例如，只有当基于环流的预测变量被用于对局地降水降尺度时，大气湿度变化的影响可被忽略（Hewitson and Crane，2006）。评价稳定性的一种方式是利用从显著不同的平均气候或者地面情况时期提取的数据交叉验证降尺度模型（Gonzalez-Rouco et al.，2000）。预估的气候变化状态可能（部分）取决于长期变异的观测范围之外的数据，而这并不是完全令人满意的（见下文）。因此，在现在和将来的驱动情景下，检查 RCM 输出中的等价预测因子-预测值之间的关系才有价值（Charles et al.，2004）。

• 通过边界力/预测变量设置捕获未来气候变化"信号"。一些统计方法，如逐步回归，可以排除对未来变化气候比较重要的当前气候性能的预测变量。例如，为了检验变化的可预测性，Charles 等（1999b）将 CSIRO RCM $2\times CO_2$ 格网尺度，通过适合于 $1\times CO_2$ RCM 格网尺度降水降尺度模型获取的逐日降水发生概率与 $2\times CO_2$ RCM 大气预测变量做了比较。只有当预测变量设置包括较低的大气水文饱和信息时，依靠 $2\times CO_2$ RCM 大气预测变量的降尺度模型重建 $2\times CO_2$ RCM 格网尺度降水发生概率。虽然传统意义上没有验证，但是该方法增加了预测变量选择的可信度，并表明了通过适合于保持变化气候合理而推断的关系。Busuioc 等（2001）采用一个与 CCA 类似的方法将月降水资料应用于在罗马尼亚站点。

• 合理的预测变量的选择对于降尺度情景的确定非常重要。（由于用于 RCM 边界力的变量是规定的，此警告只适用于统计降尺度）。到目前为止，关于最合适的预测变量集鲜有共识。诸如海平面气压可以反映大气环流的预测因子非常有用，因为长期观测值是可用的，并且 GCM 也可以模拟出这些数值（Cavazos and Hewitson，2005）。然而，人们认识到单独使用环流预测变量不可能获取与热力学和蒸汽含量相关的降水机制。例如，随着地表每增暖 1℃，克拉珀龙（clausius-clapeyron）方程预测的大气水总量将增加 7%。因此，湿度指数可以反映降水降尺度（Karl et al.，1990；Wilby and Wigley，2000；Murphy，2000；Beckman and Buishand，2002；Hewitson and Crane，2006）。实际上，包括作为预测量的水分变量可以导致统计和动力方法的聚合（Charles et al.，1999b）；GCM 降水作为预测变量也是如此（Salathe，2003；Widmann et al.，2003）。Cavazos and Hewitson（2005）对到目前为止的预测变量做了最全面的评价，将 ANN 降尺度方法应用到 15 个地方评价 29 个 NCEP 再分析变量。代表中间对流层环流（位势高度）和比湿度的预测变量对所有位置和季节是有用的。对流层厚度，地表子午和对流层中部风同样重要，但是更依赖于区域性和季节性。

- 动力和统计降尺度的结果取决于预报器的范围，这些并不总是能被后台所识别（Benestad，2001）。当单个格网点被用于统计降尺度，降尺度的最优格网点位置可能是考虑时间尺度的函数，并且不一定是相关的单一位置（Brinkmann，2002）。另外，超过预测范围的大尺度环流格局可能无法获取小尺度过程；这可能是由相邻位置的变异性引起。例如，Wilby 和 Wigley（1998）发现美国站点的降水和平均海平面气压之间的最强的相关性发生在覆盖目标位置的网格（图3.11）。然而，对比湿度降水具有最大预测能力范围的位置主要在目标的中心。

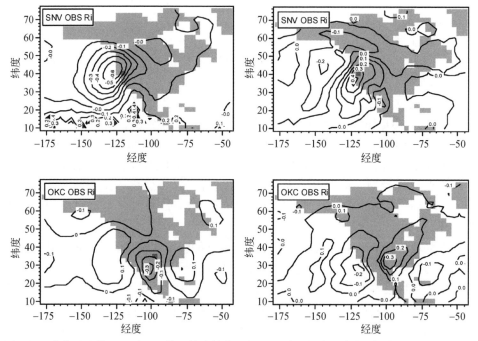

图 3.11 内华达山脉（上一行）和美国俄克拉荷马州（下一行）冬季相关表面观察的每日湿度数额与平均海平面气压（左列）或表面特定湿度（右列）的相关性。转自 Wilby 和 Wigley（1998）。

3.4 降尺度概念的发展

在前面一节综述了用于动力和统计降尺度的技术范围。尽管提供广泛的降尺度技术是非常重要的，但是可能也存在忽略过程的风险。因此，我们返回来描述20世纪90年代以来区域降尺度的概念发展。

3.4.1 比较和精炼法

前面已叙述过，区域气候降尺度的开创性研究的动力来自希望为气候变化影响研究团体提供高分辨率情景。接下来是二十年关于降尺度研究输出的稳定发展，但是关于降尺度本身的影响和适应评价则相对较少（图3.12）。相反地，这是一个降尺度方法扩散、精炼和相互比较的时代。实际上，有人建议结束降尺度的使用，但并不意味着降尺度研究的真正结束（Fowler and Wilby，2007）。这种情况已经得到改善，到2008年，关于降尺度的出版物中关于"影响"方面的大约占45%，而提到"适应"的仅占22%（图3.12）。此时，每年在该领域研究团体关于降尺度输出大约有100篇同行评审的论文。

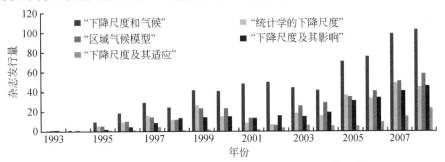

图3.12 使用ISI知网搜索降尺度研究。访问2009年5月。

许多工作一直致力于模型比较。一些研究可以被分为三个方面：统计和统计、动力和动力、统计和动力的相互比较。基本原理类似：确定哪种方法具有最大的优势，取决于给定的预测值，季节，区域和预测变量（包括范围大小和位置）。预先假定所有方法可以利用一套共同的技术度量进行对比。最早的评价方法是统计降尺度方法与两种ANN模型，利用两个WGs和两个半随机，以及14个降水诊断，包括基于分类方案的对比测量潮湿日的发生、强度和持续性的等的（Wilby et al.，2000）。总体上，WGs方法比较好，而ANNs次之，主要是由于对降水序列的过度简单。后来的ANN模型通过分离降水发生和降水总量过程克服了此不足（Harpham and Wilby，2005）。

降尺度的其他方面可以通过一些小的模型集来实现。例如，Zorita and von Storch（1995）考虑了降尺度模型技术和复杂性的平衡，并且在整个伊比利亚降水变异和月与日均冬季降水的测量方面，得出结论相对简单的模拟模型表现优于或者与ANNs和CAA相当。同样的，GCM尺度降水已经表明（Wigley et al.，1990）GCM尺度降水提供了一个用于亚格网月（Widmann et al.，2003）和日时间尺度（Schmidli et al.，2006）降水的降尺度的简单预测变量。其他需要注意的是对简单的变化因素方法的过度依赖可能导致时间序列、多年变异和降水发生概率可能变化信息的损失（Diaz-Nieto and Wilby，2005）。

同等的相互比较研究已经对影响模拟社区的相关的其他变量进行了研究。例如，Huth（1999）在中欧地区比较了基于回归的日均冬季温度降尺度方法，并得出结论：预测变量的逐步筛选是没有必要的，仅包括预测值域的所有主成分（PCs）具有最大的技术优势。（我们注意到由于冬季温度通常降尺度简单，技术之间的差异应该期待表明边际效应）。比较用于月均气温的降尺度的 EOFs 和 CCA，Benestad（2001）发现前者更好，主要是因为规避了预测值范围等问题。最近，其他人就重建影响能力方面的降尺度技术进行了评价。相关的度量如水资源规划中的日或者月径流（Dibike and Coulibaly，2005；Hay et al.，2000）水果种植区域的最低温度（Eccel et al.，2007），作物生长特定阶段的极端温度（Moriondo and Bindi，2006），以及土壤侵蚀和作物产量指标（Zhang，2007）。

尽管多 RCMs 对比实验的数量有稳定的发展，许多研究检验了单独 RCM 的模型参数化和配置（即范围大小与位置）的敏感性。多模型比较研究的例子包括：欧洲的气候变化与影响总体预测（ENSEMBLES）计划（Christensen et al.，2008）；南美国际研究所（IRI）/应用研究中心（ARCs）（Roads et al.，2003）；北美区域气候变化评价计划（NARCCAP）（Mearns et al.，2006）；欧洲区域极值的统计和区域动力降尺度（STARDEX）（Frei et al.，2006）；区域情景的预测和定义的欧洲气候变化风险和效应的不确定（PRUDENCE）（Christensen et al.，2007a）。RCMs 利用相同的重分析产品（ERA40 和 NCEP）提供的边界力进行典型评价，进而决定降尺度的温度和降水与观测值相比是否存在明显的误差（图3.13）。对于亚格网地表和大气过程（Music and Caya，2009），能量平衡分量（Hohenegger and Vidale，2005；Markovic et al.，2008）；初始条件（Caya and Biner，2004），有限区误差（Diaconescu et al.，2007）和降尺度的气候情景边界力（Antic et al.，2004），单独的 RCMs 的敏感性实验表明了不同参数化方案的影响。观测值和 RCM 的比较研究主要表明更高水平的分辨率降尺度产生了比主 GCM 更加现实的降雨量模式。

统计和动力降尺度方法的比较是更具有争议的问题，因为两种方法对技术指标的需求都是有意义的，并且实验设计是完全透明的。最早的关于 RCM 与基于回归的降尺度技术的比较的研究结果之一是发现了新西兰局地和区域气流指数（Kidson and Thompson 1998）。回归方法利用 1980~1994 年 78 个站点的数据更好地解释了降水异常的逐日方差；相对表现较差的 RCM 归因于地形模型的低分辨率（50km）。人们认识到，只有当预测值在用于模型校准的观测数据的范围之内

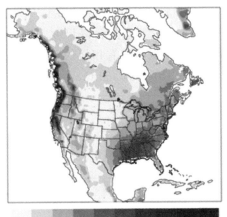 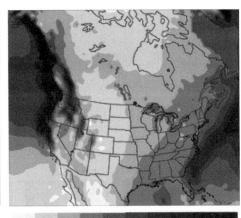

图 3.13　对比 1980~2004 年的观察值（左图）和动态缩减（右图）冬季平均降水量（mm/d）。感谢北美区域气候变化评估计划（the North American Regional Climate Change Assessment Program）为我们提供的数据。NAR CCAP 由国家自然科学基金（NSF）、美国能源部（DoE）、美国国家海洋和大气管理局（NOAA）和美国环境保护局（EPA）组成。

时，（线性）回归关系才是有效的。因此，有人认为利用因素显著变化的 RCM 更好，如大气水汽含量影响暴雨强度方面。

Mearnstffu（1999）利用 5 年的 $1 \times CO_2$ 和 $2 \times CO_2$ 运行比较了基于循环的降尺度方法（700 百帕位势高度场的 PCs 的 K 均值聚类）和嵌套在 CSIRO MK 2 GCM 中的 NCAR RegCM2 RCM。RCM 重建了内布拉斯加州东部研究区 12 个站点的符合要求的月和季节降水，部分原因是降水事件的频率（过高估计了 2~5 倍）和强度（低估了 2~14 倍）的补偿误差。在相同的位置，统计降尺度重建了降水特征，但是自模型调整观测数据后这是一个先验预期。然而，气候变化预测在同样 40% 的月份和调查位置上没有产生平均降水的变化；统计降尺度倾向于表面增加平均降水，然而 RegCM2 子区域增加和减少的一致性。

以上最新的研究支持当提供相同的边界力时统计和动力降尺度方法在重建现有气候体系的关键特征时具有可比较的技能的观点（Murphy，1999；Haylock et al.，2006）。不管怎样，偏差修正可以被应用于主 GCMs 或者降尺度输出，保证模型和观测值一致（Wood et al.，1999；Wilby et al.，2002；Hay and Clark 2003；Vidal and Wade，2008）。然而，对于未来的气候情景，统计和动力降尺度之间的离散响应已经被提出（Mearns et al.，1999；Wood et al.，1999；Murphy，2000）。一些研究表明计划（降水和水文）变化的不同方法之间的差异至少与一种方法不同排放情景的差异相当（Wilby and Harris，1997；Hellstrom et al.，2001）（图 3.14）。这个问题实际上是有望被解决的，因为统计降尺度主要利用 RCM 变量的子集。如果主 GCM 设计用于降尺度的大气状态有相似的变化，人们会相信统计方法可以提高区域降水变化的一致性（Hewitson and Crane，2006）。

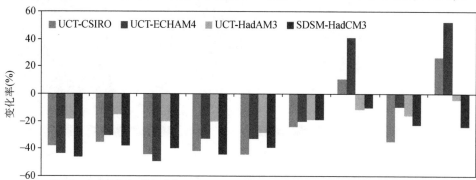

图 3.14　摩洛哥 9 个地区年总降水量变化（％）。该方案由两个统计降尺度方法构建：[统计降尺度模型（SDSM），开普敦大学（UCT）] 和四套环流模式（GCM）边界胁迫（ECHAM4，CSIRO，HadAM3，HadCM3）为 A2 排放情景下的直到 21 世纪 80 年代。来自 Wilby 和 Direction de la Météorologie National（2007）（见图版 6）。

综上，相互比较研究揭露了影响降尺度结果的因素。其六大要素如下：

1. GCM 边界条件是影响所有降尺度方法的不确定性的主要来源；
2. 当由相同的 GCM 尺度预测值驱动时，不同的降尺度方法可能产生不同的结果；
3. 并不存在普遍最佳预测器集或者范围——由区域气候环境决定；
4. 降尺度极值比降尺度气候均值存在更多问题；
5. 近代气候降尺度的能力并不能保证未来气候的精度；
6. 统计和动力降尺度是互补的工具——未来使用者应该知道他们相关的优缺点（表 3.4）。

表 3.4　静态和动态缩小规模的主要优缺点

	静态缩小规模	动态缩小规模
优点	station-scale 气候信息来源于 GCM-scale 输出简洁，计算量小 整体的场景风景允许风险/不确定性分析 适用于不同类型的预测模型，如空气质量和波形高度	从 GCM 模型输出 10~50km 分辨率的气候信息 不同极值条件的相应 解决大气过程，如山丘降雨和 GCM 的一致性

续表

	静态缩小规模	动态缩小规模
缺点	依赖于 GCM 的强制的边界条件 领域范围和定位影响结果的选择 需求高质量的模型数据 Predictor-predictor 的关系经常难以确定 预测者影响结果的选择 经验转让计划影响结果的选择 低频率的气候事件 一直实用的挂机，从此结果不需要满足 GCM	依赖于 GCM 的边界条件 领域范围和定位影响结果的选择 需求高质量的模型数据 整体的气候方案很少产生最初的边界条件影响结果 云/对流影响（降雨）结果的选择 对于新的地区或者领域的传送不容易 典型的挂机，从此结果不需要满足 GCM

注：GCM 为全球气候模型

其中的一些见解可以从指导中获取（如降尺度极值的最佳实践是 EU STARDEX 报告（http：//www.cru.uea.ac.uk/projects/stardex/deliverables/D16/D16_Summary.pdf））。在下一节将说明多模型实验也可以在区域气候预估和影响的研究中更加全面地描述不确定性的特征。

3.4.2 不确定性描述

区域气候变化预测的不确定性特征描述需要大量整体的实验，包括多种排放情景，气候模型的参数化和结构，初始条件以及区域气候的降尺度技术（Giorgi et al.，2008）。全球气候变化预测的不确定性研究，已经在两个方面取得了领先地位：一是通过多模型耦合（Räisänen and Palmer，2001；Giorgi and Mearns，2003；Knutti et al.，2003），二是通过 GCM 参数组合的扰动物理实验，从单个模型构建一系列的情景（Allen et al.，2000；Murphy et al.，2004；Stainforth et al.，2002，2005）。蒙特卡洛（Monte Carlo）方法用在中等复杂程度的地球系统模型（EMICs）样本参数集合中，从而产生全球平均气温分布（Wigley and Raper，2001）。整体实验显示，即使对于特定排放情景，预测全球平均气温的不确定性会随着时间而增加（图 3.15）。对于给定时间范围的一系列不确定性的方差研究，是因为在整体情况下，不同方法所用的单个 GCMs 权重不同；在气候模型的敏感性与温室气体的联合作用下，21 世纪 20 年代与 90 年代之间不确定性的增加反映了气候模型预测误差的扩大。

随着计算能力与协同一致的努力的增长，如气候模型相互比较项目（climate model intercomparison project，CMIP）（Meehl et al.，2000），在降尺度研究者学

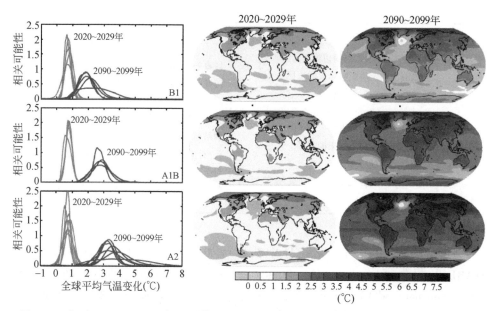

图 3.15 相对于 1980～1999 年,预估 21 世纪早期和晚期地表温度变化。中部与右侧的图显示了 2020 年到 2029 年的海洋大气环流模式(AOGCM)的多模型平均预测(℃)排放情景特别报告,B1(上),A1B 情景(中)和 A2(下),2020～2029 年(中)和 2090～2099 年(右)。左图中显示在同一时期内,不同的海气耦合气候模型和中等复杂地球系统模型研究(EMIC)对全球平均变暖相对概率的估计的相应的不确定性。一些研究结果目前仅适用于排放情景的一个子集,或各种版本的模型。由于结果的可获得性差异,左图显示了曲线数量的差异。摘自 Solomon et al. (2007)(见图版 7)。

着做以及开始汇编整个降尺度情景之前,只是时间问题,认为对一些 GCM 和降尺度方法的依赖会导致不恰当的计划或适应性反应。此外,降尺度也是不确定性级联的核心(至少有实质上的贡献)(图 3.16)。诸如 PRUDENCE,NARCCAP 与 STARDEX 等国际项目汇集了有利条件:区域降尺度方法组合以及 GCM 边界条件,在区域气候变化的预测中,提供更多不确定性综合评价的基础。

　　如上所述,早期研究主要集中于构造全球平均变暖的概率分布函数(PDFs),但是关于区域气候变化概率分布函数(PDFs)的构造越来越受到关注(Stott,2003;Benestad,2004;Dessai et al.,2005,Tebaldi et al.,2004;Greene et al.,2006;Räisänen and Ruokoainen,2006;Stott et al.,2006;Murphy et al.,2007),还有一种观点支持水文影响评估(Ekström et al.,2007;Hingray et al.,2007),甚至在网格点水平上构造概率分布函数(PDFs)(Furrer et al.,2007)。然而,相比于气温来说,其他区域变量概率分析的例子比较少。例如,在全球变

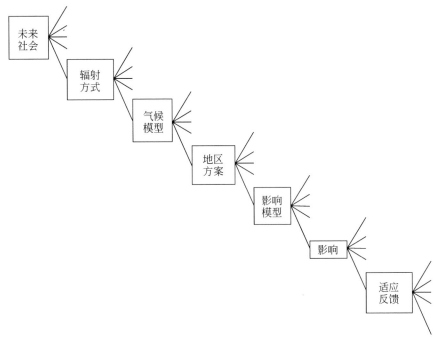

图 3.16　不确定性级联从社会经济和人口统计变化的情景跌落，通过全球与区域气候变化预测，导致对自然界和人类生态系统的局部影响，以一系列的潜在适应性响应结束。

暖条件下，Räisänen 和 Palmer（2002）利用 19 种气候模型量化世界不同区域极端降水增加的条件概率；在次大陆区域上，Tebaldi 等（2004）构造了关于降水变化的 PDFs。此外，Ekström 等（2007），Räisänen and Ruokoainen（2006）以及 Hingray 等（2007）利用 GCM 和 RCM 的输出量构造关于气温和降水变化的区域 PDFs。这些方法评估了区域变量变化的概率分布，其中区域变量分别由全球平均气温变化与尺度变量的 PDF 组成（即全球平均气温每变化一度，区域气温或降水所发生的变化量）。

关于气候变量 PDFs 的构造主要有两种技术。"最佳指纹法"是源于一个假设的概率预测，这个设想中，强大的气候预测应是独立的模型且仅仅基于客观信息（如 GCM 再现观测的平均气候及当前气候趋势的能力）（Allen et al.，2000；Stott and Keettleborough，2002）。相反地，贝叶斯法基于这样一种理念：没有一个模型是真正的模型，从整体进行综合预测是有意义的，即使单个模型之间存在差异（Tebaldi et al.，2004；Greene et al.，2006）。Greene 等的方法结合了各个模型，通过把其区域尺度的过去趋势校准到观测趋势，以及运用源于未来趋势概率预测的校准系数（与其评估的不确定性范围）。Tebaldi 等的方法是要减少可靠性整体平均法（reliability ensemble averaging，REA）偏离率（遵循当前气候的规律）与收敛（每个模型与多数保持一致的标准）的校准（Giorgi and Mearns，2003）。REA 的基本假设是一个 GCM 能为重现当前气候（偏离率）提供其可靠性标准。但是，在当前气候模拟中，一个小的偏离率并不表明模型可以准确地模拟出未来气候；因此收敛准则假定：如果模型模拟的未来气候接近整体平均气候，那么就认为模型的预测更加可靠。

概率预测开始由降尺度的区域气候进行构造，并通过模拟观测值得模型技术进行加权。例如，Fowler and Ekström（2009）在区域极端降水的观测值与 RCM 的模拟值之间采用两种相似的手段，对整个英国在 21 世纪 80 年代的 PRUDENCE 预测进行加权引导抽样（图 3.17）。对地区来说，到 21 世纪 80 年代，冬季、春季和秋季的极端降水会增加 5%~30%。对多种模型集合的不确定性影响最大的应该是用于降尺度的边界条件——在此情况下，两种 GCMs（HadCM3 和 ECHAM4）被应用于 PRUDENCE 实验中。少数的 GCMs 也可以对整体元素之间的收敛进行解释，因此，对于加权的与非加权的整体结果之间的差异是相当有限的。在夏季，由于降水观测值的模拟技术不成熟，预测极端降水事件是不可靠的。降水生成对流系统由于范围太小而不能被很好地解决，即使是 RCMs。

迄今为止，UKCP09 概率预测存在于比较强大的扰动物理与多种模型集合的实验之中（Murphy et al.，2007，2009）。贝叶斯模拟器可以模拟出近 30 年内每月、每季节和每年的平均气温与降水变化的 PDFs，其中气温与降水是由 GCM 在三种排放情景下（SRES A1B，B1 和 A1F1）通过降尺度得到的。在欧洲，25km 的分辨率条件下，运用一种新型的方法构造关于气候变量的 PDFs。首先，17 种 RCM 的集合应由 HadCM3 在 A1B 情景下（1950~2100 年）进行模拟驱动，包括侧面边界条件（地表大气压，风速，气温和水分加上估计的硫酸盐气溶胶浓度）和表面边界条件（海面气温和海冰范围）。其次，对于所有 GCM 集合组成来说，在更精细的尺度上，概率预测通过回归 RCM 和主导 GCM 变量估计准 RCM 变量得到。可以认为，部分模型参数更精细尺度的变化要为没有可利用的 RCM 模拟让步。地图显示每 30 年、季节、排放情景和变量在阈值上下变化的可能性（图 3.18）。PDFs 显示了单个 RCM 地面点，在抽样的 GCM 和降尺度不确定性条件下，变量变化的分布情况如图 3.19 所示。

图 3.16 为不确定性梯级，说明已经对某些元素进行了更为全面的调查研究。基于以上基础，使得对降尺度不确定性的理解有所提高，更不用说对模型不确定性的显著影响（Cameron et al.，2000；Niel et al.，2003；Wilby，2005）。

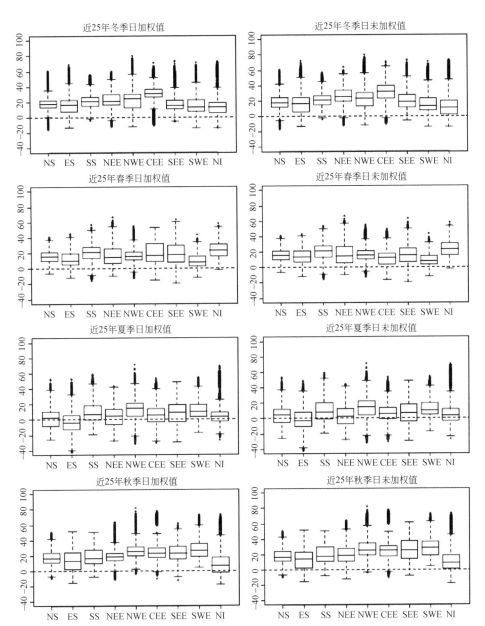

图 3.17 对于 9 个英国降水均匀地区，在 SRESA2 2071~2100 年情景下，对其每个区域 1 天，25 年返回值的变化百分比的估计。每行表示一个季节 [从上到下依次为：冬季（DJF），春季（MAM），夏季（JJA），以及秋季（SON）]。左列表示合并结果，其来自所有区域气候模型（RCM），并用来自半方差法的加权法估计；右列包含的合并结果，来自所有假设等权平均的 RCM。引自 "Multi-model ensemble estimates of climate change impacts on UK seasonal precipitation extremes"，International Journal of Climatology, Fowler H J and Ekström M, 29, 385—416, 2009. © Royal Meteorological Society（英国皇家气象学会）。

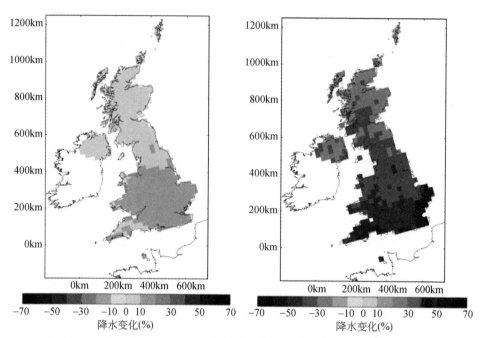

图3.18 UKCP09 预估的 21 世纪 50 年代夏季平均降水总量变化，作图为低（B1）排放情景（90%），右图为高排放情景（A1F1）（10%）。转摘许可：2009 年英国气候预测（见图版8）

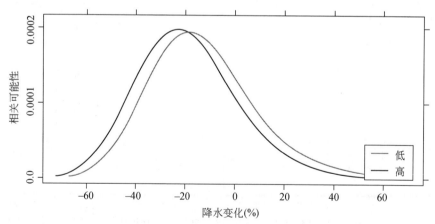

图3.19 到 20 世纪 50 年代，低排放情景（B1）与高排放情景（A1F1）条件下，英国西南部夏季降水变化的 UKCP09 概率预测。

基于加权方法和气候要素，对不确定性的量化一般偏低。要求研究部门利用结果填充所谓的"hypermatrices"，其结果来自强迫情景、气候模型、初始条件、降尺度以及区域似乎已经忽略的模型不确定性影响之间的不同排列组合（Giorgi et al.，2008）。然而，已知的大量不确定性已经被认同，其遗漏部分不太可能具有实际意义。

不确定性特征通过协同科学行为可能是易于处理的提案，但是，在气候危机信息中为决策人提供的减少不确定性的期望似乎仍然比较遥远。这里也存在怎样解释概率预测的问题。例如，一个关于泰晤士河气候影响的首尾相连的不确定性分析发现，到 21 世纪 20 年代，其夏季枯水量的变化范围为 -19% ~ +74%（Wilby and Harris，1997）。总的来说，82% 的情景表明流量会减少，因此，在高峰期需求与对淡水生态系统造成压力时，可能会减少供水量（图 3.20）。这就促使自来水公司选择从新的水源地得到供水机会，或采取措施节约用水，或两者皆采取之。但是，当夏季流量增加时（概率为 18%）应怎样应对？即使在现实中，任何对新的基础设施的投资可能会产生很大的代价。

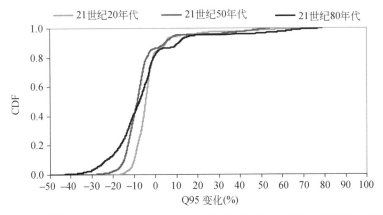

图 3.20　分别在情景（A2、B2），大气环流模型（GCM：CGCM2、CSIRO、ECHAM4、HadAM3），降尺度法（CF、SDSM），水文模型（CATCHMOD，回归）以及参数集（最优 100）条件下泰晤士河枯水量（Q95）变化的累积分布。CDF，累积分布函数。摘自 Wilby 和 Harris（1997）。

对于决策者来说，这样简单的个案研究主要集中于怎样提出新的机遇和挑战，使其更习惯于处理离散的气候风险情景（Reily et al.，2001；Webster，2003）。关于加权法方案（不确定性级联中单个要素或要素的组合）的技术讨论存在一定的风险，诸如此类会成为来自总体目标的干扰：在面对大的不确定性时，怎样作出更为合理的决定。不论术语"概率"是否完全合理（因为即使是来自最完善实验的结果，仍然在许多假设前提下完成的），或者除了高风险适应性决策之外，此类信息确实真正有用，都存在争议（Dessai and Hulme，2004；

Hall，2007）。因此，在最后一部分讨论的概念性开发中考虑，概率预测与降尺度的理论进步的程度能形成实际上的适应性响应。

3.4.3 理论的实践化

我们现在提出一个探索性问题：由于区域气候变化而形成的风险，需要将分辨率调高到何种程度才能解决实际问题。统计相关文献结果表明，过去十年研究降水的学者关注理论多于实践；如增量技术进展的输出轨迹；通过相互对比研究的不确定性特征，以及关于概率框架的整体推进（图3.12）。应用研究的数量肯定会更多，这主要是因为在通常情况下许多适应工作更趋向于发表在灰色文献上，而不是通过同行评审的媒体。即使如此，现在对许多应用前景仍有吸引力：超越相互比较研究，以及与负责实施适应决策团体更加紧密的合作（Fowler and Wilby，2007）。考虑到降尺度的主要宗旨已基本确定（见 3.4.1 节的末尾），目前对于支持气候风险分析有一个新的机遇。为了证明这种研究重点的转移，我们将利用所选的实例研究来说明关于降尺度如何通过三种方式来支持适应管理：检测水文变化，评价潜在影响，评价适应方案。

预测以及检测雨量和/或者时长的长期趋势或者突变的能力对社会明显是有益的。在过去二十年，除了澳大利亚西南部，水圈发生明显的积累变化（Timbal et al.，2005），这主要是由于人类影响的降雨趋势不可能低于全球土地面积的规模（Zhang et al.，2005）。然而，在理论上，降水增加（低于温暖大气层的含水量）很可能被认为将发生强降雨或者暴雨，因此适度的极端降水事件的变化相对于平均变化更易被监测出来。大量观测记录显示强降雨事件不断增加（Groisman et al.，2005；Alexander et al.，2006），但是观测和模拟的降水极值的变化速率和/或者区域格局并没有明显的相似性（Kiktev et al.，2003）。这部分在一定程度上与气候模型在次网格尺度不能充分解决极值降水的不稳定性、点观测和格网气候模型输出之间的尺度不匹配以及与年内变异性相比降水相对较小的变化趋势等有关（见2.3.3节）。

这些关注已经使许多学者关注在假定的变化速率、气候变率的历史水平以及统计置信水平下的区域气候变化检测的所需时间。利用美国的流域数据的初步估计表明：统计完整的季节降水和径流的气候驱动趋势直到 21 世纪下半叶才可能被发现（Ziegler et al.，1997）；相对于北半球流域，在澳大利亚流域的流量年内变幅两倍以上才能被检测出来（Chiew and McMahon，1993）。2007 年夏季英格兰发生大洪水，用于抗洪的资金预算增加，同时也提到了降水极值变化的可检测性。Fowler 和 Wilby（2009）开发了一种估算用于 EU PRUDENCE 区域气候模式集合中季节降水极值变化的检测时间的方法。这些研究表明长持续性的秋季和冬季降水极值（如 10 年重现期的 10 天总量）可能通过在一些"代表性"区域（例如英格兰西南部 2040s 或者更早时间）区域尺度上被检测出来。（图 3.21）。

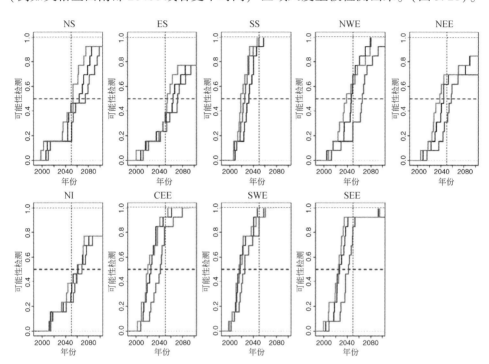

图 3.21　英国均匀降雨地区，预估 10 年重现期的 10 日冬季降水总量的显著变化（α = 0.05）的检测年份。使用数据包括是从 1958～2002 年的观测值（黑线）、1961～1990 年区域气候模型（RCM）模拟值（绿线）及 1961～1990 年的观测值（红线）。当超过概率阈值 0.5（水平红色虚线）时，不作为检测年份。被检测出来的最早时间为 2016 年，英格兰西南部（SWE），基于 RCM 方差估计。摘自 Fowler 和 Wilby（2010）（见图版 9）。

除了降水，降尺度同样有助于检测区域气候变化的其他变量。例如，Wang 等（2009）在北冰洋利用一个经验方法和气候模型输出对波高进行降尺度。尽管对于降尺度的波高的模拟响应相对于观测变化微弱的多，但是变化格局包括一个对于人为和自然驱动结合的响应。Wilby（2006）指出这个问题，即如 50km 分辨率的 2002 年英国气候影响计划（UKCIP02）情景可以实现，在枯水流量情况下，气候变化何时何地可以被检测。该研究发现 21 世纪 20 年代只有 Itchen 河的 Chalk 流域可以监测到夏季平均流量的预估减少量。这里假定相对于枯水流量的年内变化，河流流量的减小相对较大。这些信息首先为水资源管理者进行高密度监测的河流提供了基础，并且表明多数集水区应该在预测统计显著变化之前采取应对措施。

到目前为止，相对于检测工作，人们对于气候变化影响评价的降尺度情景更感兴趣。许多降尺度只涉及了社会相关性的直接变量，如特定场域的风速（Najac et al.，2009），季风开始的时间（Naylor et al.，2007），极端温度和降水总量（Frei et al.，2003；Plaanton et al.，2008）。其他研究评价了降尺度情景的派生变量，如洪峰流量、干旱指数、地下水补给、土壤侵蚀、永久冻土、生物多样性、作物产量或者水质等（表3.5）的次生影响。少数影响研究和协调计划（如 EU MICE）涉及降尺度以及变化风险评价，继而估计脆弱行业的后果，比如农业、能源和保险业。例如，Iizumi 等（2008）对 GCM（MRI CGCM2）输出进行动态降尺度，用来估计日本未来的水稻产量。预期的温度增长将通过热应力和缩短生长期而降低产量，同时产量也可以通过 CO_2 施肥和较轻的冷害得到提高。总的来说，21世纪70年代水稻的保险支出预计减少到整个1990年的87%。其他评估更进一步考虑了几个区域温度敏感部分不同的排放方式的后果。在加利福尼亚利用 SRES A1FI 情景下的偏差纠正和分位数–分位数降尺度，Hayhoe 等（2004）发现到21世纪末与热相关的死亡率将增长5~7倍，高山/亚高山森林减少了50%~75%，积雪降低73%~90%。该研究得出结论，这可能会破坏国家水权制度，并且表明取决于排放方式的影响和适应成本的主要差异。

表3.5 包括区域气候缩小规模影响究研样本

影响变量	地区	方法	效果	来源
干旱	欧洲	RCM	增加欧洲南部持续干旱的频率	Bleninsop 和 Fowler（2007）
日径流	澳大利亚，瑟蓬坦河	SD-weather generator	对于恒定的蒸发和土地利用减少年径流量	Charles 等（2007）
水资源	美国，科罗拉多河	SD-regression	减少年径流量和水电生产	Christensen 等（2007）
坡面稳定性	意大利，白云石山脉	SD-regression	减少塌方的发生次数	Dehn（1999）
大河流的排放	欧洲	RCM	增加北部的补给；减少欧洲中部的补给	Hagemann 等（1998）
湖泊地层	日本，诹访湖	SD-regression	更早的地层分级和更强的斜温层	Hassan 等（2008）

续表

影响变量	地区	方法	效果	来源
大米保险赔偿	日本	RCM	更少的花费	LIzumi 等（2008）
洪水的可能性	全球	SD-regression	增加全球20%人口的洪水影响	Kleinen 和 Petschel-Held（2007）
地下水补给	德国，易北河	SD	更少的地下水补给和人口的扩散	Krysanosa 等（2005）
空气质量	美国	RCM	更多空气污染的聚集降低空气质量	Leung 和 Cullen（2008）
水力发电	太平洋西北部	SD-regression	降雨的更大的不确定性但是大多数情形都显示出来	Markoff 和 Cullen（2008）
洪水震级	德国，莱茵河	SD-regression	增加平均和顶点径流但是很多的不确定性	Menzel 等（2006）
季风流水量	印度，哈纳迪河	SD-classification	减少极大径流的发生	Mujumdar 和 Ghosh（2008）
每日平均的十米级风速	法国	SD-classification	减小风速	Najac 等（2007）
水稻产量	印度尼西亚	SD	增加季风迟来的可能性	Naylor 等（2007）
多年冻土	瑞士，科尔瓦齐峰	RCM	增加地表和地下温度	Salzmann 等（2007）
水质	英国，肯尼特河	SD-weather generator	硝酸盐极值的风险	Wilby 等（1989）
水土流失	中国，黄土高原	SD-weather generator	增加土壤流失和城市收益率	Zhang（2007）

与降尺度影响方面的研究工作相比，适应响应的研究相对较少，特别在非洲、亚洲和拉丁美洲的发展中地区（图3.12）。显而易见的是降尺度在某些方面具有严重的现实局限性：如模型校准所需气象数据可能是不可靠、零碎或者缺少的；区域

和局地气候之间的联系并不清楚或者也不易求解；支撑降尺度所需的技术和制度尚未成熟。即使这些障碍得以克服，但从决策角度来看，降尺度仍然有很多障碍——如在降水预期变化的情况下，大范围降水度与 GCMs 并不一致（图 3.22）。如果在全球大气环流模型中所提供的边界条件没有共识，就没有动机应用除了探索补充说的不确定性降尺度。反常的是，将气候风险与适应信息整合到一起，得到的结果却不是现实中作为最优先考虑的区域。如果气候变化和非气候压力已经影响人类或环境系统，长期规划的高分辨率情景值同样是有问题的。由于人口的快速增长、气候变化以及有限的再生能源增长，北非和中东的部分地区正面临着水危机。在这样的环境下，到 2015 年实现千年发展目标（如获取安全的饮用水）将是一个具有挑战性的任务。更不用说 21 世纪 20 年代保证充足供水。

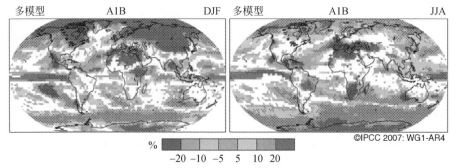

图 3.22 基于多模型平均预测 A1B 排放情景，与 1980～1990 年相比，2090～2099 年的降水变化（%）。白色区域表明模型一致表明变化小于 66%；斑点区域表示 90% 左右的模型认同该编号。摘自政府间气候变化专门委员会（2007）（见图版 10）。

尽管存在严重的制约，许多研究正在利用降尺度和影响评价报告对气候变化适应做定性研究。例如，Naylor 等（2007）在印度尼西亚的研究表明季风降雨开始时间的推迟以及伴随的水稻产量下降可能通过增加蓄水的投入、耐旱作物、作物种植多样化以及早期预警系统等来解决。同样的，von Storch 和 Woth（2008）在汉堡提出了管理降尺度的潮汐风险的期望增值的方法（包括不采取任何操作、实施沿海岸防御、某些区域允许受控泛洪，或者改变河口形态）。Fuhrer 等（2006）相信瑞士造林和保险的改变需要防范由热浪、干旱、洪水、农业和林业的风害等引起的社会经济预期影响。

还有很少的例子中，降尺度是不可或缺的一个完全定量评价适应的选项。最直接应用变化因子方法的是 Dessai 和 Hulme（2007），二者检验了英格拉姆东萨福克郡和艾塞克斯郡的盎格利亚水服务 25 年水资源计划（2004）组合，发现对于多数抽样温室气体排放和气候模型不确定性而言首选项是稳健的。在英格兰西南部的（wimbleball）水资源区利用互补研究 climateprediction.net（气候预测网站）实验的扰动物理集合，检验了气候变化情况下不同选择的表现（如节水、增加水库蓄水以及二者的组合）（Lopez et al.，2009；6.3 节的案例研究）。通过比较满足秋季平均和峰值水需求的失效频率，表明简单地增加水库蓄水并不足以解决连续的干旱年份，同样需要采取措施减少旱灾。

适应策略最复杂的研究，到目前为止是将降尺度影响模拟与应对措施整合及结果比较。例如，Scott 等（2003）利用 LARS-WG 生成南安大略滑雪产业逐日雪深模拟的输入值，表明到 2020s 需要增加 36%～144% 的人工造雪来补偿预期滑雪季的损失。当考虑额外的造雪成本时，这些数据也可以用来帮助确定附近的滑雪度假村的相对竞争优势。Droogers 和 Aerts（2005）在 7 个对比流域探讨了关于增加食物数量和质量的四个适应策略方案集。Walawe 在斯里兰卡研究的结果表明作物种植面积和灌溉用水均增加 10%，粮食总产量也将增加，但是在气候变化条件下将无法保证粮食安全。

其他综合评估考虑不同的适应性选择的有效性来管理当前可能由于气候变化而加重的水资源问题。例如，在许多富营养化河流，海藻的过度生长已经成为一个管理问题，但是河流的水流状态、水温和营养负荷的变化可能影响水华发生的频率、持续时间和范围（Viney et al.，2007）。Whitehead 等（2006）在肯尼特河利用 INCA-N 模型，以及降尺度的日气温和降水情景模拟了 1961～2100 年的瞬时日水文和水质。同时，探索了许多降低气候驱动的硝酸盐负荷的方法，即土地利用变化或者减少化肥，降低大气中的硝酸盐和氨沉淀，以及引入草甸、河流连接的临近湿地。最有效的方法是改变土地利用或者减少化肥负荷，其次是增加草甸和大气污染控制（图 3.23）。尽管由于气候驱动的水流状态的显著变化，这些措施仍然可以将河流系统的硝酸盐减少到低于 4mg/L，而自从 20 世纪 50 年代以后肯尼特河就再也没能达到这个浓度。

在美国西部的一个检测和归因研究建议 1950～1999 年与气候变化相关的河流流量、冬季气温和积雪变化，其中 60% 由人为因素导致（Barnett et al.，2008）。展望未来，在以融雪为主的流域，降水的降尺度变化通过改变径流的持续时间和径流量成为增温的第二重要因素。哥伦比亚河流域的综合评价发现对于大马哈鱼而言，春季积雪融化的提前和加速将增强用于水力发电的水库蓄水量和内流需求之间的交换。Payne 等（2004）建议对于内流目标，早期水库的重新蓄满和库容配置的组合可以抵消部分对径流的不利影响，但是也伴随着水力发电的显著损失。在加利福尼亚的中央河谷工程和州调水工程中，Brekke 等（2009）扩展了通过应用气候预估的集合检测对年平均供水和多年调节蓄水影响的方法。考虑了两类规划决策：在现有系统的约束集合中涉及的变化运行，以及在基础设

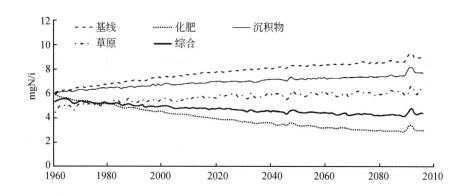

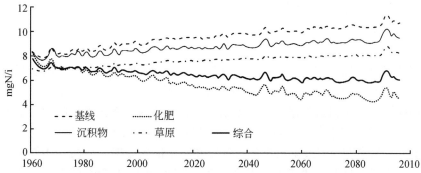

图 3.23　1961~2100 年肯尼特河，不同适应性策略对硝酸盐含量的影响：上游 "自然河段"（上图）与下游 "污水影响河段"（下图）。不同的措施包括基线情况（不适应），施肥减少，大气硝酸盐沉积物的减少，水草地种植，以及综合性策略（包括施肥，空气质量与草地种植更小的变化）。运用 SRES A2 情景下，降尺度 HadCM3 气候变化情景进行所有的模拟。三种 GCMs 认为，这种气候模式使夏季枯水量最大幅度的减少。本文被发表在 Science of The Total Environment, Whitehead, P. G., et al., "Impacts of climatechange on in-stream nitrogen in a lowland chalk stream: An appraisal of adaptation strategies". 365, 260-273. 版权所有：Elsevier, 2006。

施发展中对长期系统修正的承诺。总体来说，水库运行对防洪控制的敏感性高于情景加权分析方法。因此本书作者建议在情景选择时应采取更具战略性的方法，减少计算量并重点考虑风险评价的其他方面。下一节将延伸考虑哪些公共领域情景工具帮助或者阻碍水务部门对气候变化的适应。

3.5　降尺度的适用性

我们之前概述了在数值天气预报中降尺度的概念发展，经历了一个模拟的比较与改进同时专注于描述不确定性的重合时期。尽管应用于气候风险评价和适应规划的降尺度研究数量已稳步增长，但是这个方向的发展仍存在一定的局限。一方面是因为科学和政策界之间的协调性不够；另一方面也在于目前降尺度的方法难以满足现阶段的研究需求；此外，也可能是情景—引导方法的强调对适应性毫无帮助。下文将对每种问题依次进行讨论。基于各项规定，同时采纳基于降尺度信息的 UKCIP02 情景。由于缺乏相关的社会、政治等方面的基础资料，因而难以评论气候科学与政策之间的相互影响，这些在过去已被多次讨论（参见例如 Hanson et al.，2006；Hedger et al.，2006 和其中的参考文献）。相反，我们在实践中更应该关注适应降尺度的有效性等问题。

许多作者考虑有助于国家适应能力发展的 UKCIP02 情景。Hulme 和 Dessai（2008a）声称高分辨率气候变化情景能实现一系列包括教育学、激发性和实践性的目的。气候情景的深层次内涵是反映政策、科学和决策者之间特殊的权力结构的超正常科学的社会结构。利用供应和需求的内在关系，英国每个气候情景的设计和建设已经成为一门独立的科学，而不是决策引导的活动。然而，UKCIP02 和 UKCP09 情景的生成不包括同化相关利益者的观点的正式机制。

值得注意的是相关利益者对高分辨率信息的反复请求。这由随机天气发生器和高分辨率（25km）气候变化的概率预测所提供。即便如此，Hulme 和 Dessai（2008a）质疑其显著性、可信度和合法性的预测，主要原因在于：虽然模拟结果的分辨率有所提高，但忽略了更多的综合评价的气候模型不确定性；并且，他们认为实验设计的某些方面可能会引起气候模者之间的争议。在进行全国基于气候场景设计进程的更多透明度方面产生了强烈的呼吁，超出了技术假设和气候模型场景本身的基础。Hulme 和 Dessai（2008a）也相信用户忽视了对早期的场景，影响和适应的研究。

气候情景的效果从预测效果（未来预估结果与最初摄像相吻合），决策效果（事后显示效果与灾害规避）和学习效果（公共和私有组织风险意识的增强）三个方面来评判（Hulme 和 Dessai，2008b）。前两个标准只能回顾性的评判，并且为决策制定需要的额外模拟提供增值，来表现在没有的情景的情况下现实可能如何展开。或者，根据在更加平稳的适应条件下信息是否可行可以判断效果，例如，在不确定性的描述并不清楚的情况下决策效果良好。通过呈现一系列不确定性，许多可能认为概率预测将取得这样的结果——用户将必要的回避对确定性的情景优化的解决方案（Wilby and Dessai 2010）。实际上，许多潜在用户可能无法利用计算资源或者所需的专门知识来实现概率预测驱动的影响模型集合的运行。

UKCIP02 项目评价发现这些情景被主要用于与利益相关者、网络和组织学习的沟通和接洽，而不是制定政策和决策（Gawith et al.，2009）。这些不一致的理解归因于低水平的置信度的和无力的情景附加可能性。研究同样揭示了情景引导思考的优势，从 2006 年英国政府为开发者（社区和当地政府部门）和洪水工程师（环境、食物和农村事务部）提供的气候变化津贴的查找表可以证明这点。许多用户要求高分辨率数据，并且大多数更关心未来 5~10 年多过世纪末。直到最近，气候模型社区才勉强处理后者的需求，引用自然气候变异作为一个重要的混淆因子。但是十年预报的最新进展则允许在较短的时间水平分发信息（即使全球尺度的平均气温，以及最近的区域降水）（Smith et al., 2007）。然而，即使有完美的十年预报可以利用，决策的可利用性（若有的话）仍未清楚。

并非只有英国自主研发了国家情景；在其他国家，如澳大利亚、芬兰、西班牙、荷兰和美国政府都已经认可其自主研发的情景产品。一些国家气候中心对情景的产生具有权威性。事实上，公共域情景、降尺度和决策支持工具的数量在最近十年不断增加（表3.6）。鉴于降尺度曾经是气候学家科研工作的一小部分，有限的可以利用的高分辨率气候情景在决策制定背景下不再成为缺少领会的原因。即使如此，信息提供者和知识使用者之间的沟通和交流仍存在一定隔阂，McNie（2007）认为这是由于科学家"提供太多错误的信息"。确实，当被直接问及相关需求时，加利福尼亚海岸管理者的答案十分明显：气候变化（影响）计划的不确定范围；不同结果之间的差别；在工程设计中预防措施的科学基础，以及由于不确定性的基础信息（Tribia and Moser, 2008）。尤其是需要将气候变化情景转变为相关管理变量（如海岸侵蚀和后退的速率，而不是海平面的上升；地下水补给和水位而不是降水）。通用降尺度软件或者国家的情景显然无法满足特定部门和专家的需求。

表 3.6　公共领域气候方案，筛选风险和适应工具的例子

工具/资源	描述
clim. pact	R function for downscaling monthly and daily mean climate scenarios http：//cran. r-project. org/web/packages/clim. pact/index. html
CRISTAL	Community-based Risk Screening-Adaptation and Livelihoods http：//www. iisd. org/pdf/2008/cristal_ manual. pdf
CSAG	Climate System Analysis Group：data portal for downscaled African precipitation scenarios for the 2080s http：//data. csag. uct. ac. za/
ENSEMBLES	Portal for downscaling tools applied to Europe http：//grupos. unican. es/ai/meteo/ensembles/index. html
LARS-WG	Tool for producing time series of a suite of climate variables at single site http：//www. rothamsted. bbsrc. ac. uk/mas-models/larswg. php

续表

工具/资源	描述
LCA	Linking Climate Adaptation-community-based adaption http：//community. eldis. org/cbax/
MAGICC/SCENGEN	Interactive software for investigation of global/regional climate change http：//www. cgd. ucar. edu/cas/wigley/magicc/
PRECIS	UK Met Office portable regional climate model http：//precis. metoffice. com/
RCLimex	Graphical interface to compute 27 core indices of climate extremes http：//cccma. seos. uvic. ca/ETCCDMI/sofeware. shtml
SDSM	Downscaling tool for scenario production at single sites http：//co-public. lboro. ac. uk/cocwd/sdsm/
SERVIR	The Climate Mapper and SERVIR Viz http：//www. servir. net/index. php？option = com _ content&task = view&id = 101&Itemid = 57&lang = en
UKCIP	Online adaptation database（UK） http：//www. ukcip. org. uk/index. php？option = com _ content&task = view&id = 147&Itemid = 273
UNDP	Climate change country profiles http：//country-profiles. geog. ox. ac. uk/
UNFCCC	Database on local coping strategies http：//maindb. unfccc. int/public/adaptation/
World Bank	Indigenous Knowledge Practices Database http：//www4. worldbank. org/climateportal/
WRI	Climate Analysis Indicators Tool（CAIT） http：//cait. wir. org/
WWF	Climate Witness Community Toolkit http：//www. panda. org/about_ our_ earth/all_ publications/？uNewsID = 162722

  边界组织正在通过召开联系，促进协作，把复杂的科学信息转变成有用的知识，促进理论与实践相联系。许多活动则由对专业团队所领导，这些团队感兴趣与实施适应特定部门的指导。例如，美国水研究基金会建立了一个气候变化交易所来传播新闻和指导（http：//theclimatechangeclearinghouse. org/Intro/default. aspx）。其

他一些组织正在使用案例形式来使适应措施具体化［例如 WWF 的生命之水（Pittock2008）］，或者共享课程学习（如欧洲环境局的气候变化和水适应问题（2007）］，或者英国城乡规划协会的气候变化适应设计（Shaw et al., 2007）。其他的指引则以计算一览表的形式出现，如气候变化适应：伦敦政府发展清单（2005），或者作为规划师每步适应策略的在线向导（如诺丁汉公告–行动套件，UKCIP 的适应向导）。实地和团体尺度预测在运行中证明适应性被广泛认为是有用的，或者强调处理非气候人为压力的直接和长期效益，如 WWF 的争取时间（Hansen et al., 2003）和应对气候变化的自然防护（Hansen and Hiller, 2007）。许多组织已经尽可能为记录影响和实施适应提供社区层面参与性方法的现场手册（例如 McFadzien et al., 2008）。

3.6 结 论

如上所述，没有区域气候降尺度和影响评价的情况下的适应可以取得相当大的进展。降尺度作为应用而不是纯粹的研究，是否意味着终结？从广义上讲，本书作者认为答案是肯定的。通过超矩阵抽样的不确定性的规模（但是从没完全定量化）表明情景引导适应的谬论，并且为基于稳健性、适应性、监测和回顾的适应范式做好准备。稳健的决策制定案例在已经遭遇水危机的地区和出现气候模型和降水变化或者全球变暖速率的迹象一致的前景并不好的地区效果最好。此外，通过改进使用工具（但对于非专家而言太复杂或者太繁琐），降尺度部分提供的数据与管理者需要的专业信息之间存在较大差异。这也意味着降尺度研究将继续发展。而在实践较少且多学科交叉的背景下，更需要多进行实践。同时需加强气候科学家与实践工程师之间的沟通和交流。

虽然各方仍存在很多分歧，但降尺度研究机构仍然提供了很多方法，但可能与最初的设想不尽相同。本文指出了从识别初期"热点"，以及此后的适应或监测资源的角度和区域尺度检测中降尺度应该如何利用。降尺度一直用于改善复杂的降水、岛屿和沿海环境下季节预测的分辨率问题。在一系列适应工具的支持下，通过加强干旱、洪水、火灾和热浪的准备和应急计划，季节预测被合理列入军事适应性工具的范围（研究重点从数十年气候变化预测的降尺度到季节和十年预测，这样的转变实际上是回到了原点）。全球再分析产品的降尺度也有助于填补信息较少地区和时间段的缺失数据。在不同的 GCMs 的气候前景一致（并不肯定）的地区，或许有一些理由可以证明降更大尺度，可以为工程师报告预防容差和指导，或者限制适应选择的敏感性检验。对于许多其他实际目的，对气候变化的局地方向和步伐的简单定性信息足以提高风险意识和刺激合理的适应响应。

第3章 区域气候降尺度

术　语

气流（指数）：从地表气压或者位势高度场产生的大气环流的三角测量值。常用的派生指标包括涡度、纬向气流、经向气流和散度。特定的指数通常用于复制日天气模式的主观分类，或者在统计降尺度方案中作为预测变量。

人工神经网络（ANN）：用于定义输入数据或格局集与输出响应之间非线性关系的统计模型。这些主要通过由权重（神经元）和模拟中心神经元系统结构连接组成的数学公式来完成。ANN被广泛认为是黑箱模型。

黑箱：描述输入和输出已知的系统或者模型，但是中间过程要么未知，要么很难识别，参见相关研究。

典型相关分析（CCA）：识别解释变量之间共享方差的两个变量集之间线性关联的统计方法。该方法被用于降尺度一组大尺度预测变量相关的确定方程到局地尺度气候响应。

气候情景：简化的并近似可以代表未来气候的情景描述，它是建立在内在一致的气象学关系基础上并用来预测人为气候变化可能产生的结果。

气候变异：气候因子与其平均值及其他统计值相比在时间和空间上发生的变化。

调节机理：一个中间状态变量决定了区域约束力和当地天气的相关关系。例如，区域降水量是以干湿日的发生频率为前提条件的，反过来它也决定了区域尺度的预测因子，如大气湿度和水汽压。

决定过程：与随机过程相对的一个过程，利用物理定律或模型，在输入相同的初始条件和边界条件的前提下得到相同的预测结果。

域：区域气候模式中代表地球表面覆被特征的修正后的区域。同时也可以作为统计降尺度中的网格，在这两种情况下，降尺度是利用大气环流模式所提供的气压、风速、温度和水利等信息来完成的。

分散：如果液体的定容在水平方向上增加则说明液体分散，与此同时液体定容在垂直方向上一定减少。

降尺度：利用区域气候信息获取的特定点或者小区域的气候数据。区域气候数据可能来源于区域气候模式同时也可能来源于观测值。降尺度模型的计算包括不同时间和空间的降尺度过程。

动力学的：参见区域气候模式。

排放情景：一个可以近似反映未来发展情况和对辐射产生效应的气体排放情况，它是基于对驱动因子和因子间的相关关系进行有依据的并且内在一致的假设的基础上得到的结果。

经验正交函数：参见主成分分析法的释义。

集合：确定性的气候模式对于不同气候情景及初始条件和边界条件下的模拟结果的集合。相反地，天气发生器的模拟集合区别于此的是成功模拟结果的集合，在任何一种情形下，集合结果可以与平均结果进行比较并且对模拟的不确定性分析提供指导。

模糊分类：将气候分成不止一个种类的工作程序。分类的原则是基于专家决策法或最优化理论。

广义线性模型：利用普通最小平方回归法将非独立变量与独立变量进行链接函数的概化。链接函数的选取取决于独立变量的假定分布。独立变量可能服从正态分布、伽马分布、指数分布、二项式分布等。

位势高度：用与大气中某点的重力位势成正比的位势米来表示的该点高度。

网格：在大气环流模式或区域气候模式驱动下包含大气质量、能量通量和水汽压三维信息的坐标系统的组成部分。网格间距取决于模型所能反映的最小特征信息。全球气候模式的普遍分辨率是200km，区域气候模式的分辨率是20~50km。

马尔科夫过程：其最为简单的形势是指，在已知目前状态的条件下，它未来的演变不依赖于它以往的演变。目前的状态是由转移概率决定的并且未来的状态是不可以准确预估的。例如，明天是否下雨的很大程度上取决于今天是晴天还是下雨。如果今天下雨，则明天有很大的可能性下雨因为有很大的下雨趋势。在更为复杂的高阶马尔科夫过程下，未来的状态取决于当前的状态，同时当前的状态取决于过去的状态。

经向环流（meridional flow）：相比于纬向气流，其从北向南或从南向北跨越纬线，是在空气优势流的大气环流。

NCEP：美国国家环境预测中心——再分析（气候模型同化的）资料的原始数据广泛用于当今气候关于动力学和统计学的降尺度。

标准化（normalization）：对于预先定义的控制期，包括一个数据集（减去平均值，除以标准变差）标准化的统计程序。这种方法被广泛用于统计降尺度中，以减小气候模型输出中均值和方差的系统误差。

参数：模型中表示一个过程或一种属性的数值。一些参数表示可测量的气候特征；其他多用于变化而不是专门相关的可测量特征。参数还可以用来表示气候模型中那些较难理解或解决的过程。

预测值：通过对一个或更多的预测变量推测出的变量。

预测器：一个变量假设能预测出另一个变量，得出预测值。例如，大气压的日变化对日降水的发生就是一个预测器。

主成分分析（PCA）：一种统计方法，将一系列潜在的相关变量减小到更少所谓主成分（PC）的非相关变量。第一主成分比第二主成分可以解释更多关于原始数据集的变异性，同样对连续的主成分。这种方法用于解释降尺度中多元气候数据集的深层结构，或为降尺度生成复合预测变量。

概率密度函数（PDF）：描述对于一个变量，一个给定值结果概率的分布。例如，日气温的概率密度函数常用作近似估计其均值的正常分布，并有极端气温的小概率事件。

再分析：通过把实际的气象测量同化到全球气候模型中，生成一种栅格化的，拟观测的全球数据集。这样就可以即使在没有观测值的地点和时间，估计其气象特征。NECP 和 ERA 的再分析多用于降尺度模型的校准与测试。

再栅格化（regridding）：一种统计方法用于一个坐标系上构建另一个坐标系，典型代表有气候变量的插值。其对大部分统计降尺度来说，是必需的先决条件，因为观测的与气候模型数据用相同的栅格系统时很少存档。

区域气候模型（RCM）：一种三维数值模型，用于模拟区域尺度的气候特征（20~50km 的分辨率），鉴于大气环流模型模拟的时变大气特征。RCM 领域是典型"嵌套"在用 GCM 模拟大尺度领域（如地表气压，风速，气温和水蒸气）的三维栅格。

回归（regression）：用于构造一个因变量（预测值）与自变量集合（预测器）之间经验关系的一种统计方法。同见黑箱，转移函数。

随机方法（stochastic）：相比于确定性过程，即使存在相同的初始和边界条件，从重复的实验中得到返回的不同结果的一个过程或模型。

迁移函数：与预测器（组）相关的数值方程随着预测项的不同而发生变化。预测器（组）和预测项描述出不同的时间和/或空间尺度。因此，迁移函数为不同分辨率的降尺度信息提供了一种有效方法。

不确定性：在某一程度的未知变量的表达。不确定性是由缺少信息或者已知信息存在分歧而造成的。不确定性也可能是由于低分辨率的模型参数或边界条件引起的。

无条件过程：一系列预测和预报因子间包含动力过程或统计过程的链接机制。例如，区域风速是气流强度和涡度的函数。

涡度：相对于轴两倍角速度的流体粒子。换言之，是气团旋转的量度。

天气发生器：可以在单一系统或复杂系统随机生成日天气系列的随机模型。不同于确定性的天气预报模型，天气发生器并不能在过去或现在生成一致的特定的天气序列。大部分天气发生器假设降水过程和例如气温、辐射、湿度的次要天气变量建立相关关系。

天气模式：地表的气象变量的主观或客观的分类，如海平面气压。任何一个大气环流模式都有各自不同的天气特性（如降水概率，日照时数，风向，空气质量等）。主观的环流分型方案包括欧洲格罗斯威特朗类型和不列颠群岛羔羊天气类型。

纬向环流：与经向环流相对的，大气中盛行的沿纬圈流动的东西向气流（如西风带）。

参 考 文 献

Abaurrea, J. Asin, J. (2005) Forecasting local daily precipitation patterns in a climate change scenario. Climate Research, 28, 183-197.

Alexander, L. V., Zhang, X., Peterson, T. C. et al. (2006) Global observed changes in daily climate extremes of temperature and precipitation. Journal of Geophysical Research, 111, doi: 10.1029/2005JD006290.

Alexandru, A., de Elia, R., Laprise, R., Separovic, L. Biner, s. (2009) Sensitivity study of region climate model simulations to large-scale nudging parameters. Monthly weather Review, 137, 1666-1686.

Allen, M. R., Scott, P. A., Mitchell, J. F. B., Schnur, R., Delworth, T. L. (2000) Quantifying the uncertainty in forecasts of anthropogenic climate change. Nature, 417, 617-620.

Antic, S., Laprise, R., Denis, B. de Elia, R. (2004) Testing the downscaling ability of a one-way nested regional climate model in regions of complex topography. Climate Dynamics, 23, 473-493.

Arnell, N. W. (2003) Relative effects of multi-decadal climate variability and changes in the mean and variability of climate due to global warming: future streamflows in Britain. Journal of Hydrology, 270, 195-213.

Arnell, N. W. and Reynard, N. S. (1996) The effects of climate change due to global warming on river flows in Great Britain. Journal of Hydrology. 183, 397-424.

Baker, D. G. (1982) Synoptic-scale and mesoscale contributions to objective operational maximum-minmum temperature forest errors. Monthly weather Review, 110, 163-169.

Bárdossy, A., Caspary, H. J. (1990) Detection of climate change in Europe by analyzing European atmospheric circulation patterns from 1881 to 1989. Theoretical and Applied Climatology, 42, 155-167.

Bárdossy, A., Stehlik, J., Caspary. H. j. (2002) Automated objective classification of daily circulation patterns for precipitation and temperature downscaling based on optimized fuzzy rules. Climate Research, 23, 11-22.

Bárdossy, A., Bogardi, I., Matyasovszky, I. (2005) Fuzzy rule-based downscaling of precipitation. Theoretical and Applied Climatology, 82, 119-129.

Barnett, T. P., Pierce, D. W., Hidalgo, H. G. et al. (2008) Human-induced changes in the hydrology of the western United States. Science, 319, 1080-1083.

Beckman, B. R., Buishand, T. A. (2002) Statistical downscaling relationships for precipitation in the Netherlands and north Germany. International Journal of Climatology, 22, 15-32.

Bell, V. A., Kay, A. L., Jones, R. G., Moore, R. J. (2007) Development of a high resolution grid-based river flow model for use with regional climate model output. Hydrology and Earth System Sciences, 11, 532-549.

Benestal, R. E. (2001) A comparison between two empirical downscaling strategies. International Journal of Climate Climatology, 21, 1645-1668.

Benestad. R. E. (2004) Tentative probabilistic temperature scenarios for northern Europe, Tellus Series A-Dynamic Meteorology and Oceanography, 56, 89-101.

Bergant, K., Kajfez-Bogataj, L. (2005) N-PLS regression as empirical downscaling tool in climate change studies. Theoretical and Applied Climatology, 81, 11-23.

Bhaskaran, B. Jones, R. G., Murphy, J. M., Noguer, M. (1996) Simulations of the India summer monsoon using a nested regional climate model: Domain size experiments. Climate Dynamics, 12, 573-587.

Blenkinsop, S., Fowler, H. J. (2007) Changes in European drought characteristics projected by the PRUDENCE regional climate models. International Journal of Climatology, 27, 1595-1610.

Brekke, L. D., Maurer, E. P., Anderson, J. D. et al., (2009) Assessing reservoir operations risk under climate change. Water Resources Research, 45, W04411, doi: 10.1029/2008WR006941.

Brinkmann, W. A. R. (2002) Local versus remote grid points in climate downscaling. Climate Research, 21, 27-42.

Büllard, J., Baddock, M., McTainsh, G. and Leys, J. (2008) Sub-basin scale dust source geomorphology detected using MODIS. *Geophysical Research Letters*, 35, L15404.

Bürger, G. (1996) Expanded downscaling for generating local weather scenarios. *Climate Research*, 7, 111-128.

Bürger, G. (2002) Selected precipitation scenarios across Europe. *Journal of Hydrology*, 262, 99-110.

Bürger, G. (2009) Hynamically vs. empirically downscaled medium-range precipitation forecasts. Hydrology and Earth System Sciences, 13, 1649-1658.

Bürger, G. and Chen, Y. (2005) Regression-based downscaling of spatial variability for hydrologic applications. *Journal of Hydrology*, 311, 299-317.

Busuioc, A., Chen, D. and Hellström, C. (2001) Performance of statistical downscaling models in GCM validation and regional climate change estimates: application for Swedish precipitation. *International Journal of Climatology*, 21, 557-578.

Cameron, D., Beven, K. and Naden, P. (2000) Flood frequency estimation by continuous simulation under climate change (with uncertainty). *Hydrology and Earth System Sciences*, 4, 393-405.

Carter, T. (2007) General Guidelines on the Use of Scenario Data for Climate Impact and Adaptation Assessment. IPCC Task Group on Scenarios for Climate Impact Assessment (TGCIA) (http://www.ipcc-data.org/guidelines/TGCIA_guidance_sdciaa_v2_final.pdf).

Cavazos1, T. and Hewitson, B. C. (2005) Performance of NCEP-NCAR reanalysis variablesin statistical downscaling of daily precipitation. *Climate Research*, 28, 95-107.

Caya, D. and Biner, S. (2004) Internal variability of RCM simulations over an annual cycle. *Climate Dynamics*, 22, 33-46.

Charles, S. P., Bates, B. C. and Hughes, J. P. (1999a) A spatio-temporal model for downscaling precipitation occurrence and amounts. *Journal of Geophysical Research*, 104, 31657-31669.

Charles, S. P., Bates, B. C. and Hughes, J. P. (1999b) Validation of downscaling models for changed climate conditions: Case study of southwestern Australia. *Climate Research*, 12, 1-14.

Charles, S. P., Bates, B. C., Smith, I. N. and Hughes, J. P. (2004) Statistical downscaling of daily precipitation from observed and modelled atmospheric fields. *Hydrological Processes*, 18, 1373-1394.

Charles, S. P., Bari, M. A., Kitsios, A. and Bates, B. C. (2007) Effect of GCM bias on downscaled precipitation and runoff projections for the Serpentine catchment, Western Australia. *International Journal of Climatology*, 27, 1673-1690.

Chiew, F. H. S., and McMahon, T. A. (1993) Detection of trend or change in annual flow of Australian rivers. International Journal of Climatology, 13, 643-653.

Christensen, J. H., Carter, T. R., Rummukainen, M. and Amanatidis, G. (2007a) Evaluating the performance and utility of regional climate models: the PRUDENCE project. *Climate Change*, 81, 1-6.

Christensen, J. H., Hewitson, B., Busuioc, A. et al. (2007b) Regional climate projection. In: Solomon, S., Quin, D., Manning, M. et al. (eds), Climate Change 2007: The Physical Science Basis: Contribution of Working Group I to the Fourth Assessment Report of the Intergovernmental Panel on Climate Change. *Cambridge University Press*, UK.

Christensen, J. H., Boberg, F., Christensen, O. B. and Lucas-Picher, P. (2008) On the need for bias correction of regional climate change projections of temperature and precipitation. Geophysical Research Letters, 35, L20709.

Christensen, N. S., Wood, A. W., Voisin, N. Lettenmaier, D. P. and R. N. Palmer (2004) The effects of climate change on the hydrology and water resources of the Colorado River basin. *Climatic change*, 62, 337-363.

Clark I, . Assamoi. P., Bertrand, J. and Giorgi, F. (2004) Characterization of potential zones of dust generation at eleven stations in the southern Sahara, Theoretical and Applied Climatology, 77,

173-184.

Cohen, S. J. (1990) Bringing the Global Warming Issue Closer to Home: The Challenge of Regional Impact Studies. *Bulletin of the American Meteorological Society*, 71, 520-526.

Cohen, S. J. and Allsopp, T. R. (1988) The potential impacts of a scenario of CO_2-induced climatic change on Ontario, Canada. Journal of Climate, 1, 669-681.

Corte-Real, J., Qian, B. and Xu, H. (1999) Circulation patterns, daily precipitation in Portugal and implications for climate change simulated by the second Hadley Centre GCM. *Climate Dynamics*, 15, 921-935.

Crane, R. G. and Hewitson, B. C. (1998) Doubled co2 precipitation changes for the susquehanna basin: down-scaling from the genesis general circulation model. *International Journal of Climatology*, 18, 65-76.

Dehn, M. (1999) Application of an analog downscaling technique to the assessment of future landslide activity-a case study in the Italian Alps. *Climate Research*, 13, 103-113.

Department of Communities and Local Government (DCLG) (2006) Planning Policy Statement 25: Development and Flood Rist-Annex B: Climate Change. The Stationery Office, London, 50 pp.

Department of the Environment (DOE) (1996) Review of the Potential Effects of Climate Change in the United Kingdom. HMSO, London.

Department of the Environment, Food and Rural Affairs (Defra) (2006) FCDPAG3 Economic Appraisal Supplementary Note to Operating Authorities-Climate Change Impacts (http://www.sdcg.org.uk/Climate-change-update.pdf).

Déqué, M. (2007) Frequency of precipitation and temperature extremes over France in an anthropogenic scenario: model results and statistical correction according to observed values. *Global and Planetary Change*, 57, 16-26.

Dessai, S. and Hulme, M. (2004) Does climate adaptation policy need probabilities? *Climate Policy*, 4, 107-128.

Dessai, S. and Hulme, M. (2007) Assessing the robustness of adaptation decisions to climate change uncertainties: A case study on water resources management in the East of England. *Global Environmental Change*, 17, 59-72.

Dessai, S., Lu, X. and Hulme, M. (2005) Limited sensitivity analysis of regional climate change probabilities for the 21st century. *Journal of Geophysical Research*, 110, D19108.

Diaconescu, E. P., Lapriseand, R. Sushama, L. (2007) The impact of lateral boundary data errors on the simulated climate of a nested regional climate model. *Climate Dynamics*, 28, 333-350.

Diaz-Nieto, J. and Wilby, R. L. (2005) A comparison of statistical downscaling and climate change factor methods: impacts on low flows in the River Thames, United Kingdom. *Climatic change*, 69, 245-268.

Dibike, Y. B. and Coulibaly, P. (2005) Hydrologic impact of climate change in the Saguenay watershed: comparison of downscaling methods and hydrologic models. *Journal of Hydrology*, 307,

145-163.

Droogers, P. and Aerts, J. (2005) Adaptation strategies to climate change and climate variability: a comparative study between seven contrasting river basins. *Physics and Chemistry of the Earth*, Parts A/B/C, 30, 339-346.

Dubrovsky, M., Buchteleand, J., and Zalud, Z. (2004) High-frequency and low-frequency variability in stochastic daily weather generator and its effect on agricultural and hydrologic modelling. *Climatic change*, 63, 145-179.

Eccel, E., Ghielmi, L. Granitto, P. Barbiero, R. Grazziniand, F. Cesari, D. (2007) Prediction of minimum temperatures in an alpine region by linear and non-linear post-processing of meteorological models. *Nonlinear processes in geophysics*, 14, 211-222.

Eckhardt, K. and Ulbrich, U. (2003) Potential impacts of climate change on groundwater recharge and streamflow in a central European low mountain range. *Journal of Hydrology*, 284, 244-252.

Ekström, M., Hingray, B., Mezghani, A. and Jones, P. D. (2007) Regional climate model data used within the SWURVE project 2: addressing uncertainty in regional climate model data for five European case study areas. Hydrology and Earth System Science, 11, 1069-1083.

Enke, W., Schneider, F. and Deutschländer, T. (2005a) A novel scheme to derive optimized circulation pattern classifications for downscaling and forecast purposes. *Theoretical and Applied Climatology*, 82: 51-63.

Enke, W., Deuschländer, T., Schneider, F. and Küchler, W. 2005a: Results of five regional climate studies applying a weather pattern based downscaling method to ECHAM4 climate simulations. *Meteorologische Zeitschrift*, 14, 247-257.

European Environment Agency (EEA) (2007) Climate Change and Water Adaptation Issues. EEA Technical Report No. 2/2007, Copenhagen, 110 pp.

Fealy, R. and Sweeney, J. (2007) Statistical downscaling of precipitation for a selection of sites in Ireland employing a generalised linear modelling approach. *International Journal of Climatology*, 27, 2083-2094.

Fowler, H. J. and Ekström, M. (2009) Multi-model ensemble estimates of climate change impacts on UK seasonal precipitation extremes. *International Journal of Climatology*, 29, 385-416.

Fowler, H. J. and Kilsby, C. G. (2002) Precipitation and the North Atlantic Oscillation: a study of climatic variability in Northern England. *International Journal of Climatology*, 22, 843-866.

Fowler, H. J. and Wilby, R. L. (2007) Editorial: Beyond the downscaling comparison study. International Journal of Climatology, 27, 1543-1545.

Fowler, H. J, and Wilby, R. L. (2009) Detecting changes in seasonal precipitation extremes using regional climate model projections: Implications for managing fluvial flood risk. *Water Resour*, 46, W03525. doi: 10.1029/2008WR007636.

Fowler, H. J. Kilsbyand, C. G. and O'Connell, P. E. (2000) A stochastic rainfall model for the assessment of regional water resource systems under changed climatic condition. *Hydrology and*

Earth System Sciences, 4, 263-282.

Fowler, H. J., Blenkinsop, S. and Tebaldi, C. (2007) Linking climate change modelling to impacts studies: recent advances in downscaling techniques for hydrological modelling. *International Journal of Climatology*, 27, 1547-1578.

Frei, C., Christensen, J. H. Déqué, M. Jacob, D. Jones, R. G. and Vidale P. L. (2003) Daily precipitation statistics in regional climate models: Evaluation and intercomparison for the European Alps. J. *Geophys. Res*, 108, 65-84.

Frei, C., Schöll, R. Fukutome, S. Schmidliand J. Vidale, P. L. (2006) Future change of precipitation extremes in Europe: Intercomparison of scenarios from regional climate models. J. *Geophys. Res*, 111, D06105.

Fuhrer, J., Beniston, M., Fischlin, A., Frei, C., Goyette, S., Jasper K., and Pfister, C. (2006) Climate risks and their impact on agriculture and forests in Switzerland. *Climatic change*, 79, 79-102.

Furrer, E. M. and Katz, R. W. (2008) Improving the simulation of extreme precipitation events by stochastic weather generators. *Water Resources Research*, 44, W12439.

Furrer, R., Sain, S. R., Nychkaand D., Meehl, G. A. (2007) Multivariate Bayesian analysis of atmosphere-ocean general circulation models. *Environmental and Ecological Statistics*, 14, 249-266.

Gao, X., Shi, Y., Song, R., Giorgi, F., Wang, Y. and Zhang, D. (2008) Reduction of future monsoon precipitation over China: Comparison between a high resolution RCM simulation and the driving GCM. *Meteorology and Atmospheric Physics*, 100, 73-86.

Gates, W. L. (1985) The use of general circulation models in the analysis of the ecosystem impacts of climatic change. *Climatic change*, 7, 267-284.

Gawith, M., Street, R., Westaway, R. and Steynor, A. (2009) Application of the UKCIP02 climate change scenarios: Reflections and lessons learnt. *Global Environmental Change*, 19, 113-121.

Giorgi, F. (1990) Simulation of regional climate using a limited area model nested in a general circulation model. *Journal of Climate*, 3, 941-963.

Giorgi, F. and Bates, G. T. (1989) The climatological skill of a regional model over complex terrain. *Monthly Weather Review*, 117, 2325-2347.

Giorgi, F. and Hewitson, B. C. (2001) Regional climate information-evaluation and projections. In: Climate Change 2001: The Scientific Basis. *Cambridge University Press*, Cambridge.

Giorgi, F. and Mearns, L. (2003) Probability of regional climate change based on the Reliability Ensemble Averaging (REA) method. *Geophysical Research Letters*, 30 (12), 1629, doi: 10.1029/2003GL017130.

Giorgi, F. and Mearns, L. O. (1991) Approaches to the simulation of regional climate change: a review. *Reviews of Geophysics*, 29, 191-216.

Giorgi, F., Marinucci, M. R. and Visconti, G. (1992) A 2XCO2 climate change scenario over

Europe generated using a Limited Area Model nested in a General Circulation Model 2. Climate change scenario. Journal of Geophysical Research, 97, 10011-10028.

Giorgi, F., Diffenbaugh, N. S., Gao, X. J. et al. (2008) The regional climate change hypermatrix framework. Eos, 89, 445-446.

Glahn, H. R. and Lowry, D. A. (1972) The use of model output statistics (MOS) in objective weather forecasting. *Journal of Applied Meteorology*, 11, 1203-1211.

González-Rouco, J., Heyen, H., Zoritaand, E. et al. (2000) Agreement between observed rainfall trends and climate change simulations in the southwest of Europe. *Journal of Climate*, 13, 3057-3065.

Goodess, C. M. and Palutikof, J. P. (1998) Development of daily rainfall scenarios for southeast Spain using a circulation-type approach to downscaling. *International Journal of Climatology*, 18, 1051-1083.

Greater London Authority (GLA) (2005) Adapting to climate change: a checklist for development. London Climate Change Partnership, London, 70pp.

Greene, A. M., Goddard, L. and Lall, U. (2006) Probabilistic multimodel regional temperature change projections. *Journal of Climate*, 19, 4326-4343.

Gregory, J. M., Wigleyand, T. M. L. and Jones, P. D. (1993) Application of Markov models to area-average daily precipitation series and interannual variability in seasonal totals. *Climate Dynamics*, 8, 299-310.

Groisman, P. Y., Knight, R. W., Easterling, D. R. et al. (2005) Trends in intense precipitation in the climate record. *Journal of Climate*, 18, 1326-1350.

Grotch, S. L. and MacCracken, M. C. (1991) The use of general circulation models to predict regional climatic change. *Journal of Climate*; (United States), 4.

Hagemann, S. and Jacob, D. (2007) Gradient in the climate change signal of European discharge predicted by a multi-model ensemble. *Climatic change*, 81, 309-327.

Hall, J. (2007) Probabilistic climate scenarios may misrepresent uncertainty and lead to bad adaptation decisions. *Hydrological Processes*, 21, 1127-1129.

Hansen, L. J. and Hiller, M. (2007) Defending Nature against Climate Change: Adapting Conservation in WWF's Priority Ecoregions. WWF Climate Change Program, Washington, 47pp.

Hansen, L. J., Biringer, J. L. and Hoffman, J. R. Buying time: a user's manual for building resistance and resilience to climate change in natural systems. WWF Climate Change Program, 244pp.

Hanson, C. E., Palutikof, J. P., Dlugoleckiand, A. et al. (2006) Bridging the gap between science and the stakeholder: the case of climate change research. *Climate Research*, 31, 121-133.

Hanssen-Bauer, I. and Førland, E. J. (1998) Long-term trends in precipitation and temperature in the Norwegian Arctic: Can they be explained by changes in atmospheric circulation patterns? *Climate Research*, 10, 143-153.

Harpham, C. and Wilby, R. L. (2005) Multi-site downscaling of heavy daily precipitation occurrence and amounts. *Journal of Hydrology*, 312, 235-255.

Harrold, T. I. and Jones, R. N. (2003) Downscaling GCM rainfall: A refinement of the perturbation method. In: *MODSIM 2003 International Congress on Modelling and Simulation*, Townsville, Australia, 14-17 July 2003.

Hassan, H., Aramaki, T., Hanaki, K., Matsuo, T. and Wilby, R. L. (1998) Lake stratification and temperature profiles simulated using downscaled GCM output. *Water Science and Technology*, 38, 217-226.

Hay, L. E. and Clark, M. P. (2003) Use of statistically and dynamically downscaled atmospheric model output for hydrologic simulations in three mountainous basins in the western United States. *Journal of Hydrology*, 282, 56-75.

Hay, L. E., McCabe, G. J., Wolock and D. M. M. A. Ayers (1991) Simulation of precipitation by weather type analysis. *Water Resources Research*, 27, 493-501.

Hay, L. E., Wilbyand, R. L. and Leavesley, G. H. (2000) A Comparison of delta change and downscaled GCM scenarios for three mounfainous basins in the united states1. *JAWRA Journal of the American Water Resources Association*, 36, 387-397.

Hayhoe, H. N. (2000) Improvements of stochastic weather data generators for diverse climates. *Climate Research*, 14, 75-87.

Hayhoe, K., Cayan, D., Field, C. B. et al. (2004) Emissions pathways, climate change, and impacts on California. *Proceedings of the National Academy of Sciences of the United States of America*, 101, 12422.

Haylock, M. R., Cawley, G. C., Harpham, C. et al. (2006) Downscaling heavy precipitation over the United Kingdom: a comparison of dynamical and statistical methods and their future scenarios. *International Journal of Climatology*, 26, 1397-1415.

Hedger, M. M., Connell, R. and Bramwell, P. (2006) Bridging the gap: empowering decision-making for adaptation through the UK Climate Impacts Programme. *Climate Policy*, 6, 201-215.

Hellstrom, C., Chen, D., Achberger, C. and Raisanen, J. (2001) Comparison of climate change scenarios for Sweden based on statistical and dynamical downscaling of monthly precipitation. *Climate Research*, 19, 45-55.

Hewitson, B. C. and Crane, R. G. (1996) Climate downscaling: techniques and application. *Climate Research*, 7, 85-95.

Hewitson, B. C. and Crane, R. G. (2002) Self-organizing maps: applications to synoptic climatology. *Climate Research*, 22, 13-26.

Hewitson, B. C. and Crane, R. G. (2006) Consensus between GCM climate change projections with empirical downscaling: precipitation downscaling over South Africa. *International Journal of Climatology*, 26, 1315-1337.

Hingray, B., Mezghaniand, A., Buishand, T. (2007) Development of probability distributions for regional climate change from uncertain global mean warming and an uncertain scaling relationship. *Hydrology and Earth System Sciences*, 11, 1097-1114.

Hohenegger, C. and Vidale, P. L. (2005) Sensitivity of the European climate to aerosol forcing as simulated with a regional climate model. *J. Geophys. Res*, 110, D06201.

Hughes, J. P. and Guttorp, P. (1994) A class of stochastic models for relating synoptic atmospheric patterns to regional hydrologic phenomena. *Water Resources Research*, 30, 1535-1546.

Hughes, J. P., Guttorpand, P., Charles, S. P. (1999) A non-homogeneous hidden Markov model for precipitation occurrence. *Journal of the Royal Statistical Society: Series C (Applied Statistics)*, 48, 15-30.

Hulme, M. and Dessai, S. (2008a) Negotiating future climates for public policy: a critical assessment of the development of climate scenarios for the UK. *Environmental Science & Policy*, 11: 54-70.

Hulme, M. and Dessai, S. (2008b) Predicting, deciding, learning: can one evaluate the 'success' of national climate scenarios? *Environmental Research Letters*, 3, 1-7

Hulme, M. and Jenkins, G. J. (1998) Climate change scenarios for the UK: Scientific Report. *UKCIP Technical Report No.1*, *Climate Research Unit*, *Norwich*, 80pp.

Hutchinson, M. F. (1995) Stochastic space-time weather models from ground-based data. *Agriculture and Forest Meteprplogy*, 73, 237-264.

Huth, R. (1997) Potential of continental-scale circulation for the determination of local daily surface variables. *Theoretical and Applied Climatology*, 56, 165-186.

Huth, R. (1999) Statistical downscaling in central Europe: Evaluation of methods and potential predictors. Climate Research, 13, 91-101.

Huth, R. (2000) A circulation classification scheme applicable in GCM studies. *Theoretical and Applied Climatology*, 67, 1-18.

Huth, R., Beck, C., Philipp, A. etal. (2008) Classifications of Atmospheric Circulation Patterns: recent advances and applications. *Annals of the New York Academy of Sciences*, 1146, 105-152.

Iizumi, T., Yokozawa, M., Hayashi, Y. and Kimura, F. (2008) Climate change impact on rice insurance payouts in Japan. *Journal of Applied Meteorology and Climatology*, 47, 2265-2278.

Intergovernmental Panel on Climate Change (IPCC) (2007) Summary for Policy Makers. Climate Change 2007: The physical Science Basis. Contribution of Working GroupII to the Fourth Assessment Report of the Intergovernmental Panel on Climate Change Cambridge University Press, UK.

Jones, P. D., Hulmeand, M., Briffa, K. R. (1993) A comparison of Lamb circulation types with an objective classification scheme. *International Journal of Climatology*, 13, 655-663.

Jones, R. G., Murphy, J. M. and Noguer, M. (1995) Simulation of climate change over europe using a nested regional-climate model. I: Assessment of control climate, including sensitivity to location of lateral boundaries. *Quarterly Journal of the Royal Meteorological Society*, 121, 1413-1449.

Jones, R. G., Murphy, J. M., Noguerand, M., Keen, A. B. (1997) Simulation of climate change over europe using a nested regional-climate model. II: Comparison of driving and regional model responses to a doubling of carbon dioxide. *Quarterly Journal of the Royal Meteorological Society*, 123, 265-292.

Jones, R. G., Noguer, M., Hassell, D. C. et al. (2004) Generating high resolution climate change scenarios using PRECIS. *Met Office Hadley Centre, Exeter, UK*, 40pp.

Kalnay, E., Kanamitsu, M., Kistler, R., etal. (1996) The NCEP/NCAR reanalysis 40-year project. *Bulletin of the American Meteorological Society*, 77, 437-471.

Karl, T. R., Wang, W. C., Schlesinger, M. E. et al. (1990) A method of relating general circulation model simulated climate to the observed local climate. Part I: Seasonal statistics. *Journal of Climate*, 3, 1053-1079.

Katz, R. W. and Parlange, M. B. (1996) Mixtures of stochastic processes: application to statistical downscaling. *Climate Research*, 7, 185-193.

Katz, R. W. (1996) Use of conditional stochastic models to generate climate change scenarios. *Climatic change*, 32, 237-255.

Katz, R. W. and Parlange, M. B. (1998) Overdispersion phenomenon in stochastic modeling of precipitation. *Journal of Climate*, 11, 591-601.

Katz, R. W., Parlange, M. B. and Naveau, P. (2002) Statistics of extremes in hydrology. *Advances in water resources*, 25, 1287-1304.

Kidson, J. W. (2000) An analysis of New Zealand synoptic types and their use in defining weather regimes. *International Journal of Climatology*, 20, 299-316.

Kidson, J. W. and Thompson, C. S. (1998) A comparison of statistical and model-based downscaling techniques for estimating local climate variations. *Journal of Climate*, 11, 735-753.

Kiely, G., Albertson, J. D., Parlangeand M. B. et al. (1998) Conditioning stochastic properties of daily precipitation on indices of atmospheric circulation. *Meteorological Applications*, 5, 75-87.

Kiktev, D., Sexton, D. M. H., Alexander, L. and Folland, C. K. (2003) Comparison of modeled and observed trends in indices of daily climate extremes. *Journal of Climate*, 16, 3560-3571.

Kilsby, C. G., Cowpertwait, P. S. P., O'connelland, P. E and Jones P. D. (1998) Predicting rainfall statistics in England and Wales using atmospheric circulation variables. *International Journal of Climatology*, 18, 523-539.

Kilsby, C. G., Jones, P. D., Burton, A. et al. (2007) A daily weather generator for use in climate change studies. *Environmental Modellingand Software*, 22, 1705-1719.

Kim, J. W., Chang, J. T., Baker, N. L., Wilks, D. S. and Gates, W. L. (1984) The statistical problem of climate inversion-Determination of the relationship between local and large-scale climate. *Monthly Weather Review*, 112, 2069-2077.

Klein, W. H. and Hammons, G. A. (1975) Maximum/minimum temperature forecasts based on model output statistics. *Monthly Weather Review*, 103, 796-806.

Klein, W. H., Lewis, B. M., Crockett, C. W. and I. Enger (1960) Application of Numerical Prognostic Heights to Surface Temperature Forecasts1. *Tellus*, 12, 378-392.

Klein, W. H., Lewis, B. M. andEnger, I. (1959) Objective prediction of five-day mean temperatures during winter. *Journal of Atmospheric Sciences*, 16, 672-682.

Klein, W. H., Lewis, F. and Casely, G. P. (1967) Automated Nationwide Forecasts of Maximum and Minimum Temperature. *Journal of Applied Meteorology*, 6, 216-228.

Kleinen, T. and Petschel-Held, G. (2007) Integrated assessment of changes in flooding probabilities due to climate change. *Climatic change*, 81, 283-312.

Knutti, R., Stocker, T. F., Joos, F. and Plattner, G. K. (2003) Probabilistic climate change projections using neural networks. *Climate Dynamics*, 21, 257-272.

Koukidis, E. N. and Berg, A. A. (2009) Sensitivity of the statistical downscaling model (SDSM) to reanalysis products. *Atmosphere-ocean*, 47, 1-18.

krysanova, V., Hattermann, F. and Habeck, A. (2005) Estimated changes in water resources availability and water quality with respect to climate change in the Elbe River basin (Germany). Nordic Hydrology, 36, 321-333.

Lamb, P. (1987) On the development of regional climatic scenarios for policy-oriented climatic-impact assessment. *Bulletin of the American Meteorological Society*, 68, 1116-1123.

Landman, W. A., Seth, A. and Camargo, S. J. (2005) The effect of regional climate model domain choice on the simulation of tropical cyclone-like vortices in the southwestern Indian *Ocean. Journal of Climate*, 18, 1263-1274.

Leung, L. R. and. Gustafson W. I (2005) Potential regional climate change and implications to US air quality. *Geophys. Research. Letters*, 32, L16711, doi: 10.1029/2005GL022911.

Lopez, A., Fung, F., New, M., Watts, G., Weston, A. and Wilby, R. L. (2009) From climate model ensembles to climate change impacts and adaptation: A case study of water resource management in the southwest of England. *Water Resources Research*, 45, W08419, doi: 10.1029/2008WR007499.

Lorenz, E. N. (1969) Atmospheric predictability as revealed by naturally occurring analogues. *Journal of the Atmospheric sciences*, 26, 636-646.

Malby, A. R., Whyatt, J. D., Timmis, R. J., Wilby, R. L. and Orr, H. G. (2007) Long-term variations in orographic rainfall: analysis and implications for upland catchments. *Hydrological sciences journal*, 52, 276-291.

Markoff, M. S. and Cullen, A. C. (2008) Impact of climate change on Pacific Northwest hydropower. *Climatic change*, 87, 451-469.

Markovic, M., Jones, C. G., Vaillancourt, P. A. et al., (2008) An evaluation of the surface radiation budget over North America for a suite of regional climate models against surface station observations. *Climate Dynamics*, 31, 779-794.

Martin, E., Timbal, B. and Brun, E. (1997) Downscaling of general circulation model outputs: simulation of the snow climatology of the French Alps and sensitivity to climate change. Climate Dynamics, 13, 45-56.

Mason, S. J. (2004) Simulating climate over western North America using stochastic weather generators. *Climatic change*, 62, 155-187.

McFadzien, D., Areki, F., Biuvakadua, T. and Fiu, M. (2008) Climate Witness Community Toolkit. WWF South Pacific Programme, Suva, Fiji, 18 pp.

McNie, E. C. (2007) Reconciling the supply of scientific information with user demands: an analysis of the problem and review of the literature. *Environmental science and policy*, 10, 17-38.

Mearns, L. O., and the NARCCAP Team (2006) Overview of the North American Regional Climate Change Assessment Program. *NOAA RISA-NCAR Meeting*, *Tucson*, *AZ*, *March* 2006.

Mearns, L. O., Rosenzweig, C. and Goldberg, R. (1996) The effect of changes in daily and interaannual climatic variability on CERES-Wheat: a sensitivity study. Climatic Change, 32, 257-292.

Mearns, L. O., Bogardi, I., Giorgi, F., Matyasovszky, I. and Palecki, M. (1999) Comparison of climate change scenarios generated from regional climate model experiments and statistical downscaling. *Journal of Geophysical Research*, 104, 6603-6621.

Mearns, L. O., Giorgi, F., Whetton, P., Pabon, D., Hulme, M. and Lal, M. (2003) Guidelines for use of climate scenarios developed from regional climate model experiments. Data Distribution Centre of the Intergovernmental Panel on Climate Change. (http://www.ipcc-data.org/guidelines/dgm_nol_vl_10-2003.pdf).

Meehl, G. A., Boer, G. J., Covey, C. et al. (2000) The coupled model intercomparison project (CMIP). *Bulletin of the American Meteorological Society*, 81, 313-318.

Menzel, L., Thieken, A. H., Schwandtand, D. et al. (2006) Impact of climate change on the regional hydrology-Scenario-based modelling studies in the German Rhine catchment. *Natural Hazards*, 38, 45-61.

Michelangeli, P. A., Vracand, M. Loukos, H. (2009) Probabilistic downscaling approaches: Application to wind cumulative distribution functions. *Geophysical Research Letters*, 36, L11708, doi: 10.1029/2009GL038401.

Mizuta, R., Oouchi, K., Yoshimura, H. et al. (2006) 20-km-Mesh global climatesimulations using JMA-GSM model-Mean climate states. Journal of the Meteorological Society of Japan, 84, 165-185.

Moriondo, M. and Bindi, M. (2006) Comparison of temperatures simulated by GCMs, RCMs and statistical downscaling: potential application in studies of future crop development. *Climate Research*, 30, 149-160.

Mujumdar, P. P. and Ghosh, S. (2008) Modeling GCM and scenario uncertainty using a possibilistic approach: Application to the Mahanadi River, India. *Water Resources Research*, 44, W06407.

Murphy, J. M. (1999) An evaluation of statistical and dynamical techniques for downscaling local climate. *Journal of Climate*, 12, 2256-2284.

Murphy, J. M. (2000) Predictions of climate change over Europe using statistical and dynamical downscaling techniques. *International Journal of Climatology*, 20, 489-501.

Murphy, J. M., Sexton, D. M. H., Barnett, D. N. et al. (2004) Quantification of modelling uncertainties in a large ensemble of climate change simulations. *Nature*, 430, 768-772.

Murphy, J. M., Booth, B., Collins, M. et al. (2007) A methodology for probabilistic predictions of regional climate change from perturbed physics ensembles. Philosophical Transactions of the Royal Society A: Mathematical, *Physical and Engineering Sciences*, 365, 1993-2028.

Murphy, J. M., Sexton, D. M. H., Jenkins, G. J. et al. (2009) UK climate projections science report: climate change projections. Met Office Hadley Centre, Exeter.

Music, B. and Caya, D. (2009) Investigation of the sensitivity of water cycle components simulated by the Canadian Regional Climate Model to the land surface parameterization, the lateral boundary data, and the internal variability. *Journal of Hydrometeorology*, 10, 3-21.

Najac, J., Boé, J. and Terray, L. (2009) A multi-model ensemble approach for assessment of climate change impact on surface winds in France. *Climate Dynamics*, 32, 615-634.

Naylor, R. L., Battisti, D. S., Vimont, D. J. et al. (2007) Assessing risks of climate variability and climate change for Indonesian rice agriculture. *Proceedings of the National Academy of Sciences*, 104, 7752-7757.

Niel, H., Paturel, J..E. and Servat, E. (2003) Study of parameter stability of a lumped hydrologic model in a context of climatic variability. Journal of Hydrology, 278, 213-230.

Noguer, M., Jones, R. and Murphy, J. (1998) Sources of systematic errors in the climatology of a regional climate model over Europe. *Climate Dynamics*, 14, 691-712.

Pal, J. S., Giorgi, F., Bi, X. et al. (2007) RegCM3 and RegCNET: Regional climate modeling for the developing world. *Bulletin of the American Meteorological Society*, 88, 1395-1490.

Palmer, T. N. and Räisänen, J. (2002) Quantifying the risk of extreme seasonal precipitation events in a changing climate. *Nature*, 415, 512.

Parry, M., Lowe, J. and Hanson, C. (2009) Overshoot, adapt and recover. Nature, 458, 1102-1103.

Payne, J. T., Wood, A. W., Hamlet, A. F. et al. (2004) Mitigating the effects of climate change on the water resources of the Columbia River basin. *Climatic change*, 62, 233-256.

Pfizenmayer, A. and von Storch, H. (2001) Anthropogenic climate change shown by local wave conditions in the North Sea. *Climate Research*, 19, 15-23.

Pilling, C. and Jones, J. (1999) High resolution climate change scenarios: implications for British runoff. *Hydrological Processes*, 13, 2877-2895.

Pittock, J. (2008) Water for life: Lessons for climate change adaptation from better management of rivers for people and nature. WWF, Switzerland, Gland, Switzerland, 33 pp.

Planton, S., Déqué, M., Chauvin, F. and Terray, L. (2008) Expected impacts of climate change on extreme climate events. *ComptesRendus Geosciences*, 340, 564-574.

Prudhomme, C., Reynard, N. andCrooks, S. (2002) Downscaling of global climate models for flood frequency analysis: where are we now? *Hydrological Processes*, 16, 1137-1150.

Qian, B., Hayhoe, H. and Gameda, S. (2005) Evaluation of the stochastic weather generators LARS-WG and AAFC-WG for climate change impact studies. *Climate Research*, 29, 3-21.

Racsko, P., Szeidland, L., Semenov, M. (1991) A serial approach to local stochastic weather models. *Ecological modelling*, 57, 27-41.

Räisänen, J. andPalmer, T. (2001) A probability and decision-model analysis of a multimodel ensemble of climate change simulations. *Journal of Climate*, 14, 3212-3226.

Räisänen, J. andRuokolainen, L. (2006) Probabilistic forecasts of near-term climate change based on a resampling ensemble technique. Tellus A, 58, 461-472.

Ray, A. J., Barsugli, J. J., Averyt, K. B. (2008) Climate change in Colorado: a synthesis to support water resources management and adaptation. Report for the Colorado Water Conservation Board. *University of Colorado at Boulder.* (http://cwcb.state.co.us/Home/ClimateChange/ClimateChangeInColoradoReport/)

Reilly, J., Stone, P. H., Forest, C. E., Webster, M. D., Jacoby, H. D. and Prinn, R. G. (2001) Uncertainty in climate change assessments. Science, 293, 430-433.

Richardson, C. W. (1981) Stochastic simulation of daily precipitation, temperature, and solar radiation. *Water Resources Res.*, 17, 182-190.

Roads, J., Chen, S., Cocke, S. et al. (2003) International Research Institute/Applied Research Centers (IRI/ARCs) regional model intercomparison over South America. *J. Geophys. Resesrch-Atmospheres*, 108, D14, doi: 10.1029/2002JD003201.

SalathéJr, E. P. (2003) Comparison of various precipitation downscaling methods for the simulation of streamflow in a rainshadow river basin. *International Journal of Climatology*, 23, 887-901.

Salzmann, N., Frei, C., Vidaleand, P. L. and Hoelzle, M. (2007) The application of Regional Climate Model output for the simulation of high-mountain permafrost scenarios. *Global and Planetary Change*, 56, 188-202.

Schiermeier, Q. (2007) Get practical, urge climatologists. Nature, 448, 234-235.

Schmidli, J., Freiand, C., Vidale, P. L. (2006) Downscaling from GCM precipitation: a benchmark for dynamical and statistical downscaling methods. *International Journal of Climatology*, 26, 679-689.

Schmith, T. (2008) Stationarity of regression relationships: Application to empirical downscaling. *Journal of Climate*, 21, 4529-4537.

Scott, D., McBoyleand, G. and Mills, B. (2003) Climate change and the skiing industry in southern Ontario (Canada): exploring the importance of snowmaking as a technical adaptation. *Climate Research*, 23, 171-181.

Semenov, M. A. and Barrow, E. M. (1997) Use of a stochastic weather generator in the development of climate change scenarios. *Climatic change*, 35, 397-414.

Semenov, M. A., Brooks, R. J., Barrow, E. M. et al. (1998) Comparison of the WGEN and LARS-WG stochastic weather generators for diverse climates. *Climate Research*, 10, 95-107.

Seth, A. and Giorgi, F. (1998) The effects of domain choice on summer precipitation simulation and sensitivity in a regional climate model. *Journal of Climate*, 11, 2698-2712.

Shaw, R., Colly, M. and Connell, R. (2007) climate change by design. *Report on behalf of the Town and Country Planning Association*, London, 49pp.

Slonosky, V., Jones, P. and Davies, T. (2001) Atmospheric circulation and surface temperature in Europe from the 18th century to 1995. *International Journal of Climatology*, 21, 63-75.

Smith, D. M., Cusack, S., Colman, A. W. et al. (2007) Improved surface temperature prediction for the coming decade from a global climate model. *Science*, 317, 796-799.

Smith, J. B. (1991) The Potential Impacts of Climate Change on the Great Lakes. *Bulletin of the American Meteorological Society*, 72, 21-28.

Solmon, F., Mallet, M., Elguindi, N. et al. (2008) Dust aerosol impact on regional precipitation over western Africa, mechanisms and sensitivity to absorption properties. *Geophys. Res. Lett*, 35, L24705.

Solomon, S., Qin, D., Manning, M. et al. (2007) Technical summary. In: Solomon S., Qin D., Manning M. et al.. Climate change 2007: The Physical Science Basis: Contribution of Working Group I to the Fourth Assessment Report of the Intergovernmental Panel on Climate Change. Cambridge University Press, Cambridge, UK/New York, NY.

Song, Y., Semazzi, F. H. M., Xieand, L. and Ogallo, L. J. (2004) A coupled regional climate model for the Lake Victoria basin of East Africa. *International Journal of Climatology*, 24, 57-75.

Stainforth, D., Kettleborough, J., Allen, M. et al. (2002) Distributed computing for public-interest climate modeling research. *Computing in Science and Engineering*, 4, 82-89.

Stainforth, D. A., Aina, T., Christensen, C. et al. (2005) Uncertainty in predictions of the climate response to rising levels of greenhouse gases. *Nature*, 433, 403-406.

Stott, P. A. and Kettleborough, J. (2002) Origins and estimates of uncertainty in predictions of twenty-first century temperature rise. *Nature*, 416, 723-726.

Stott, P. A., Kettleborough, J. A. and Allen, M. R. (2006) Uncertainty in continental-scale temperature predictions. *Geophys. Res. Lett*, 33, L02708.

Tate, E., Sutcliffe, J., Conway, D. and Farquharson, F. (2004) Water balance of Lake Victoria: update to 2000 and climate change modelling to 2100/Bilanhydrologique du Lac Victoria: mise à jour jusqu'en 2000 et modélisation des impacts du changementclimatiquejusqu'en 2100. *Hydrological sciences journal*, 49.

Tebaldi, C., Mearns, L. O., Nychkaand, D. and Smith, R. L. (2004) Regional probabilities of precipitation change: A Bayesian analysis of multimodel simulations. *Geophys. Res. Lett*, 31, L24213.

Tebaldi, C., Smith, R. L., Nychkaand, D, et al. (2005) Quantifying uncertainty in projections of regional climate change: A Bayesian approach to the analysis of multimodel ensembles. *Journal of Climate*, 18, 1524-1540.

Timbal, B., Arblasterand, J. M. and Power, S. (2006) Attribution of the late-twentieth-century rainfall decline in southwest Australia. *Journal of Climate*, 19, 2046-2062.

Timbal, B., Dufourand, A. and McAvaney, B. (2003) An estimate of future climate change for western France using a statistical downscaling technique. *Climate Dynamics*, 20, 807-823.

Timbal, B. and McAvaney, B. (2001) An analogue-based method to downscale surface air temperature: application for Australia. *Climate Dynamics*, 17, 947-963.

Tolika, K., Anagnostopoulou, C., Maherasand, P. and Vafiadis, M. (2008) Simulation of future changes in extreme rainfall and temperature conditions over the Greek area: A comparison of two statistical downscaling approaches. *Global and Planetary Change*, 63, 132-151.

Tribbia, J. and Moser, S. C. (2008) More than information: what coastal managers need to plan for climate change. *Environmental science and policy*, 11, 315-328.

United Nations Development Programme (UNDP) (2007) Fighting Climate Change: Human Solidaarity in a Divided World. UNDP Human Development Report 2007/2008.

Van den Dool, H. M. (1989) A new look at weather forecasting through analogues. Monthly Weather Review, 117, 2230-2247.

Vasiliades, L., Loukasand, A., Patsonas, G. (2009) Evaluation of a statistical downscaling procedure for the estimation of climate change impacts on droughts. *Natural Hazards and Earth System Sciences*, 9, 879-894.

Vidal, J. P. and Wade, S. (2008) A framework for developing high-resolution multi-model climate projections: 21st century scenarios for the UK. *International Journal of Climatology*, 28, 843-858.

VINEY, N. R., BATES, B. C., CHARLES, S. P. et al. (2007) Modelling adaptive management strategies for coping with the impacts of climate variability and change on riverine algal blooms. *Global Change Biology*, 13, 2453-2465.

von Storch, H. (1999) On the use of "inflation" in statistical downscaling. *Journal of Climate*, 12, 3505-3506.

von Storch, H. and Woth, K. (2008) Storm surges: perspectives and options. *Sustainability Science*, 3, 33-43.

von Storch, H., Zoritaand, E., Cubasch, U. (1991). Statistical Analysis in Climate Research. Cambridge University Press, Cambridge.

von Storch, H., Zorita, E. and Cubasch, U. (1993) Downscaling of global climate change estimates to regional scales: an application to Iberian rainfall in wintertime. Journal of Climate, 6, 1161-1171.

Wakazuki, Y., Nakamura, M., Kanada, S. and Muroi, C. (2008) Climatological reproducibility evaluation and future climate projection of extreme precipitation events in the Baiu season using a high-resolution non-hydrostatic RCM in comparison with an AGCM. *Journal of the Meteorological Society of Japan*, 86, 951-967.

Wang, X. L., Swail, V. R., Zwiers, F. W., Zhang, X. and Feng, Y. (2009) Detection of external influence on trends of atmospheric storminess and northern oceans wave heights. *Climate Dynamics*, 32, 189-203.

Watts, M., Goodess, C. M. and Jones, P. D. (2004) The CRU daily weather generator. *BETWIXT Technical Briefing Note* 1, Version 2, Febuary 2004.

Webster, M. (2003) Communicating climate change uncertainty to policy-makers and the public. *Climatic change*, 61, 1-8.

Whitehead, P. G., Wilby, R. L., Butterfield, D. and Wade, A. J. (2006) Impacts of climate change on nitrogen in a lowland chalk stream: An appraisal of adaptation strategies. *Science of the Total Environment*, 365, 260-273.

Widmann, M., Bretherton, C. S. and Salathe, E. P. (2003) Statistical precipitation downscaling over the North-western United States using numerically simulated precipitation as a predictor. Journal of Climate, 16, 799-816.

Wigley, T. M. L., Jones, P. D., Briffa, K. R. and Smith, G. (1990) Obtaining subgrid scale information from coarse-resolution general circulation model output. *Journal of Geophysical Research*, 95, 1943-1953.

Wigley, T. M. L. and Raper, S. C. B. (2001) Interpretation of high projections for global-mean warming. *Science*, 293, 451-454.

Wilby, R. L. (1994) Stochastic weather type simulation for regional climate change impact assessment. Water Resources Research, 30, 3395-3403.

Wilby, R. L. (1997) Non-stationarity in daily precipitation series: Implications for GCM downscaling using atmospheric circulation indices. *International Journal of Climatology*, 17, 439-454.

Wilby, R. L. (2005) Uncertainty in water resource model parameters used for climate change impact assessment. Hydrological Processes, 19, 3201-3219.

Wilby, R. L. (2006) When and Where might climate change be detectable in UK river flows? Geophysical Research Letters, 33, L19407, doi: 10.1029/2006 GL027552.

Wilby, R. L. and Dessai, S. (2010) Robust adaptation to climate change. Weather, (in press).

Wilby, R. L. and Direction de la Météorologie National (2007) Climate Change Scenarios for Morocco. Technical Report prepared on behalf of the World Bank, Washington, 23 pp.

Wilby, R. L. and Harris, I. (2006) A framework for assessing uncertainties in climate change impacts: low flow scenarios for the River Thames, UK. Water Resources Research, 42, W02419, doi: 10.1029/2005WR004065.

Wilby, R. L. and Harris, I. (2006) A framework for assessing uncertainties in climate change impacts: Low-flow scenarios for the River Thames, UK. *Water Resources Research*, 42, W02419, doi: 10.1029/2005WR004065.

Wilby, R. L. and Wigley, T. M. L. (1997) Downscaling general circulation model output: a review of methods and limitations. *Progress in Physical Geography*, 21, 530-548.

Wilby, R. L. and Wigley, T. M. L. (2000) Precipitation predictors for downscaling: observed and general circulation model relationships. *International Journal of Climatology*, 20, 641-661.

Wilby, R. L., Wigley, T., Conway, D. et al. (1998) Statistical downscaling of general circulation model output: A comparison of methods. *Water Resources Research*, 34, 2995-3008.

Wilby, R. L., Hay, L. E., Gutowski, W. J. et al (2000) Hydrological responses to dynamically and statistically downscaled climate model output. *Geophysical Research Letters*, 27, 1199-1202.

Wilby, R. L., Conway, D. and Jones, P. D. (2002) Prospects for downscaling seasonal precipitation variability using conditioned weather generator parameters. *Hydrological Processes*, 16, 1215-1234.

Wilby, R. L., Tomlinson, O. J. and Dawson, C. W. (2003) Multi-site simulation of precipitation by conditional resampling. *Climate Research*, 23, 183-194.

Wilby, R. L., Charles, S., Mearn, L. O., Whetton, P., Zorita, E. and Timbal, B. (2004) Guidelines for use of climate scenarios developed from statistical downscaling methods. IPCC Task Group on Scenarisa for Climate Impact Assessment (TGCIA) (http://www.ipcc-data.org/guidelines/dgm_ no2_ vl_ 09_ 2004.pdf).

Wilby, R. L., Whitehead, P. G., Wade, A. J. Butterfield, D., Dacis, R. and Watts, G.. (2006) Integrated modelling of climate change impacts on water resources and quality in a lowland catchment: River Kennet, UK. *Journal of Hydrology*, 330, 204-220.

Wilks, D. S. (1989) Conditioning stochastic daily precipitation models on total monthly precipitation. *Water Resources Research*, 25, 1429-1439.

Wilks, D. S. (1992) Adapting stochastic weather generation algorithms for climate change studies. *Climatic change*, 22, 67-84.

Wilks, D. S. and Wilby, R. L. (1999) The weather generation game: a review of stochastic weather models. *Progress in Physical Geography*, 23, 329-357.

Wood, A. W., Leung, L. R., Sridhar, V. and Lettenmaier, D. P. (2004) Hydrologic implications of dynamical and statistical approaches to downscaling climate model outputs. *Climatic change*, 62, 189-216.

Wood, A. W., Maurer, E. P., Kumar, A. and Lettenmaier, D. P. (2002) Long-range experimental hydrologic forecasting for the eastern United States. J. Geophys. Res, 107, 4429.

Xu, C. (1999) From GCMs to river flow: a review of downscaling methods and hydrologic modelling approaches. *Progress in Physical Geography*, 23, 229-249.

Yarnal, B. (1993) Synoptic climatology in environmental analysis: a primer. *Belhaven Press, London*.

Zakey, A., Solmon, F. and Giorgi, F. (2006) Implementation and testing of a desert dust module in a regional climate model. *Atmospheric Chemistry and Physics*, 6, 4687-4704.

Zhang, X. (2007) A comparison of explicit and implicit spatial downscaling of GCM output for soil erosion and crop production assessments. *Climatic change*, 84, 337-363.

Zhang, X., Zwiers, F. W., Hegerl, G. C. et al. (2007) Detection of human influence on twentieth-century precipitation trends. *Nature*, 448, 461-465.

Ziegler, A. D., Maurer, E. P., Sheffield, J. et al. (2005) Detection time for plausible changes in annual precipitation, evapotranspiration, and streamflow in three Mississippi River sub-basins. *Climatic change*, 72, 17-36.

Zorita, E. andStorch, H. (1997) A Survey of Statistical Downscaling Techniques. *GKSS report 97/E/20. GKSS Research Center, Geesthacht*.

Zorita, E. and Von Storch, H. (1999) The analog method as a simple statistical downscaling technique: comparison with more complicated methods. *Journal of Climate*, 12, 2474-2489.

Zorita, E., Hughes, J. P., Lettenmaier, D. P. and von Storch, H. (1995) Stochastic characterization of regional circulation patterns for climate model diagnosis and estimation of local precipitation. *Journal of Climate*, 8, 1023-1042.

第4章 人类之水：气候变化与供水

格兰·瓦茨

环境署，布里斯托，英国

4.1 简　　介

"气候变化威胁着世界各地人们生活的基本要素——水、粮食生产、卫生、土地利用和环境"。

Stem（2006）

清洁、可靠的供水对人类健康、个人卫生、农业、制造业和商业至关重要。同时，水通过一种独特的方式联系着人类与环境。在世界各地，从热带到两极，气候变化不仅改变了降水和蒸发，还改变着气候季节性节率和气候变率。气候变化背景下，对水资源管理来说了解未来的水资源可利用量和发展有效的可适应性策略，是最为重要和紧迫的挑战。

早在两千多年以前，世界各地的人们已经就水资源管理开展相关实践并制定相关制度，以提高供水的保证率来应对不断变化的气候。例如，水库在丰水期蓄水以供旱季使用。供水适应气候变化是一个跨学科的问题，需要物理、环境和社会科学间的共同努力和不断创新，以维持人类最基本的需求——水。

供水的基本问题似乎很简单：如何对水资源进行合理配置以确保可用水量大于需求量？要解决这个问题，需要了解流域水文过程、供水基础设施性能以及居民、商业和工业未来用水情况。配置方案的制订必须考虑社会经济状况和环境影响：居民有能力购买水源，同时不能过度破坏环境。社会经济状况与具体案例所处的时空特性决定了居民的支付能力和可接受的环境损害。

气候变化使上述问题更加复杂，气候变化不仅改变了水文循环特点，还改变了用水方式。供水系统的任何重大变化通常会持续10~25年，且大部分的基础设施的设计寿命会超过100年或更长。这意味着所有的供水规划应考虑气候变化的影响：事实上，许多关于气候变化影响评估的最早的实际应用就是在供水领域。

随着气候变化，供水规划方法也发生了重大转变。传统的方法计算可供水量（产量），并与需求相比较。如果供不应求，则需要采取相应措施。新的方法需要一个统一的技术框架。
- 调查流域应对气候变化情况；
- 评估未来跨流域调水情况；
- 预估未来河流流量和地下水位以应对未来气候变化和流域用水变化；
- 确定该情景下物理供水系统工程模型；
- 确定适当的适应措施，保证水的可利用性。

本次评估中的反馈机制：
- 流域水资源利用和土地利用与流域的水文响应之间的反馈作用；
- 居民对水和环境的态度与可能的用水实践的适应措施之间的反馈作用；
- 适应措施与流域水文响应之间的反馈作用。

在这一章中，我们将从水资源管理者的角度来探讨气候变化。水资源管理者负责采取切实可行的措施，使供水系统以适应未来气候变化的条件。本章主要研究供水系统的规模，而不是水资源可利用性或短缺的国家/全球评估。本文假设已经存在一个成熟的供水系统，该系统基本上适应了当前的气候，或至少是适应了当前的气候表现。目前，许多发展中国家或地区的供水甚至不能满足人类的基本需要。在实施应对未来气候的长远规划之前，急需在这些地区采取紧急措施应对当前存在的问题。

首先，考虑可用于长期水资源规划的水文方法。其次，在研究水资源需求预测方法之前，考虑理解供水系统组件性能的方法。最后，本章将讨论如何将这些评估凝聚开发出强大的供水适应战略。在本章中我们定义广义用水，这种广义的定义有助于制定有效的适应性战略。

4.2 供水规划的水文分析

水资源可利用性开始于基础水文的调查研究。大多数供水系统依赖多个来源，从流域的不同区域获取水量。供水系统的目的是即使在干旱的条件下，也可以保证供水。干旱有多定义，如气象干旱，农业干旱（减少作物产量），环境干旱（引起河流干涸等环境问题）和供水干旱（导致自来水短缺）（Marsh et al.，2007）。以上干旱的类型都是通过干旱产生的影响确定的。与长期的平均水平相比，表征干旱程度的指标通常强调在一段典型时期内（通常为 3、6 或 12 月）降雨或河流流量的累计缺水量（Van der Schrier et al.，2009）。不同类型干旱的定义取决于气候变化、流域的水文响应和水的使用方式。表征干旱程度又分为两个方面：干旱的持续时间和强度。短历时大强度的干旱，往往比长历时的中度干旱产生的影响小。由于不同地区干旱特征差异较大，本章使用广泛的干旱定义，即

第 4 章 人类之水：气候变化与供水

长时间低于平均降雨水平的时期，这导致水的可利用率的降低。

水资源可利用量的水文计算要特别注意枯水量和干旱水文。对于长期水文性能来讲这一点很重要：供水单位必须保证其供水能力应对供水范围内各种天气状况。从广义上讲，这涉及对衡量历史气候响应的理解，评估如何全方位反映可能出现的气候同时预估未来响应。预估须集中于降水量低于平均水平的时期，因为这一时期是维持供水最困难的时期。

供水规划方法往往有一个隐含的假设条件：气候变化是平稳的。一个系统，可以通过利用过去 50 年或 100 年的经验气候状态来进行供水，有可能为将来提供足够的安全供应。例如，Shaw（1988）运用复杂程度不同的方法计算水库流量，最简单的方法是基于存储量和年平均径流量，使用广义曲线估计产量。这种方法可以应用在世界任何地方，需要最少的水文数据，但其精度较低。凡是存在长期流量记录的地区，都可以直接估计产量存储关系。Shaw（1988，p.462）指出，"与水库既定的生命周期相比，水库库容的许多决定……对一系列河流的流量的记录产生了非常有限的序列"并且"通常允许较大的误差安全系数"。当对水的需求快速增长时，这种安全标准设计是可以接受的，也不会浪费额外工作的成本（Shaw，1988）；这或许也意味着，当环境进一步开发和改变的时候，比今天更容易接受。

气候变化通过消除基于传统的方法的降低气候系统稳定性，从而对供水规划产生影响：如果一个系统能利用过去 50 或 100 年的经验气候状态来供水的话，我们不能再假设它仍然能保持充足的能力（Milly et al.，2008）。水资源规划是一种水文预报问题，需要数值模型来预测未来气候变化背景下某一特定地点对流域的水文响应。20 世纪 40 年代后期学者开发了蒸散估算方法，与此同时，证明了基于水量平衡原理的水文预报方法的可行性（Blackie and Eeles，1985）。20 世纪 70 年代，现代计算机的使用促进了水文模型在多领域的广泛应用，例如，Watts（1997）总结了不同类型的水文模型的实际应用情况。

未来（如几十年以后）水文过程的模拟存在一系列的问题。水文模型的校准通常是利用给定输入数据集（如通过雨量和蒸发数据预测河流流量），对水文过程进行重建。即使最先进的、具有一定物理机制的分布式流域水文模型，其率定过程也较为复杂，主要是输入数据的不确定性和模型参数的不确定性所导致的。众所周知，气候变化将改变降雨和温度；两者变化均会影响植被的生长和类型（包括作物种类），其反过来又会影响蒸散率、土壤侵蚀速率和土壤特性。气候变化也可能改变影响流域的策略：如对生物燃料作物，可能有策略导向的转变；二氧化碳浓度的增加，可能会增加植物的生长率，降低植物的蒸腾速率（Ficklin et al.，2009）。换句话说，流域本身不会是静止的，任何反映当前流域降雨和温度的率定参数将随着时间的推移变得不那么确定。在某些模型上，它可能与流域特性的模型参数有关，这样的参数可以改变，以反映流域变化（Wagener 2007），虽然这种方法的可行性尚未被证明。

另一个深层次的问题是气候变化可能导致模型校准范围之外的变化：甚至忽视流域物理变化，模型可能对超越任何有数据记录的经历的降雨和温度组合表现出不切实的回应。流域自身的变化和模型校准范围以外的性能等问题，随着较长时间的规划都会更为凸显。当前的全球气候模型（GCMs）项目随着温度尤其是与当前气候变异性相比降雨的相对较小的变动，至少在二三十年里在气候上平稳变化。这意味着，水文建模方法的这些缺点，对通常集中在 20~30 年时间尺度的实际供水规划未必具有严重影响。

数值水文模型对于了解流域对气候变化的响应是必不可少的。日尺度、周尺度或月尺度的水文模型对模拟供水系统的长期表现是恰当的：系统旨在使每小时、逐日和逐月的变异性变得平缓。因此，我们可以合理的假设，每月有足够的用水供应系统将能够分发用水来满足日常的和瞬时的需求。操作系统，当然需要较详细的水流知识和使用时间步长较短和系统组件的详细物理表征的高分辨率模型。

一个简单的，常用的水文模型步骤包括以下几点。

第 1 步，对观测数据进行模型校准。

第 2 步，在当前的气候模式下测试模型的性能。

第 3 步，采用降尺度 GCM 输出扰动的气候数据，以反映未来气候情景（如 21 世纪 30 年代）。

第 4 步，用未来气候数据系列运行模型，得出气候变化后未来水文条件的时间序列。

第 5 步，比较未来的流量，以了解水文特征的变化。

由于排放情景的变化性，第 3 步到第 5 步应重复操作，来建立了一系列未来流动的离散情景。用其他 GCMs 的输出来为相同排放情景重复相同的步骤也是可行的：可用于对气候模型的不确定性进行分析。理想的情况下，第 1 步也将被重复用于替代模型校准，使历史流量同样适合；运行不同的水文模型校准，给出了模型的不确定性范围的想法。Vidal 和 Wade（2006）运用这种方法在英国 70 个流域研究每月平均流量的变化，运用了一种单一的排放情景，六种不同的大气环流模式（GCMs）和两种不同的水文模型。当然，还有其他的方法来模拟气候变化对水资源的影响：其中一个满足瞬态气候变化的更为复杂的方法，将在 6.4 节中以 Wimbleball 水库为例进行描述。

在模拟气候变化对水资源的影响时，需要做两个重要的方法性选择。

- 选择一个合适的水文模型方法；
- 在流域尺度上，选择一个降尺度的方法，将 GCM 气候数据转换为模拟水资源可利用性需要的数据（见第三章）。

4.2.1 供水评价的水文模型

有许多不同类型的水文模型，每一种都适合于不同的应用情形。Watts（1997）认为有三种不同的模型尺度。
- 理论的复杂性；
- 空间分辨率；
- 时间分辨率。

所有水文模型，采取气象输入并转换它们创建的水文输出。水文模型对复杂的现实世界系统进行了简化解释，其中许多水文过程仍然难以理解。蒸散发、融雪、冰川过程和湿地的水文功能是水文循环的重要组成部分，通过更多的研究和认识，将了解水文循环可能受到气候变化的显著影响。

本节有意简述，因为许多关于水文的文章对水文建模技术进行了广泛的讨论和列举了大量的例子（详见 Anderson and Burt，1985；Wilby，1997）。这里，我们集中讨论与气候变化对水资源可利用性影响调查最相关的水文模型方面。

4.2.1.1 理论的复杂性

经验模型是最简单的：他们只描述世界是如何运转的，没有解释其潜在的基本物理过程。这样的模型往往是基于统计关系的：如不同地点之间的河流。经验水文模型可以非常有效地应用于那些已被开发，但作用超出其预知范围的特定情况。这意味着通常情况下，经验水文模型不适合评估气候变化对水资源可利用性的影响。

概念模型是对流域的简化表达，它基于对流域响应的感知而非物理原理。例如，许多概念性流域模型表示的土壤，就好像它是一个水桶，当其充满时，就会溢出补给地下水。同样，蓄水层就像一个在底部有小孔的水桶，通过小孔的流量取决于桶中的水位。如此，降雨径流模型的概念流域模型可以非常有效地探索气候变化对水资源可利用性的影响。

基于物理机制的模型对流域水分运动的物理现象进行了准确的描述。因为模型的方程是基于物理的，该模型可以由流域特性的直接测量而参数化。例如，水力传导系数是土壤的一种属性，可以在实验室中测量。基于物理模型有一些缺点：模型难以参数化，比较复杂，且对计算机的要求较高。从理论上讲，基于物理机制的模型是探索气候变化对水供应影响的最为合理的方式；气候变化不会改变水运动的物理基础。即使流域特性发生了变化，物理模型也应保持关联，因为它是基于过程的。

4.2.1.2 空间分辨率

水文模型可以表述任意尺度的水文问题，从实验区到整个流域，甚至是大气环流模式下完整的全球水文循环。空间分辨率详细描述了代表问题的细节。在实验区，它可以适当的表示水平方向和垂直方向几厘米的变化过程。大气环流模式通常使用数百公里的水平分辨率。无论是实验区或整个地球，都需要一个空间分布模型把整个问题分解成更小的地理单元。一个分布式模型会使其每个地理单元产生许多变量的结果。

与分布式模型的空间分辨率范围相对的是集总式模型，有时也被称为均质模型。集总式模型把整个水文系统作为一个单一实体。例如，集总式流域模型只能在一个点上模拟河流流量，并给出变量的流域平均值，如土壤含水量。

介于集总式模型和分布式模型之间的是半分布式模型。这些把流域分解成一些离散的单位有类似的特征：如一条大河可能被分为其主要的支流。半分布式模型通常是由一系列集总式模型构建，并只能在固定点上模拟结果，如流域出水口。

分布式、集总式和半分布式水文模型都适用于评估气候变化对水供应的影响。

4.2.1.3 时间分辨率

水文模型，可以在几秒钟，几分钟，几天，几个月甚至几年的时间步长上运行。一些水文模型产生时间上平均的结果，如估计一个流域的长期平均流量。从气候变化对水供应的影响来看，时间平均模型很少适合，因为气候变化不仅改变幅度，还有水文事件的时间。大多数水文模型是瞬时的：它们模拟对天气有水响应的一个时间序列。应选择水文模型的时空分辨率来反映正在解决的问题。对于大多数水供应问题，从周尺度、月尺度或年尺度上模拟其流量是非常好的模拟方式。模型的构建也将影响时间步长的最终选择：较长的时间步长会使复杂的数值模型不稳定。对于长期水供应建模，周尺度或者月尺度是十分合适的；实际上，大部分流域尺度的模型，时间步长均不超过一天。基于日流量的模型往往在有调节系统运行操作规则方面有优势。

4.2.2 水文模型的选择依据

建模者通常选择能有效解决问题的简单模型。这样有很多优点：开发模型所需时间较少，对结果的解释比较简单，同时计算时间最小化。虽然近年来计算机能力有了极大提高，但在气候变化研究中，例如处理有关未来排放情景的不确定性等问题时，仍需要同时运行多个模型，最大限度地减少计算时间。

对于任何特定的水文问题，水文模型的选择取决于以下几点。
- 基础水文数据的可用性；
- 未来气候数据的可用性；
- 物理供水系统的复杂性。

基础水文数据的可用性也许是选择水文模型的主要影响因素。水文模型需要使用最少的气象资料（降水与蒸散发的估算方法）和流量数据，以校准或验证模型的结果。监测网格的空间密度很重要：如果一个流域只有一个雨量计，那么就不可能运用分布式模型。数据的时空分辨率也很重要。准确的日降雨总量对于水资源可利用量建模精度是足够的；逐月降雨量可以使用，但可能会收到一定的精度限制。理想的气象数据需要足够长的时间序列来表征流域气候问题同时校准水文模型。通常认为三十年逐日的气象和水文数据足以表征水文响应过程，虽然在 30 年时间序列中很少发生干旱（见 4.2.5.2 节）。对于 30 年的时间序列来说，可以对其划分不同时期同时进行模型率定和验证：水文模型可以对某一时期的观测数据进行率定，然后再另一时段进行验证（Blackie and Eeles 1985；Beven 2001）。也可以使用短历时数据，但会极大影响未来可利用水资源量的预估精度。

即便缺乏径流资料等水文数据，仍可根据流域面积与径流/流量之间的简单关系来估算供水量（Shaw 1988）。这类经验模型不能准确地预估气候变化产生的影响，但在实测数据有限的地区使用是不得已的。近年来，遥感的应用促进了水文模型复杂模块的不断发展。

许多发达国家的气象和水文数据网络覆盖范围广泛，能为大多数水文模型（不论是集总式水文模型还是分布式水文模型）提供足够数据。即便对于高密度的水文数据网络，也无法为某一特定地点的可利用水资源量评估提供完全正确的数据。然而，水文学家已经在无资料地区水文数据插补延长方面进行了很多研究，这不是选择水文模型的真正限制。

学者可以对不同的全球大气环流模型对未来气候预估的数据加以利用。GCM 数据的空间分辨率很重要，通常每个栅格的空间范围是数百公里。大流域或河流流域尺度模型可以有效地使用这些 GCM 数据；例如，在分辨率 0.5°×0.5° 下，

Arnell（2003）模拟了世界各地河流的径流情况。GCM 的数据都是可以利用的，这在一定程度上使分布式水文模型显得有些多余。

在一些地区，更详细的区域气候模型（RCM）的输出十分有效：例如，最新的英国投影是在 25 千米×25 千米的栅格上，每个正方形代表 625 平方千米（Murphy et al. 2009）。许多流域由一些栅格方形组成：例如，英国泰晤士河非潮汐流域面积近 10000 平方千米。这些 RCM 数据都非常适合集总式水文模型，即使对一个 25×25 平方千米含有 2500 单元格、分辨率为 500 米×500 米的典型分布式地下水模型中也非常适合（图 4.1）。在从有资料地区向无资料地区进行数据插补延长时，但 RCM 的解决方案强加的空间一致性可能会减轻地下水响应模式。使用未转换的数据也可能将人为的不连续性强加在 RCM 单元格界限，可能导致在单一的地下水模型单元格中产生奇怪的水力梯度。以上这些问题是可以解决的，但对结果进行解释时要十分谨慎。

供水系统的复杂性主要表现为两个方面：
- 系统中不同水源的数量；
- 水源类型。

供水系统的取水来自多个水源，这对模拟离散点是必要的。较简单的系统（如单个水库），可能只需要了解几个地点的水文情况。

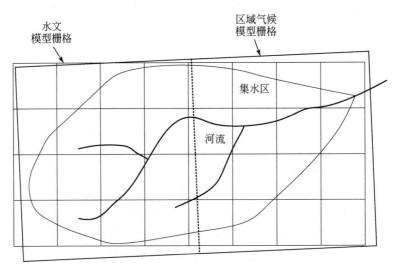

图 4.1　分布式流域模型和区域气候模型（RCM）表示一个水文流域，每个 RCM 单元格包含了许多水文模型中的模型单元。

由于地表水组成占主导的系统，大多数气候变化影响的研究采用集总式或半分布式概念的降雨径流模型，通常是日步长（Arnell and Reynard，1996；Wilby et al.，2006；Vidal and Wade，2007；Hejazi and Moglen，2008；Lopez et al.，2009）。对主要从地下水源取水的系统，可以使用集总式或半分布式的概念模型模拟地下水的可开采量。气候变化背景下，这种模型可以为区域地下水评估提供良好的基础，但不能反映蓄水层特征的复杂性。因此，许多复杂的地下水模型采用分布式模型（Goderniauxet al.，2009）。模型的空间分辨率水平方向上往往是几百米，垂直分辨率反映土壤和蓄水层的特性，通常是几十米。这些模型开发和校准难度大，数据量和计算量都很大。在目前的模型中，分布式地下水模型是一个非常强大的工具，可以用来研究气候变化对蓄水层的影响。必须指出，GCM数据并不是对所有的地下水模型的分辨率都适用，地下水模型的空间分辨率可能显示出一种出乎我们对气候变化的了解之外的精确性。这会限制新的分布式地下水模型的开发：相对简单的集总式模型在多数情况下是可胜任的，但在气候模型和需求预测中具有不确定性（见4.3节）。

4.2.3 水文模型的确定

对于怎样确定水文模型这个问题，并没有一个简单确定的答案：目前仍没有一个"最好"的模型研究气候变化对供水的影响。经验或统计模型很少能有良好模拟结果，因为这种模型的预测能力十分有限，至少，我们认为其结果缺乏可信度。大部分对水的可利用量的研究都采用日步长的集总式或半分布式模型，整体上，在同时保证复杂性与实用性这一问题上这是一个折中的办法，但在率定范围之外的区域难以预测。大多数分布式地下水模型结合基于空间分布物理机制的饱和区概念性土壤模型，而概念性土壤模型通常与降雨径流模型的当量组分非常相似，因此同样受校准期的限制。基于物理机制的分布式模型提供了当前气候经验以外的可靠前景，其过程非常复杂，并且与实际情况不符。

许多成熟的供水系统已经可以用现有的水文模型进行表示。当然，对模型经验的建立与扩展，应考虑气候变化的影响。这就需要对水文模型的性能和方程进行仔细检验。大多数现有的水文模型是在假设气候平稳的前提下进行构建和校准的。这些模型也能对校准范围以外的区域进行预测，仅仅是因为他们没有考虑气候变化的发展。

然而，对于模型的选择，校准问题比较重要。模型校准，需要找到一种方法来衡量模型再现实际情况的输出技能。例如，如何用流量的模拟值表示测量值。校准有时需要模型使用者通过自己的判断与模型输出测量数据进行比较。由于这种方法主观性太强，不建议采用该方法。最好是确立一个数学函数，有时也被称为目标函数，用来衡量拟合优度。对于河水流量，常用的目标函数包括 Nash-Sutcliffe 系数（Nash and Sutcliffe，1970）及从日平均值获取的系数（ASCE，1993）。自动校准技术包含多次运行模型，寻求模拟值与测量值之间的最优参数集。通常有多重率定，提供非常相似的模型技能，有时是相差很大的参数值。这样的结果通常被称为等效的（Ivanovic and Freer，2009）。在应用方面，如补充河流流量序列的差值比较容易：模型通常会在其校准范围内运行，如果产生的结果有误，程序会报错。凡是用来研究气候变化的影响的模型，其参数的选择尤为重要。Wilby（2005）使用单一的集总式流域模型研究了 10 000 个参数集。模拟效果最好的 100 个参数集给出了未来的气候条件下流量的不同预测范围：在 21 世纪 80 年代单一的排放情景下，平均流量减少了 22%～32%，这取决于所使用的参数集。全面理解模拟结果可以最大限度地减少不确定性，有助于未来的管理决策制定（New et al. 2007；Ivanovic and Freer 2009）。

未来气候水文模型的参数识别问题需要更深入的研究。检查接近未来气候的记录部分可能有所帮助：如果预测到未来气候会变干变暖，这样就能更好的选择模型参数。敏感性分析也有一定作用：例如小幅度的气候扰动和模型的水文响应变化评估可能有助于建模者决定模型响应是否合理——尽管这也具有主观性并取决于建模者的技术水平。对不确定性范围进行数百上千次的模拟可以了解气候变化对供水的影响（New et al. 2007；Lopez et al. 2009）。但实际上由于计算时间长，数据复杂，同时很难确定不确定性范围，因此在实际工作中这是不可行的。今后的工作中需要对大型模型集成研究，以保证供水结果的可行性。

4.2.4 流量的自然化与非自然化

流域水文模型模拟自然水文过程。在大多数流域，农业，工业和公共供水用水以及废水排放（工业生产过程和污水处理厂）直接影响了流域的自然径流情况。取水和排水情况不断变化，在过去的数百年里，世界许多地区用水量有增无减（Bates et al. 2008）。取水和排水一起被称为"人类影响"。流域水文建模需要了解历史人类影响，以便对实测数据进行校准和还原。未受人类活动影响的流域数据为"天然"取水量和排水量，可计算河道的天然径流。

通过组建时间序列让每个抽水和出流自然化，然后把网络时间序列添加到已测得的流量数据中（图 4.2）。

在未来供水研究中，往往需要实测流量代表未来人类活动的影响。例如，如果水库上游有城镇取水，那么城镇居民用水方式就会影响到水库水量。而流域开发可能会导致河道枯水期水量增加，因为上游排水量往往比较稳定，但枯水期取

第 4 章 人类之水：气候变化与供水

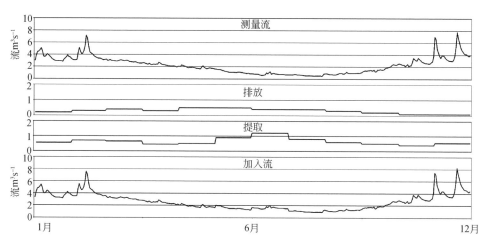

图 4.2 简单流量自然化：添加抽水到已测得的流量中，减去排放，给自然化流量记录。

水会减少，最终会导致流量逐步增加，流域经济水平提高。对未来实测流量的研究需要了解未来用水量以及水源汇入河流的位置。

4.2.5 供水评价中的降尺度

降尺度气候资料在第 3 章中已作了详细介绍。本章重点讨论与水资源可利用量评价相关的降尺度问题。

4.2.5.1 降水与蒸散发

可供水量建模需要未来逐日的降水和蒸散发数据。

全球气候模型和与之相关的区域气候模型可以直接预估未来降水情况，分辨率可达毫米。也可以直接使用水文模型进行预估，但即使是模拟效果最好的区域气候模型，对于任何给定的位置，也很少能完全准确地重建历史降雨。因此，需要对 RCM 的结果进行修正。依据标准时期的 RCM 模型模拟降水，由分开的 RCM 模型模拟未来降水得出（例如 1961~1990 年）（见第 3 章）。用逐年和逐月数据预测未来新时期的降水情况，并使得水文响应模型模拟的历史和未来的气候可以直接进行对比。某些区域主要以积雪及融雪的形式产生降水，可利用温度模拟值预测降雨或降雪时间，也可以用于水文模型中的融雪模块。

通常气候模型和区域气候模型不直接估算蒸散发。蒸散发是通过植被覆盖的地表水分损失率以及直接从土壤表面的蒸发和植被蒸腾的水分来表示。蒸散发随植被类型的不同而改变。水文模型通常需要一个潜在蒸散发数据序列，定义为不受土壤水分可用性约束的蒸散率。该模型首先计算土壤含水量，然后以此计算某一天潜在蒸散量发生的量：即实际蒸散发。

常用的方法是用气象变量模拟潜在蒸散量。许多模型可以模拟蒸散发，包括 Thornthwaite（1948）、Penman（1948）、Monteith（1965）扩展的彭曼公式。至今 Penman-Monteith 方法已有广泛应用，如英国气象局的 MORECS 和 MOSES 计划（Hough，2003a）及 FAO 56 计划（Allen et al.，1998）等。Penman-Monteith 公式被认为是模拟蒸散发最有效的公式之一，该公式是基于物理机制的，使用通过一个相对简单的气象站获得的测量数据，并且可以应用于在适当的测量时间尺度。Penman 及 Penman-Monteith 方程需要的主要物理数据有净辐射、温度、相对湿度和风速。虽然通常认为风速和辐射的估算精确度低于其他参数，这些都可从 GCM 输出中得到（见第 2 章）。另一种方法是只使用温度估算潜在蒸发，例如，Blaney-Criddle 方程（Blaney and Criddle，1950；Chun et al.，2009）。

估算蒸散发方法不同得到的结果也不同。这意味着，预估未来气候变化背景下蒸散发的方法可以与在基准期水文模型所使用的方法相媲美，是非常重要的。模型输出结果是否包括蒸散发预估是十分重要的。例如，英国气候预测的天气发生器 2009（Jones et al.，2009 年）给出了潜在蒸散量的直接估算方法，该方法效果很好，但需要模型校准。如果模型未进行校准，则流域水量平衡模型的变化实际上是由计算方法引起的不同计算结果，而不是对气候变化的响应。

在气候变化对水资源影响的蒸发方面有许多研究，强调的是降雨量变化比蒸散量变化更快。未来是降水的变化占主导地位，还是蒸发变化更明显，这将取决于降雨量的变化和其他蒸散量气象驱动因子的位置和相对量。然而，温度升高，通常会增加潜在蒸散量，而全球气温上升，几乎所有地方的潜在蒸散量都会增加（Bates et al.，2008）。相比之下，很难检测天然降水的年际变化（Wilby，2007）。在未来的二三十年，潜在蒸散量随着温度升高会发生系统性的变化，但可能无法从降水记录中检测到气候变化信号。

蒸散发作用十分显著，例如使用 UKCIP02 中的高排放情景（Hulme et al.，2002）对 21 世纪 50 年代英格兰和威尔士的平均河水流量变化的预估表明，当年平均降雨减少量小于 10%，年平均河道流量减少了 10%~15%（Environment Agency，2008a）。结果表明，每年由于蒸发引起的河道流量减少占总减少量的三分之一。由此，根据 UKCIP02 中高排放情景可知：到 21 世纪 50 年代全球的温度升高约 1.9℃。

以英格兰东部的 Little Ouse 白垩地貌流域为例，进一步研究蒸散发的相对角色。利用简单的概念性降雨径流模型 Catchmod（Wilby，2005），和用于英格兰和威尔士研究的影响月降雨和蒸发的相同的变化因素。选取 1962~1990 年作为模型率定期。UKCIP02 气候数据提供降水和蒸散的月尺度影响因子。通过这些因子反演出日降雨量和蒸发量的历史时间序列，依此预测 2050 年的气候。在此模拟中，可逐步运用这种缩放，得出不同的条件组合：

1. 历史降雨和历史蒸散量；
2. 历史降雨和 21 世纪 50 年代蒸散发；
3. 21 世纪 50 年代的降雨和历史蒸散发；
4. 21 世纪 50 年代的降雨和 21 世纪 50 年代蒸散发。

一个标准的气候变化研究需要对案例 1 和案例 4 进行比较，即将气候发生变化的前后情况进行比较。案例 2 和案例 3 没有预测能力或物理意义，但可以帮助探讨降雨和蒸散发变化的相对重要性。

总结较长河流流量记录的一种有效方法是使用流量历时曲线。把所有流量排序，并绘制出每个流量超过的时间的比例。例如，平均流量超出了 50% 的频率。通过对这四个模拟的（图 4.3）长期流量历时曲线分析，可以得出以下结论。

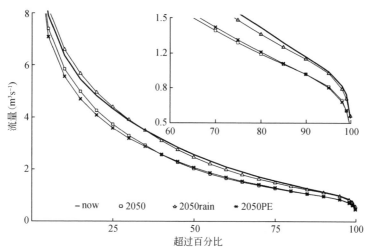

图 4.3 Little Ouse 流量历时曲线。"now" 表示使用当前降雨和蒸散发模拟的流量。'2050' 是降雨和蒸散发受变化因素影响时，预测的未来流量。'2050 PE' 是当前的降雨和 2050 年的潜在蒸散量。'2050 ppt' 表示 2050 年的降雨和当前的蒸散发。插图显示了曲线的枯水流量终止的细节。

• 利用流量历时曲线，预测 21 世纪 50 年代的流量低于当前流量；
• 使用 21 世纪 50 年代有历史蒸散发数据的降雨量，与历史时期相比，在丰水期略有增加，在枯水期略有下降。反映了冬季多雨和夏季少雨的状况，也是 UKCIP02 的一个特征。尽管这些细微变化，仅仅扰动了 21 世纪 50 年代的降雨量，得出了与当前流量历时曲线非常相似的流量历时曲线；
● 利用当前的降雨量和 21 世纪 50 年代的蒸散量，得出了一个流量历时曲线，与 21 世纪 50 年代预测的曲线非常相似。

在此案例中，蒸散量的变化比降雨量的变化更为重要。当然，这只是一个基于单一简单流域的模型校准，及 GCM 中一个单一排放情景的实验，并不能进行大范围的推广，但以上结果表明，未来的流量对蒸散发的变化比对降雨量的变化更为敏感。该结论是合理的，在未来流域响应模拟中，蒸散发应得到足够的重视，至少应与降雨量一样。

事实上，这一结果在意料之中。英格兰东部是年降水量和年潜在蒸散量量级接近的地区。微小的变化就可以使年径流量有显著差异。月降雨变化或月蒸散发变化也将改变年径流量。在半干旱地区，蒸散发通常受土壤含水量影响：实际蒸散量（AE）比潜在蒸散量（PE）低得多。PE 随着温度升高的结果与 AE 相差不大；研究区内年径流量的变化可能对降雨量的响应比对蒸散量更明显。相反，在寒冷、潮湿的地区（如北欧或美国北部），PE 的增加将导致 AE 的增加，因为 AE 不受可获得土壤水分的影响。Kay 和 Davies（2008）研究了不同的蒸散发模型在模拟河流流量方面的影响，英国也做过类似研究。二者得出的结论类似：当考虑气候变化时，用同样的历史数据蒸散发模型会输出不同的流量，且差异比较大。

供水系统对枯水期流量十分敏感，未来蒸散发预估对水资源可利用量评价十分重要。

4.2.5.2 长历时干旱

供水系统设计成能够使气候变异变得平稳，以至于能在多种可能的情形下实现供水。干旱条件下的供水测试是检验供水系统设计的核心。合理设计的供水系统可以应对一般情景下的干旱。设计标准可能不会被公开引证，但对于每一个供水系统都存在一次危险的干旱——一次干旱可能会导致一个大范围区域内数天或数周供水中断。干旱不同于洪水，其缓慢加剧，且其变化过程有迹可循，如逐渐排空水库，地下水水位下降，河流水位下降。另外，与洪水不同的是干旱的严重程度通常是根据其持续时间进行区分的——最严重的干旱开始于轻旱并持续发展。假如该供水系统可以应对适度的长期干旱，即使出现罕见的长期干旱，通常也有时间采取紧急行动。如 2008 年，西班牙巴塞罗那通过大型船舶进口大量淡水缓解旱情（Guardian，2008）。澳大利亚悉尼正在建设一个海水淡化厂来供给悉尼 15% 的用水需求（Sydney Water，2009），确保悉尼的供水能应对气候变化、人口增长和干旱的影响。

第 4 章 | 人类之水：气候变化与供水

干旱是异常气候事件。在一个典型的 30 年的水文气象记录中，可能会发生一到两次持续时间足够长或强度足够大的干旱，影响供水，但尚不清楚是否会影响到其他干旱。例如，1961～1990 年，在欧洲发生两次严重的干旱和第三次严重干旱的初期，三次干旱分别发生于 1962～1964 年，1975～1976 年和 1988～1992 年（Hannaford et al.，2009）。对于某些罕见的严重干旱，往往呈现出空间的相关性，且覆盖面积大。这意味着即使利用现有可靠水文记录也很难检验出干旱事件。英国拥有一些世界上时间序列最长的气象和水文记录，英国两百年的记录中，在 19 世纪有几次干旱，持续时间长达十年，且在 1890～1910 年发生了一次"长期干旱"（Marth et al.，2007）。值得注意的是，在 20 世纪英国的干旱不同于原来具有 19 世纪英国气候的特点的长期干旱，（Jones，1984；Jones et al.，2006）。已经没有必要再通过重建 19 世纪英国发生过的长期干旱来进行供水系统管理了（Von Christiersen et al.，2009）。

供水面临的一个最大问题是气候变化对罕见的长期干旱的影响——每 20 年、50 年或 100 年都会发生持续时间至少 2 年的干旱，而目前对于这些干旱发生的原因尚未有定论。其持续时间表明干旱是造成降雨量低于平均降雨量的一系列天气系统的综合结果，但尚未明确导致这种长时间序列低降雨量的物理过程机制。澳大利亚，干旱与厄尔尼诺事件相关（Sheffield and Wood，2007）。欧洲一些低河流流量与北大西洋涛动（NAO）呈正相关关系（Shorthouse and Arnell，1999）。在大气条件良好时，大气环流模式也不能重现这些大规模的远程联系：例如，英国气象办公室最新的十七种 HADCM3 模式没有一种可以排除物理干扰捕捉观察 NAO 行为，即使所有成员的一般变异与观察结果是类似的（Murphy et al.，2009）。一系列的阻碍事件——仍然保持长时间的反气旋——通常也有一些长期干旱的特点，这是一个难以预测的长时间尺度问题，很难进行模拟（Murphy et al.，2009）。总体而言，目前尚未明确长期干旱的形成机制，但可知的是大气环流模式不能很好地重现某些大尺度的大气特征，至少是对干旱产生影响的部分。目前的气候变化将改变大尺度大气事件的发生频率或时间。这是了解未来供水的一个真正难题，因为目前尚未明晰未来长期干旱的演变特征。

4.2.5.3 稳态和瞬态的气候模拟方法

目前为止的大多数水资源可利用量研究，是用变换因子的方法来模拟未来的气象条件（见第 3 章）。该相对简单，且建立在现有模型和方法的基础上，因此被水供应商广泛采用。一个水文模型的运行需要扰动的气候数据，得出反映未来气候的一个新时间序列的流量。严格来说，这种变换因子的方法需要选择未来气候任意的标准期为基准期——例如，从 1961 到 1990 年的 30 年。该案例创建代表未来一段时期的30年流量时间序列，保留了原来基准数据的时间结构——例如，21世纪30年代表示2021~2050年，21世纪40年代可以由2031~2060年表示。使用变换因子的方法模拟流量序列，即21世纪30、40和50年代，包括2041~2150年的10年，但重要的是在此期间不会有相同的流量过程。这是因为30年的序列代表以2035年、2045年或2050年（图4.4）为中心的表面上固定（或稳态）气候。对于许多应用程序，了解30年平均每月流量统计的变化就足以评估气候变化的影响，并制定适当的适应措施。

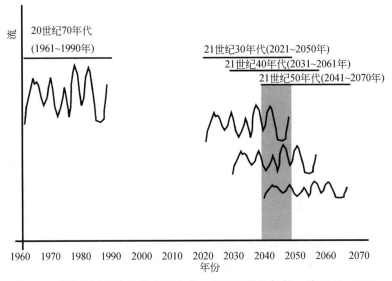

图4.4　变化因子的方法代表了未来一系列固定的气候。从2041~2050年（灰色阴影）的十年，用三种不同的未来时段来表示。

对于水资源的研究，通过1961~1990年的气候扰动，发现了一些问题。供水系统原本是使受气候变异的影响平缓化，在各种不同类型的干旱提高供水的可靠程度。在一个给定的30年期间，将可能只有一次或两次严重的干旱，与其他可能的干旱的联系也不明确。解决这些问题的方法之一是使用变换因子计算1961年至1990年期间的、扰动较长时间的记录。如果降雨和温度序列为月尺度，水文模型可以用来产生长时间流量序列——从20世纪30年代之前至今。这种方法隐含地假定1961~1990的气候特征可以代表整个20世纪。这是不正确的：自1900年以来全球气温上升了0.8℃，该变化多发生在1950年以后（IPCC，2007）。但实际上，用这种方法是不能以一种能加深我们对20世纪初气候变化对干旱影响的认识的方式来解开这个气候变化的信号。换句话说，将月尺度的变化因子应用到 20 世纪早期的干旱来创建一个长期的水文记录以表示至少未来几十年的气候，可能是一个可以接受的方式。随着气候进一步的变化，大规模的干旱更加难以控制。在未来供水评价中需要注意的是，在这个新的记录中干旱将与历史气候的干旱同时发生，并遵循相同的模式。干旱与那些在历史记录中干旱的持续时间相同；任何分歧都将由成规模的蒸散量和降雨量共同延长或缩短对水供应的影响造成。

另一个用来评估未来气候变化背景下供水的稳态方法，被称为"天气发生器"，即使用降尺度统计工具输出（第 3 章）。天气发生器能重现一个历史时期的降雨和温度等气候变量的统计特征；天气发生器，可以使用来自 GCM 或 RCM 的未来气候数据，产生给定位置和时期的未来天气长时间序列。天气发生器的有效输出包括一个随机元素，以配合具有当地观测变异性的大尺度气候数据。这意味着由天气发生器产生的长时间系列（100 年甚至 1000 年），可能会包括一次或多次严重干旱，其特征不同于历史记录的干旱。但是，这些新的干旱至少在某种程度上是一种统计降尺度方法的部分产物。如果 GCM 不能产生有关长期干旱的可靠数据，天气发生器产生的干旱将不再准确。天气发生器通常不能很好地模拟天气事件空间相关性；这对干旱建模是个难题，因为严重干旱往往具有较大的笼罩面积（Hisdal and Tallaksen，2003）。

用稳态的方法来生成未来河流具有一个非常显著的优势：它允许评估水资源来源或系统可部署的输出（水资源可利用量），可直接用简单的供需平衡计算（部署输出的计算方法，已在 4.3 节讨论）。例如，系统的部署输出可以计算并比较 21 世纪 30 年代的预测需求。今后，通过对未来不同时期计算部署输出之间进行插值，可以开发时间序列部署输出。这可以与时间序列预测的需求相比较，以确定任何规模和时间进一步的干预措施，并维持安全供水。

模拟在一系列稳态气候时期的水资源可利用量的一种替代方法是模拟气候变化的瞬态现象。该方法理论上比较简单：所有 GCMs 产生的历史和未来的长时间序列气候信息，可用于模拟相似的长时间系列的水资源可利用量。例如，许多 GCMs 产生 1900~2100 年的时间序列数据，模拟了两个多世纪的瞬态供水。事实上，在水资源可利用量估算上，目前该方法没有刚出现时受各学者欢迎。没有 GCM 能准确重现历史天气模式，GCMs 旨在表征历史和未来的气候，而不是天气（见第二章）。这不是对大气环流模式的苛求，但当一个瞬态气候输出与另一个瞬态变量相比——在这种情况下，对水的需求，会成为难题。需水情况已经发生巨大改变，未来也会不断变化。我们可以以时段的形式（2010~2050 年）预测需水情况，与瞬态 GCM 输出的同时期时间序列水的供水进行比较。如果该时期内水量足够，就可以保证供水安全吗？答案不是肯定的：结果只表明这种独特的气候系列不包含 2010~2050 年发生的严重干旱，但无法断定 2050 年之前不会发生一次严重的干旱。瞬态流量模型本身并没有很好地计算系统部署输出，特别是在只有少数的 GCM 或 RCM 模拟可用的条件下。

如果大量瞬态气候数据可用，气候变化对供水瞬态模拟的影响将变得更具有吸引力。Lopez 等（2009）描述了 246 个扰动物理气候模式集合，探讨了在英格兰西南部的 Exe 流域的供水变化（见 6.4 节中的案例研究）。瞬态气候模拟来自 climateprediction.net 实验（1920~2080 年）中发展出来的扰动物理集合。每个气候模拟被用来创建一个包含 1930 年至 2080 年期间瞬态的河流流量序列。通过水资源系统状态，例如，水库水位和需水，运行 246 河水流量序列。在模拟的任何时间，这将产生一个大量可能状态的集合。允许采取完全不同的方法对系统的性能进行优化。大量集合可以直接质疑调查失败的风险。例如，本系统的主要水库通常是在九月底处于最低水位。绘制十年内所有水库九月底的水位（2460 个值），给出了水库水位从枯到丰的分布（图 4.5）。允许系统管理员考虑可接受的风险水平，并决定系统是否足够安全。例如，可以接受水库水位低于蓄满水位的 10% 的百年一遇情形。在本次模拟中，在十年的数据中水库可以下降到这个水位 24 次，（2460 的 1%），被视为可接受。

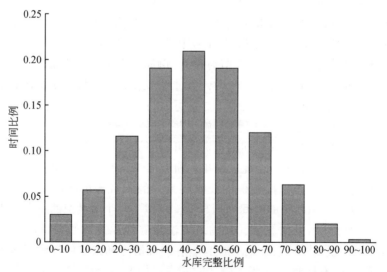

图 4.5　21 世纪 70 年代，九月底，英格兰西南部一个水库的水位分布。

这种新方法替代时间平均方法来部署输出（需要一个单一的长期气候数据系列），用一种使用多种可行的气候手段减小气候变异的概率方法。该方法有可能会改变我们对供水系统性能的整体了解，但仍需进一步努力，以证明这种方法在实际系统规划中的价值。Exe 系统对短期干旱最为敏感，往往跨越整个冬季，这意味着它可以使用每月的水库水位作为系统的一个性能指标。应更多地考虑多年干旱的表征指标体系。该方法也需要对未来气候预测进行集合研究，同时需要较高的计算能力。

4.3 从水文到水资源可利用量：供需平衡

上节讨论了气候变化对集水区水文影响的研究方法。本节主要探讨水资源可利用量和供需平衡，先后论述配置输出的估算和需水预测的方法。

供需平衡的基本要求是供水大于需水。对大多数供水系统来说，水资源的年供给量是确保供需平衡的硬性要求。如果年供水量充足，则供水系统是安全的。通过逐日或逐月调节等方式，提高自然储水系统的蓄水量来满足年供水量。但上述措施可能会失效，在某些系统中，供水系统满足短期峰值需水的能力限制了为维持供需平衡而采取的措施。这些峰值需求由下述季节因素驱动：如沿海的夏季旅游导致需水的急剧增长。有时为满足这些短期峰值需水而进行水资源开发是必要的：在某些环境中，开发新的水源满足峰值需水可能比提高供水系统能力的效益明显。总之，如果需水量增加，有必要校核供水系统是否能够有盈余满足需求。

本节描述的很多方法适用于供水峰量，必须注意合理配置供需水平衡。需水峰值一般发生在最热的季节，通常是中夏之前。可供水量的谷值一般在最小水文年结束时，此时水资源量降到最低。在温带地区经常发生在初秋降雨增加、气温下降之前。短期的需水峰值和可供水量的谷值发生时间不同，因此，不能直接将两者进行对比分析。

理论上可以考虑气候变化的峰值供需平衡，但实际上是不合适的且很少得以应用。供需平衡峰值发生时间短至数周：期望气候模型精确地给出未来 50 年中 30 年时间段内最干燥的几十天是不现实的。驱动需水的社会和经济因素在这段时间也会发生变化。当预测 30~50 年的供水，每年水资源的供需平衡为未来需求提供了最合适的指导。需求峰值的响应包括需求管理、设施提高和调水等。像气候变化一样，这些因素是长期的影响。因此，本章余下部分关注气候变化背景下年供需平衡研究中使用的方法。

4.3.1 气候变化背景下可供水量评价

河流、湖泊、地下水的供水量在年内、年际和年代际间变化显著。最简单的供水系统是在用水时直接从环境中取水。需水量相对于环境中的可供水量较少，即使是在大面积重旱情况下，完全可以维持供水。但是，相对于环境中一定的可供水量，需水量在不断增加，发展一系列不同的水源并形成供水系统显得十分必要。这样做的好处之一是不同的水源具有不同的气候响应机制，由不同水源组成的供水系统耐旱性更强。

供水的主要来源包括：河流和湖泊的直接抽取，地下水，水库。

其他的一些不常用的来源包括：淡化水，含水层储水和恢复，以及人工补给用水，污水回用和中水。

水资源中得以有效利用的水量取决于水量或其时空分布。通常可以使用模型模拟水源配置输出，使用长序列的历史水文资料分析对不同水文条件的水资源响应。作为配置输出的指标包括：指定时期内连续最大可用水量（在英国，通常选用1920年至今，可以反映长时间序列的有效供水和20世纪20年代、20世纪30年代的干旱）；保证某干旱重现期（经常是50年一遇）的可用水量。配置输出经常作为一个独立的参数，以 ML/d 为单位（$1ML = 1000m^3$）。配置输出是对数十年时段内水源性能量度的一种重要工具。

长期的系统模拟能在动态的气候数据下运行，因此它是评价气候变化背景下配置输出的理想工具，非常适合于4.2.5.3小节讨论的气候变化稳态方法。采用月变化系数修正历史径流或降雨、蒸散发记录来满足未来条件，是量化气候变化对配置输出影响的常用方法。尽管保护基于历史记录的气候变化趋势不适用于气候变化下未来干旱频率和持续时间的变动，但正如我们所看到的，这仍然提供了将不同的配置输出看作气候变化的结果的清晰认识的方法。

这里讨论的方法很简单，在英国、欧洲部分地区、北美以及世界其他地方（Loucks and Van Beek，2005）普遍使用。使用这些方法建立供需平衡的详细规范请见环保署（2008b）。总之，该节论述的方法适用于长期平均配置输出的计算，包含了气候变异，但不含气候趋势。我们讨论的是基础方法以及如何运用这些方法来计算气候变化对配置输出的影响。

4.3.1.1 河流湖泊直接抽水

直接抽水包括直接从湖泊或者河流抽取到水处理厂并进入供水系统等过程。河流或者湖泊保护等环境需求限制了取水量。水源的有效配置输出要保障流量在记录中最干的径流限制以上，表明输出能力超过这个量。在很多案例中可能为零——在很多历史记录中无水可用。这表明直接抽水对供水系统的可靠性存在严重风险。如果供水系统仅含有直接抽水这一说法是对的，那么实际上非常少的系统仅使用一种水源，大多数系统是将直接抽水和很多其他水源相结合。这意味着配置输出具有误导性，直接抽水是很多供水系统的重要组成部分，并使得在水足够时，其他水源得以休整。

这里我们理解了将来气候条件下直接取水活动依赖于对新的气候条件下河流湖泊的水文响应和影响上游取排水的社会经济因素的预测能力。

4.3.1.2 地下水

大多数地区的含水层具有水质较好的地下水，很多地区的地下水不处理或者进行简单处理后便可直接引入供水系统。

井深、当地岩性、地下水系统水文响应和其他含水层取水的作用等因素与配置输出相关，因此地下水源配置输出的计算非常困难。通常，计算地下水源配置输出仅考虑当地条件，使用已测最低取水线（井中曾发现的最低水位）作为干旱区域地下水响应的替代指标。

由于这些简化的地下水方法没有建立气候和水源特性间的明确关系，所以并不适用于气候变化影响评价。分布式地下水模型提供了建立区域地下水条件环境下单个水井性能的好方法，但模型复杂并且需要较多基础数据（Goderniaux et al.，2009）。由于每个水井的输出都很重要，分布式地下水模型和详细钻井方法的结合为气候变化影响地下水配置的详细评价提供了好的方法。也可以使用集总式水文模型预测地下水抽取的影响（Ivkovic et al.，2009）。在大多数情况下，这也许是最合适调查地下水配置变化的方法。

4.3.1.3 水库

因为容易测得系统基本物理参数，因此模拟水库相对容易。对配置评价，以天为步长可以满足处理水文变率和日变化的需求。也可使用周/月为步长，但是随着时间步长的增加，易造成配置的过高评价。这是因为水库固有的削峰填谷特性，会导致过低评价系统低流量的影响和过高评价高流量时水库能够调蓄的水量。

水库模拟的正常方法是使用简单的天模拟模型，使用下述公式：

$$V = V_{t-1} + I_t - E_t - D_t$$

式中，V 为水库库容；I 为入水；E 为水库表面的蒸发；D 为需水量；t 为今天；$t-1$ 为昨天。

配置输出是指不会导致水库失效的可取用的最大日需求量（D）。水库失效是指蓄水量降低至预定水平，即通常意义上的水库最低可取水位。因为水库底部沉淀严重，抽水机通常不得安置于水库的最底部，所以将水库中全部的水取出是不可能的。最低抽水机位置（或者最低抽水水位）决定了水库的实际能力。

计算配置输出包括迭代地运行模拟模型寻找不会导致水库失效的最大需求值

的过程。计算中必须注意初始的水库条件，确保其不会影响计算出的配置输出。通常，水库模拟以如 1 月 1 日等方便的日期开始。只要第一个重要的干旱不是发生在模拟期早期，假设条件就不会对其产生影响。在任何情况下，以不同初始水库水位开始模拟，比较配置输出结果，易于测试假设。

上述讨论是假定水库的配置输出始终以最大输出运行的简单情况。实际上，大多数供水系统考虑了一系列自愿或者强制节水措施使得输出定期减少的情形。例如定期限制花园浇水：英国经常限制使用喷灌或者橡胶软管；澳大利亚，有时进行隔日限制。如果这些限制有目标频率，对配置输出的影响进行模拟。例如，很多英国水公司设定限制橡胶软管使用的年限不超过 10 年。

模拟定期减少的需求对配置输出的影响显得更加复杂。首先需要定义需求减少的可接受频率和对减少的影响进行评估。然后，模拟模型需要定义使用需求减少的一系列的水库条件。模型迭代计算，随着改变需求和应用减少，来寻找使用定期减少获得的最大需求。尽管寻找最好的配置输出显得更加复杂，但是运用这种方法嵌套需求减少层也是可能的。引用的配置输出是没有减少的需求值。虽然定期限制需求是实际管理供水系统的重要措施，但是因为节约量相对很少并且经常仅适用于限制时间段，对水库计算配置输出影响很小。

水库模拟模型易于包含使用稳态方法计算气候变化的影响（见 4.2.5.3）。运用未来入流序列，评价未来气候条件下新的配置输出。在未来可能气候的分布可用的区域，多重模拟可以产生配置输出结果的分布。

4.3.1.4 淡化水

淡化是指去除微咸水或咸水盐分和其他杂质，制备饮用水的过程。淡化厂经常位于大量咸水供应的河口或者海岸边。淡化厂的生产能力制约了其配置输出，通常受气候或气候变化影响不大。

4.3.1.5 蓄水层储层和恢复、人工补给

蓄水层储存和恢复（ASR）包括丰水期含水层补给和干旱需水时的恢复等过程。理想情况下，补给水以几乎所有的水能够恢复的固定方式存在着。例如，将水通过钻井注入盐碱含水层。水的恢复效率和含水层的补给水量决定了 ASR 方案的配置输出。这些系统具有与水库相似的功能，在考虑恢复效率下，可以以相似的方式计算配置输出。

人工补给是指以提高含水层水位而直接引水至含水层的过程。这些水在下游的井中排出。人工补给方案的配置输出主要取决于当地条件和注入水在含水层弥散及通过井的恢复。河流径流模型和详细的分布式地下水模型有必要预测气候变

化对人工补给方案的影响,因为自然的地下水变化和有效补给量之间的关系将会很复杂。

4.3.1.6 污水和中水回用方案

本方案研究对象是已经使用并再次使用的水。污水回用计划是指使用污水处理厂的出水,在直接引入供水系统或者和水库储存的其他水混合前,净化至饮用水标准。污水回用方案的生产能力制约着配置输出,尽管高温会使处理效率更高,但受气候变化影响小。

在家庭或者城市层面上,中水回用似乎更加分散。它们处理洗衣机出水、洗碗机出水、洗澡水(经常达不到饮用水标准),并用其冲洗厕所或者浇花。中水是一种水源,但由于其分散性,经常被看作是减少需水的一种措施,而不计入配置输出。

4.3.2 气候变化下的未来需水评价

用水方式多样,不同方式是对不同因素的响应,因此很难预测总需求类型。通用方法是按照用途对其进行划分,通常划分为:

- 家用需水——人类在家庭中的用水;
- 工商业用水——电厂、工厂、办公室、超市或者其他商业,通常包括公共部门的需水;
- 农业和园艺需水;
- 其他所谓的"杂项"需水——如灭火用水、系统运行水、水的损失等。

同时,渗漏也是需水的一部分;虽然渗漏不是技术上的需水,但是作为一种重要的水汇,是供需平衡一部分,其预测显得非常重要。

以上不是唯一划分需水的方法:例如,Hawker 和 Von Laney(2008)考虑了评价个人在家庭、生活和休闲等日常用水的替代方案的优点。该方案能够模拟人类用水习惯,并且明确考虑了不同政策的作用和人口结构的变化。这种方法在未来研究中有很好的应用,但是上述简单划分与从供水计费系统获得的需求信息的配合更加密切,并且从供水商角度来说更加实用。

进一步将每一组细分为亚组分。由于亚组分间更加连续,意味着预测结果也会更加精确。因为某些亚组分需求较其他对气候变化更加敏感,所以在考虑气候变化时具有实际意义。

基于亚组分的需求评价需要精确的用水数据。水务公司拥有完整的进入供水系统的逐日和逐小时的用水数据,但这些数据是否公开尚待商榷。用水大户,例如典型制造企业，可能会逐小时测量需水量。其余大部分需水量逐月、逐季度乃至逐年测量一次。通过观察手动读取计量器读数，读数将会是有交叉的，所以记录适用于不同时段。大多数国家，因为政策原因或者装备具有这些属性的计量表并不实际，很多家庭没有安装水表，不能直接计量渗漏量。总之，这些意味着总有估算供需平衡的元素。

供水公司通过水表计量准确收取用水户用水量的水费。供水公司并不会想要去收集需水组成的详细资料，因此必须通过其他手段进行评估。例如，很多供水公司选择一些家庭作为样本安装水表，用以收集数据，提高用水评价效率。某些家庭也许会记录其用水日志。

数据有效性低限制了各种需求预测模型的精细程度和准确度。每种需求预测模型都有很多假设，特别是在考虑气候变化时，必须明晰这些假设。这是因为在需求预测模型中包含气候变化的最好方法是评价作为未来气候响应的不同需求组分变化情况。

4.3.2.1 生活用水评价

家庭需水包括人们在家中与水相关活动的一系列用水过程。包括经常性用水，如洗澡、洗碗、冲洗厕所和花园浇水，以及许多非明显的用水，如宠物洗澡、花园水池用水、清洗装饰等。部分需水量非常小，以至于不可能对其进行客观分析，但是能理解重点需求是重要的。

环境署（2001a）定义了8种主要的家庭需水组分：
- 冲洗厕所
- 个人洗漱
- 洗衣
- 洗碗
- 洗车
- 园艺用水
- 直接加热系统
- 杂项

上述大部分组分可以进一步细分为更小的组分，通常称为"微组分"。例如，个人洗漱的微组分包括：
- 沐浴
- 标准淋浴
- 强力淋浴
- 盆浴

第 4 章 | 人类之水：气候变化与供水

用户数–频率–体积方法是一种有用的深层模型。它考虑拥有某用水设备的家庭数、用水频率和该类设备平均用水体积。例如，某区域 10000 户家庭拥有淋浴喷头，平均一周使用 10 次，每次使用 30L 水。淋浴头年用水量为

$$10\,000 \times 10 \times 30 \times 52 = 156\,000\,000 \text{L}$$

这个模型是有意义的，表现在可以对不同用水假设的影响进行评价。例如，人们在热天洗澡会更多，因此假设气候变化会导致淋浴频率的增加。用户数–频率–体积模型可以快速、简单地检测这个假设的影响。

这些模型很简单，且易于理解。但是，应用基于组分的家庭需水模型评价气候变化的需求影响存在四大困难：

- 精确的基础数据；
- 对未来人口的有效预测；
- 未来用水的合理假设，因为人类用水是使用技术、技术对人类的影响和人类的响应、社会经济条件等的复杂函数；
- 气候变化对人类用水习惯影响的合理假设。

基础数据的搜集和准备是个重要的问题。个人用水习惯的抽样工作是个耗时耗力的过程，短时间内仅能搜集有限的数据。同时，由于抽样可能改变人们的用水习惯，抽样也存在很大风险：如果知道自己的用水习惯被观察，他们经常会以某种方式调整自己的行为。

人口预测是需水预测的重要组成部分。从政府统计部门可以获得国家尺度的人口预测，但时间尺度通常不超过 20 或 30 年。国家趋势和本地环境的双重影响使得本地预测更加困难。本地政府也可能进行区域人口预测。在应用这些预测资料前，首先需要明晰预测的基础：有些预测是趋势外推所得；有些是基于政策预测的，某些政策限制人口增长（如建立国家公园），而某些政策为促进当地经济发展而鼓励人口增长。

长期人口预测很少明确考虑气候变化影响。到下个世纪，气候变化将导致某些地区贫瘠，进而导致这些地区人口迁出。由于当地经济条件变化，可能产生跨国移民。如果某些预测的最大升温发生在下世纪，某些地区可能变得基本不适合人类居住。甚至在本世纪，气候变化也会导致人口迁移；例如，由于海平面上升，可能有更多的居民从沿海地区迁出。尽管不同地区净人口相同，弱势群体生活在贫瘠地区可能性更大，导致不同地区社会经济变化。

基于历史趋势预测的未来 5~10 年需水预测结果是比较可靠的。气候变化预测有必要预测 25 年、50 年和 100 年的气候变化。因为历史趋势预测不能反映技术或者社会价值的变化，所以在这些时间尺度上的需水预测可靠性降低。联合国政府间气候变化专门委员会（IPCC）使用全球社会经济情景确定未来温室气体

排放变化情况，强调了社会或者政策变化的重要性（IPCC，2000）。

环境署（2001b）给出了如何有效运用社会经济情景设计未来长期需水的明确预算。设计工作以英国展望计划"环境预测"（Berkhout et al.，1999）为基础，该计划描述了考虑管理系统和个人价值两方面因素的未来需水情况，对人们未来用水的可能变化进行定性描述，并对不同的用水组成使用用户－频率－体积模型的专家意见进行定量分析。统一考虑不同的评价假设条件的影响使得该方法复杂但明确。情景方法有另外的优势：通过鉴别未来需水系列，而不是单独的预测，来暴露任何单独需求模型的内在不确定性。对未能预测到的变化，解决未来需求系列的水资源管理策略更加有效。

这种基于明确联系社会变化和用水情景的需求预测方法是评价气候变化对家庭需水影响的坚实基础。为研究气候变化对家庭需水方式的改变，Herrington（1996）考虑人们在其他气候条件下的用水情况：例如，在变暖气候条件下，英国人用水可能与现有的加州人用水方式相似。这是鉴别对气候敏感的需求单元的有效方法。但是，因为需水是对多种因素的响应，不仅仅是气候因素，所以用之需慎。很多需水单元有效地独立于气候之外：例如，冲洗厕所用水取决于蓄水池体积而不是气候条件。洗碗用水量取决于用户和洗碗机本身的技术复杂性这两个因素；某种程度上，这两个因素是研究区域人口经济繁荣程度的一种测度。此外，未来需水随着未来社会经济价值和现在未知的技术变革而变化。未来技术是20年或30年需求预测中一个重要难题。未来10～20年的新用水技术现在可能已经存在：问题是鉴别哪些发明会得到普及及其普及的速度。新技术的更新速度不仅与社会价值和经济发展相关，也与监管促进或者阻碍变革的方式有关。

预测变化气候下未来需求的复杂性意味着基于情景方法的有效性。情景发展能足够精确地建立强有力的、易理解的描述社会价值随时间变化的方式序列，基于情景方法在该方面非常有用。部门专家利用这些描述建立不同部门的需水预测：这些预测将会是相互连贯的，并能研究不同用水部门间的相互影响。同时，也可以使用相同的情景预测需水外的变化，这些变化也许与用水相关，并能最终完善环境管理策略的发展。

基于微组分的需水情景提供了考虑气候变化影响的通用方法。气候变化将会改变一些用水，也会形成新的用水活动。Downing等（2003）使用环境署的（2001a）需求预测，研究气候变化对英国需水的影响。认为升温可能影响某些需水，不影响其他用水。例如，更高的夏天气温导致洗澡和园艺用水增加，但是冲厕用水不变。Downing等（2003）基于需求描述情景研究了这些变化。使用情景方法能有效防止未来需求的重复计算。例如，在一些社会经济情景分析中，每人每天平均洗澡用水也许会增加一倍，但升温不可能无限制地增加用水量。

第 4 章 | 人类之水：气候变化与供水

未来家庭需水的基于情景组成方法在概念上合理的，并适合实际应用。虽然需要很多假设条件，但仍可以描述这些方法，并可以检测不同情境的敏感性，但是很少有相关报道。

应用这些方法需要对不同社会经济因素间的联系和需水有清晰理解，但目前尚未明显这些关系：家庭类型或者社会经济类型的测量并不能很好预测用水。正如家庭类型影响用水（Randolph and Troy，2008；Fox et al.，2009），个人习惯因为价值观和经验等而不同（Gilg and Barr，2006；Jorgensen et al.，2009）。这些方法依赖于平均用水概念和将平均用水看作普通行为系列的理念。Medd 和 Shove（2007）证明了这不仅具有误导性，同时可能导致规划需求管理政策时的潜在错误。

Medd 和 Shove（2007）对英国 Anglian Water 水公司消费监测数据进行详细调查。消费监测指数是指约 50 户家庭微组分用水数据（每 15min 记录一次）的数列。通常，消费监测指数用于建立平均用水。Medd 和 Shove 替代调查了平均用水户的实际用水方式，发现获得平均用水方式多样：位于平均用水水平的家庭并不是以相同的方式用水。引发了下述理论基础存在问题：将平均用水划分为平均微组分；基于这些平均值变化假设下的需求预测和需求管理政策。Medd 和 Shove 认为用水是日常生活规律的结果，不是因为水费或者用水的环境影响，而是几乎总是基于用水结果，才做出用水的决定：是否洗衣决定于清洗衣服的愿望。

以上表明家庭需水的预测并不简单，在考虑气候变化时将会更加复杂。不同未来情景的微组分需求预测能够提供可能的未来需求范围的重要信息，但具有不确定性。家庭需水是对直接供水部门外的政治、社会、经济等刺激的一种响应，这意味着未来需水预测不能看作是独立于社会变革的广泛内容，同时也受到水资源政策和其他影响用水政策发展的限制。使用人类用水广泛观点阐明未来需求十分重要。

4.3.2.2　工商业用水评价

工商业需水包括从工厂到办公和超市等用水。将用水划分为不同部门，从而合理地考虑未来需求，但是评价工商业用水的首要问题在于如何识别可以用于代表连续用水的相关部门。通常，根据工业类型而不是用水方式划分工业用水。例如，化学工业包含广泛的工艺过程和产品，从而也有同样广泛的用水。

理论上，工厂的工艺用水应当作为对合理经济因素的响应；能够减少原材料使用的企业盈利会更多，从而驱动用水的最优化。实际上，即使节水效果立竿见影，商业也很少优化用水。原因在于：水相对其他原材料来说成本更低，同时公司也很难寻找资金去投资节水。

常用的预测工业用水模型考虑了下述三个因素：每个生产单元的最优化用水量，工厂的产出，反映工厂获得最优用水平均值的因素。依据计量经济模型的复杂性，考虑不同社会经济情景，预测每一部门的输出。用水效率水平用于反映不同社会经济情景，可以预测其随时间的变化。预测未来的工艺发展更加困难：新的制造工艺用水量可能更少；但同样有可能由于更加昂贵或危险的原材料的使用，新的工艺会使用更多的水。环境署（2001a）说明了不同情景下如何使用这类模型预测未来工业需水。

预测受气候变化影响的工业用水，需预估随气候变化的产品的变化方式。气候变化可能改变某产品的需求，满足本地产品需求的比例，以及制造工艺的用水效率。如果气候变化使得水资源短缺或者更加昂贵，则制造业将做出下述响应：提高效率或者迁移到更容易提供水的地区。

商业用水包含超市、办公区、教育机构（例如学校和大学）、监狱和其他居民在家庭之外建筑的用水。预测商业用水和预测家庭用水相似，人数和使用的技术决定了其用水量。商业建筑比家庭的整修更加频繁，意味着平均用水更加高效。很多类商业用水对气候变化相对不敏感，但是某些用水是出于气候敏感的目标，例如，很多商业建筑有喷泉或者需人工浇灌的花园。

很多家庭需水预测的问题同样适用于工商业预测。用水和工商业产出的其他措施间的关系普遍较弱，意味着预测将会包含显著的不确定性。很少有可靠的关于工商业用水的气候响应信息。工业用水的变化尤其迅速，作为对经济或政策刺激的响应，某些具有完全动态生产的能力。水价和用水间存在很强的反馈作用，意味着气候变化引起的水短缺对工商业需水有重大影响（可能是间接的）。

4.3.2.3 电厂需水

大多数发电厂使用水冷却。未来几十年，气候变化可能会使水温升高，供水减少，两者均会导致已建或待建发电厂的发电能力下降（Koch and Vögele 2009）。大多数水很少经公共供水系统，往往是直接从河流或者海洋中抽取。预测用于冷却的河流供水需要常规河流流量水文模型，需要特别注意模型的低流量性能。利用水温和气温间的关系，模拟河流水温也十分必要（Webb et al., 2003, 2008）。

水电方案是直接从水流中获得能量。低水头或河流运行方案对当地是重要的，但是大坝蓄水的高水头方案是更重要的能量来源（MacKay, 2009）。可再生能源在减少碳排放中具有十分重要的作用，水电因此受到更多关注。事实上，给定地区水电站有效供水的计算采用简单的水文模型和水库模拟，同公共供水模拟中这些模型的使用相似（4.3.1.3）。6.3节是气候变化对水电方案运行影响的案例研究。

4.3.2.4 农业需水评价

农业用水包括从小尺度的市场花园到大尺度的农业企业的广泛用水，包括灌溉用水、饲养动物、多种清洗或消毒用途的用水，例如清洗院子，拖拉机等农业机械的清洗用水，奶厂等的冲水系统等。

很多农民直接从河流或者水井中取水。一些是因为没有自己的水源，还有一些是需要那些供水系统的水质保证。对农业来说，自来水灌溉十分昂贵，严重影响了用水的经济效益。

评价未来区域或者地区农业需水涉及下述过程：
- 预测农业生产的可能区域；
- 识别区域的农业结构——耕地或牲畜，谷物或蔬菜，羊、猪或牛；
- 每一农业部门的用水评价，考虑不同用水水平的成本-收益。

气候变化将会直接影响不同农业功能区的适宜度。例如，升温后，可以种植某些新作物，某些牲畜可能变得不适合养殖。气候变化也可能对农业用水有很多其他的直接或间接效应。温度和降水变化将会改变灌溉等需水量（Rodríguez Díaz et al.，2007）。气候变化导致当地供水格局的改变，改变不同用水的经济效益，在水短缺时，鼓励创造高价值的产业。气候变化将会改变国家或国际不同粮食的生产类型和产量，从而创造更大的价值。上述所有因素意味着未来农业需水必须考虑当地、国家、国际变化，尤其是在进行长期预测时。

某些农业部门用水预测相对简单。家畜密度、类型、温度和环境的供水等因素决定了家畜所需的用水量。例如，温带地区的羊经常不需要特定的水供应。牛需要饮用水，奶牛比肉牛需要更多的水。甚至是在湿润区，奶牛经常需要通过水槽供应特定的水（可以是自来水）。

作物类型和气候条件决定灌溉需水（Wriedt et al.，2009）。一种途径是使用最优灌溉的概念（环境署，2001a；Knox et al.，2008）——使作物产量和质量最大化的灌溉水量。对给定的气候，不同作物的最优灌溉水量不同：例如，谷类比土豆耗水少。因为农民必须考虑灌溉的边缘成本，所以他们很少为了最优产量而进行灌溉。所有的灌溉都需要成本：购买和维修灌溉设备，运行泵的油费，用水收费（无论是自来水还是从环境中直接抽取）。通过权衡灌溉成本和灌溉带来的额外作物产量和价值，使得利润最大化。这些因素逐年变化，随着天气和不同作物需求量的改变而改变。干旱年的灌溉比湿润年的价值高。农民的灌溉计划会包含价值判断的元素，即估计灌溉对作物最终价值的影响水平。

每一种作物，灌溉深度经下述公式计算：

$$\text{灌溉深度 (mm)} = O \times P \times E$$

式中，O 为计算出的最优灌溉量；P 为满足最优灌溉量的比例（<1）；E 为应用效率，即农民作物灌溉时不浪费水的能力（<1）。

作物生产的经济效益包含灌溉作物的价值和灌溉替代作物的增加价值对比分析，决定了满足最优灌溉量的比例。温带气候下，像土豆和胡萝卜等大多数灌溉作物是年生的，所以作物管理可以逐年变化。果树作物灌溉需要长远考虑：一棵灌溉果树作物的整个生命过程都需要灌溉，时间跨度达数十年。例如，澳大利亚很多葡萄园需要灌溉，一旦停止灌溉，将意味着放弃葡萄生产。

应用效率是评价用水进入作物体的量度。漫灌效率低，因为一些水在进入作物体前就已经直接蒸发，同时部分水会落入作物区外。因为水直接灌溉在需要的地方，因此运行良好的滴灌更加有效。另一方面，有时很难检测滴灌系统的失效，多余的水下渗而不能及时处理。

某种作物的总灌溉水量等于灌溉深度乘以该作物面积。作物面积是对市场和国家、国际政策的响应。所有灌溉水量的总和给出了对总作物需水量的评价。很多地方该值将超过农业用水供给总量，农业用水需求经常难以满足，因为修建用于灌溉的蓄水水库在经济上是不合理的。

农业需水是对多种因素的响应：对牲畜来说，气候变化可能改变可用牧场的面积和单个动物的需水量；对谷类来说，气候变化改变作物类型、不同作物的灌溉价值、作物的需水和可供灌溉水量。长期的农业需求预测需要对全球粮食生产和条件有全面认识。基于社会经济和气候变化情景的需求预测是预测农业需水的最有效方法。

4.3.2.5 气候变化下渗漏预测

所有供水系统都存在渗漏。灾难性的水管破裂是明显的渗漏，然而很小渗漏往往会渗漏掉更大的水量。大多数渗漏位于管道接头处，通常是由于湿循环或者冻融循环等因素引发的水管的不同截面间的差分运动。公路运输也会移动水管接头，从而导致渗漏。总的泄漏量取决于渗漏点的个数、水从系统中渗漏出的速率、维修漏洞所需时间等因素。

渗漏是需求的重要组成部分。水供应商能直接选择渗漏水平，使得渗漏区别于其他重要供水组成（Lambert et al., 1998, 2002）。例如，相对于老系统，新系统的渗漏似乎更少，所以水管更换计划能够有效减少长期渗漏速率。快速发现和维修漏洞可以节约水，所以检测漏洞技术和修补漏洞的效率影响总的渗漏量。系统运行方式也会影响泄漏量：低压运行下，渗漏量更少，所以设计和管理系统的方式优化压力是很重要的。损失掉的水的成本是很重要的：如果水短缺或者抽取、处理和运输过程昂贵，则控制渗漏意义重大。

气候变化将会影响渗漏。首先，其对干湿循环的影响是最显而易见的，后者是黏土渗漏中特别重要因素。夏季变干将会加重土壤缺水，导致管道接口的损坏和泄漏量的提高。暖冬影响与所处地理位置有关：冻融循环减少会使渗漏减少；但是，某些地区暖冬会加强冻融循环，从而提高渗漏。其次，气候变化引起需求变化，后者会改变系统压力，从而影响渗漏；例如，增加日最大需求水量需要加大系统压力，从而增加渗漏。如果水短缺，这将增加损失掉的水的价值，进一步刺激着渗漏的减少。

预测未来渗漏是项复杂的工作。自下而上的评价方法可以建立于连接数、系统年龄、系统压力、未来检测漏洞技术的预测、修补漏洞积极性的评价等基础上，并顾及水的未来价值。上述很多假定在预测未来渗漏速率时会急剧地变化，因此很难确定结果评价的置信度。

社会经济情景说明了可行的未来最小渗漏速率的变化，建立在社会经济情景下的预测是种可选的方法。例如，目前渗漏评价方法考虑了接头数量、压力、系统年龄和条件的假定、未来检测和维修漏洞技术进步的合理评价，可以使用该方法评价系统最可能的渗漏速率。使用社会经济情景评价未来系统与优化渗漏控制方法的匹配程度。实际上，这是个基于政策的预测渗漏，认为大多数影响渗漏的因素都在水供应商的控制范围内。

4.3.3 构建需求预测

总的需求预测的构建并不简单：要使得预测有意义，总需求预测的组分间必须是兼容的。

或许预测区域的划定最为关键。通常，将水资源供应系统划分成不同区域：这些区域共享水源，并相互连通，使得区域间的水能够相互交换。实际上，这些区域似乎更难划定。毗邻区域间存在一定连通度，尽管这种连通能力有限，并且可能某方向比另一方向的连通性更好。区域的某些地区只能从某小部分水源供水；很难构建所有水源能够均等共享的资源区。预测人口密度低的小范围地区的需求更加困难，因为很多平均需求假定只适用于大人口的预测。另一方面，因为大范围地区的预测将会使得当地或区域水资源短缺模糊，使得该区域共享水资源不可行，从而使得需求预测不现实。

使用合理的预测形式也是尤为重要的。最简单的方式是构建"干旱年"进行预测。这是一种设计干旱年的需求评价，设计干旱年通常定义为没有采取限制需求的干旱措施年需求量。将这种干旱年需求和计算配置输出直接进行对比，从而直接构建供需平衡。环境署（2008b）说明了如何以简单电子表格的形式进行上述工作。

需求组成的简单相加在现实中是不可取的。相对于其他用水，某些用水的效益更大，使得它们的成本将会更大地影响这些需水。对总的需求增加而言，某些用水将会下降：例如，如果水价更高，工业用户可能寻找替代水源、提高用水效率或者是将厂迁至用水便宜的地区。现有水资源的合理配置需要充分理解不同用水的经济效益。

必须考虑预测的基线。未来 1~10 年的常规预测基于最近的观测。例如，可以预测家庭消费的年变化，加上基准年的家庭消费得到每年的未来需求值。这种方法意味着未来需求预测需要维持着当时的需求结构，暗含着资源区的稳定特征，不需要直接评价其稳定性。

基于当时数据的未来预测需要维持现有需求结构，其优势对长期预测来说或许成为严重的劣势。几十年的预测，即使是很小的测量误差，也会造成不切实际的预测。通过下述的两个假定毗邻资源区人均消费得以解释。

以 2009 年为基准年，资源区 1 的人均水消费为 145L/（人·d），资源区 2 的人均水消费为 150L/（人·d）。假定人均水消费的年增长率为 1%。到 2050 年，资源区 1 的人均水消费达到 218L/（人·d），资源区 2 为 226L/（人·d）。这表示居住于资源区 2 比居住于资源区 1 的人均水消费高 8L/（人·d）。但是，即便拥有这些新家的人是相同的，也很难确定他们最终选择居住在哪里以及他们的用水区别。

长期需水预测基于发展政策预测更加合适。这些未来用水的评价是基于未来生活习惯的预测。这些预测基于当时用水的广义理解，很少放大现在需求的细微区别。例如，基于政策预测合理地假设：居住于相同类型的家庭、相同地区的人未来用水相同。基于政策的预测很适合于情景分析，意味着它们适用于受气候变化影响大的因素的分析。

在气候变化研究中，使需水情景和社会经济情景相匹配从而加强主要排放情景的支撑，是有意义的。这简化了气候变化问题，使得单个社会经济情景同单个河流径流和水的供给联系起来成为可能。这种联系在全球尺度上是有意义的，但是对局部地区没有意义。针对不同的全球排放趋势，国家、区域、尤其是资源区的社会经济发展可能是一样的。调查区域或资源区时，社会经济情景和全球排放趋势间相互独立，应该单独考虑每个序列。

4.3.4 供需平衡：有足够的水吗？

建立供需平衡最简单的方式是比较年总需求和总配置输出（图4.6）。必须注意敏感性比较——通常是干旱年的年需求和配置输出。这种比较可以通过电子表格的形式；当需求大于供给时，供给将不够安全，需要采取措施纠正平衡。

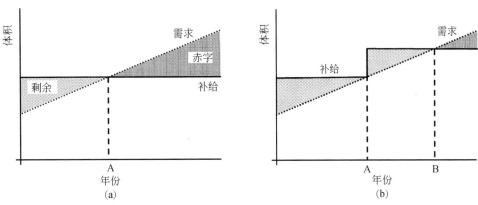

图4.6 （a）供需平衡。A年之前为补给大于需求，之后为补给小于需求；（b）开发新资源解决A年的水分亏缺，直到B年有多余的水分供应。

实际上，没有水供应商在供需完全平衡的地区经营供水系统。预测或运行系统的微小误差将会导致系统失效。通常给供需平衡加上冗余，考虑误差和不确定性，这种冗余经常称为净空高度。长期预测来说，简单的评价最好：例如，考虑需求比完全合适。

这种简单的年供需平衡很有效并且容易理解，但是可能导致显著的剩余供水能力。假设枯水年的需水量与最低的可用供水相匹配。实际上，一年中最缺水的地区很少需要很多的水；在温和地区，最大年需水量受夏季高温影响。世界上大部分地区，夏天特别热而冬天不一定很干燥。例如，在英国，2003年的春天和夏天特别热且干燥，但是冬天却很湿润，不用担心供水（Marsh et al.，2007）。这个有效的独立事件是设计年发生历史上从没发生过的罕见事件。

4.3.5 水资源系统模型

上述的年供需平衡简易地在简单的电子表格基础上构建，是水资源系统最简单可行的模型。这种模型识别未来亏缺的尺度和持续时间，是探索未来供需平衡的有力方法。但是，它进行了多项简化假设。其中，最重要的假设是：所有水源的配置输出可以相加，并能匹配干旱年的需求。实际上，此假设极可能是保守的，因为没有考虑使用优化系统，经常会过高评价供水能力。因为没有考虑水管和泵的性能，认为所有的水都能到达所有需求源，使得此方法应用受到限制。模拟整个系统性能（包含污水处理厂、管道连接和输水能力）的水资源系统模式相对更加复杂。大多数系统模型是为了优化系统运行而设计的，尤其注意运行成本。辅助信息用于识别系统的限制因素，如管道输水能力限制了水的传输；同时，用于识别提高系统性能的因素，如拥有额外泵水能力的地区，其水源更加可靠。水资源系统模式非常适用于比较各种提高供水系统供水能力的可能方案（Harou et al.，2009）；他们连续的模拟考虑不同方案的运行费用。能源费是供水系统最主要的运行费用。做出如何适应气候变化的抉择时，理解并减少能源消耗是重要的，这是因为最好的适应方案也需要考虑减缓温室气体排放。

此外，水资源系统模式还可以同时模拟供和需，得到供水、需求和气候条件间联系的动力模型。这是研究未来供需平衡的有效方式，但是需要一系列模拟模型作为基础：水文模型研究环境中的水，水供给模型模拟系统功能，需求动力模型关注不同需求组分。尽管有适合的模型存在，但是这种方法仍未通用。如WEAP21（Yates et al. 2005）。它们提高了理解未来系统运行和探索不同未来供需平衡方案优势的可能性。

4.3.6 环境需水

水是人类生活的必需品，同时也是自然环境特征和价值的决定因素。大坝工程的发展史可以解读为人类生活、农业用水同自然环境需水间的冲突史。但是，保护环境的深层原因在不断变化：18、19世纪，下游的工厂业主为保护自身产业，开展了作为水库建设条件之一的流量补偿谈判，在英国，这通常以议会法令的形式得以确定；19世纪下半叶，人造大坝迎来了建设高峰，为保护水质的流域上游控制落实到消费者身上（Newson，1997）；最新研究表明，水环境具有其内在价值，同时其外在价值通过生态系统提供给人类的广泛服务来评价。生态系统服务功能方法（Costanza et al.，1997）考虑了环境提供的直接和间接服务功能；例如，在英国，丘陵供水约占供水量的70%，同时发挥显著的碳汇的功能（Orr et al.，2008）。

现在很难想象设计一个没有考虑环境保护的供水系统，而通过合并控制的方式来取水。这些管制措施如下。

- 保护最低流量，当河流流量或者地下水水位下降时停止取水；

- 保护流量变化，任何时刻只能抽取部分流量；
- 维持水文情势，当流量下降到某特征值时，水库进行下泄调节。

取水管制的设计是非常困难的。即使是从环境中取最小的水量，都会影响某些生态系统。但是，流量的自然变动性和生态系统的动态特性，导致难以明晰由取水诱发的流量变化的影响。某种程度上，大多数取水管制系统是由专家判断并根据经验修正的。

取水管制严重影响到单个水源的配置输出，不仅仅是流量最低时的限制取水。所以，任何配置输出模型中都需要内置这些管制。

气候变化将会改变水文情势：气候变化会改变区域的水分胁迫，至21世纪50年代，预计气候变化增加用水压力的土地面积是减少水胁迫土地的两倍还多（Bates et al., 2008）。水文情势的改变，伴随着水温的变化，将会影响生态系统的结构——部分物种繁荣，部分物种生存压力增加（Mawsdley et al., 2009）。这增加了未来取水管制设计的难度，特别是在水资源将更加稀缺的地区。三种方案如下。

- 取水管制维持在现有水平，使得生态系统能适应气候变化；
- 强化取水管制（有效地减小取水），减小取水带来的环境压力，使得生态系统更容易适应变化气候；
- 反映水文情势变化的修正取水管制，名义上，环境和人类共同分担了气候变化对水有效性的影响。

因为第三个方案能保障供水水源的可靠性，使得水供应商倾向于该方案。气候变化的水文响应速度具有不确定性，早期决策可能会排除该方案。在如何保护环境上存在着争论，这引发了如何协调环境保护和经济发展间的平衡复杂问题（Johnson et al., 2009）。这个问题在供水的长期规划中需要重点考虑；至少需要记录这些假设；敏感性分析提供了讨论环境保护问题的有效方法。

4.3.7 未来供水的识别和选择选项

在未来供需平衡出现某种程度上的赤字时，如何扭转赤字将是面临的最紧迫问题。通用的方法将是：

- 列出所有可能扭转供需间赤字的方案；
- 在这一长串清单中，排除不切实际的、不合法的或是不可接受的方案，例如影响到下垫面条件的方案；
- 计算每个方案的所需金融资本（建设）和收益（运行）成本；
- 计算每个方案的广泛社会经济成本，并指出这些费用不一定归水供应商所有；
- 结合这些成本，形成每个方案的经济成本，反映引发该方案的所有花费；
- 排列经济成本，选择方案（组）具有最低的花费来解决冲突。

方案的经济评价经常比上述简单步骤表述的更加复杂：必须考虑方案的寿命和每一年的需求程度。未来成本调整经过"折旧"反映财政上的优势。经常用复杂的经济模型来测试可选择的排列，用理想的方式来找到改变未来蓄水量的方法。利益分析通常不属于供水评价部分：假设连续的供水利益比支出更有价值，用最有效的方法确定对水的需求。另一方面，对工业和农业水发展，利益分析起到很关键的作用：在合理的时间内，如果水的发展不能自我补偿，就没有发展的必要。

气候变化使水资源规划方案更加复杂，有以下两种方式：
- 不同扭转赤字的方案排出不同的温室气体，这必须考虑减少温室气体排放方案；
- 气候变化的不确定性，意味着这不再是简单的每年赤字，而是赤字序列可能以情景的方式展现。

考虑温室气体排放的一种方式是将每个方案的排放量进行组合并给出每吨碳排放的价格。这个价格通常称为"碳的影子价格"，允许不同方案进行透明的比较（DECC，2009）。在未来发展中，供水和其他能源用户一样，处于减少化石能源依赖性的持续增长的压力下，并且这需要在关于未来发展的每个决定中考虑。

Willows 和 Connell（2003）提出了气候变化下的决策框架，推荐使用考虑风险、成本和效益的综合评价法，该方法兼顾经济成本和社会福利、公平，指出任何好的方案都有某种程度上的不确定性，应该设置情景系列，理解不同条件下的适应能力。这个过程可以将不同的选择方案带来的可能后果暴露给决策者，也有助于阐明决策者的风险偏好。通过该方法，决定水资源开发不再是一个机械的优化过程，而反映了一些艰难的必要决定。这为决策者和用水户之间的智辩奠定良好基础。

4.3.8 其他气候变化影响：洪水、水质和热浪

水资源规划的重点是关注有效可供水量。作为气候变化响应的其他因素也会影响供水。这一节初步分析了气候变化对供水潜在的其他影响。在供水建模中，也许没必要考虑气候变化的这些影响；因此，这一节描述了在潜在影响基础上，研究进一步建模和分析的必要性。

4.3.8.1 洪水

地表水取水点和自来水厂经常建于洪泛平原上,因此存在洪水风险。如果气候变化增加了洪水的频率和强度,那么供水损失将会增加。可以通过资源区以外的其他地区的替代水源来解决这个问题——洪水期时不可能会发生供水短缺。提高洪水的抵抗性也是可行的措施:建设防御工事;使供水系统的组成部分(如自来水厂)远离河流。

为理解洪水对供水系统的影响,经常需要数字化的洪水模型,该模型能够模拟各种洪水事件中洪水淹没的空间范围和持续时间。这些模型可以在 GCMs 中可能的气候数据下运行,用于研究未来洪水可能发生的变化。

4.3.8.2 水质

气候变化对地表水水质具有非常重要的影响。水文情势的任何变化都将会改变化学物质在环境中的迁移方式(Whitehead et al., 2009)。例如,在夏季变干、冬季变湿的地区,如英国和欧洲北部,夏季末,营养物质的峰值可能会增加。暴雨强度的增加将导致更多的下水道系统的不可控性溢流。这些变化将显著影响水环境质量。自来水厂能否有效处理变质水,这决定了气候变化对供水系统的影响。例如,为减少高沉积物或者营养负荷,应尽可能地避免在年内的某些时间段取水。

4.3.8.3 热浪

气候变化使得某些地区热浪频发。热浪增加总需水量,更多的园艺用水、洗澡用水、冲洗用水等。热浪对水的瞬时需求也非常高,在晚上和周末下午园艺用水、儿童池,额外的洗澡用水和淋浴用水量相对较高。根据定义,热浪为短期事件,持续时间为几天至几周。热浪经常发生,但不总是和干旱联系在一起:热浪可能导致干旱,但并不是所有的干旱都会引起热浪。热浪并不总是干燥的:对流风暴常与高海拔地区的温度有关。

热浪并不是系统性水短缺的原因,但是很可能使得供水网没有能力输送居民需水;管道、泵站甚至是自来水厂能力都可能限制了最大输水速度。这些全部可以通过详细的供水系统模型模拟。

气候变化可能改变热浪的温度、持续的时间、频率、发生时间。如果这些改变的信息有效且充足,模拟未来热浪对供水的影响将很有意义。大多数单纯对热浪的响应案例不可能发现额外的水源;热浪的影响可以通过提高供水系统能力来管理,或者寻找管理需水峰值的途径。

4.3.9 水供给作为水循环的部分

大多数供水评价使用从水源到用水的线性方法。这种方法具有下述明显的优势：将复杂的问题细分为离散的、易管理的单元；并简要回答了可供水量是否充裕的问题。这一方法是建立在把流域作为恒定的水源的假设上；理论上，是从流域，商业水和使用过程中浪费掉的水中开采水资源。由此可知，这种简单的线性的方法可以考虑气候变化的影响，通过调整气候参数以适应集水区供水量。这些调整被证明是有效的，有助于理解气候变化对供水系统的相对重要性。这种有效方法忽略了气候因子间的相互作用，流域和人们的用水方式。因此产生了两个重要限制：

- 忽略了用水和流域间的物理作用；
- 包括供水管理者在内，人们认为用水和水环境是分离的。

用水和自然的水循环之间联系方式多样：

- 从河流、湖泊和地下水取水，改变了水文情势和地下水位；
- 取水自身的物理机制对环境有影响。例如，使用坝提高泵站的效率。这将改变地形地貌和生态；
- 某些用水改变了土地利用。原本仅适合种草的地区，通过灌溉使其能够适合作物生长。灌溉作物时，农药和化肥的使用改变了入河和地下水的水质。某些地区，灌溉增加了土壤的盐碱度，进而影响地下水水质。土地使用变化也能改变蒸发，进而改变流域水文循环；
- 使用后的水返回到河流时进一步改变了河流的水文情势和水质，包括水温。

气候变化也会和上述反馈相互作用。升温使得作物的种类增多，从而改变灌溉要求。作为气候变化响应的水文情势变化将改变取水系统的性能，可能会进一步改变人工渠道。

水资源规划的另一种概念方法是将用水看作是广义水循环的一部分。定量分析所有的反馈环是个复杂的问题，仅在研究领域能够完全解决这些问题。定性评价这些相互作用更加可取，有助于更加全面的理解气候变化，但是更重要的是，当评估未来变化对供水系统的更广泛的影响时，这种理解将预示适应性行动。下一节将讨论供水的适应问题。

第 4 章 人类之水：气候变化与供水

4.4 气候变化下的供水

从表面上看，水资源规划仅是确保有效供水大于需求的简单任务，但实际上是十分复杂的问题，首先需要理解下述问题：
- 研究区的气候，特别是不同持续时间和强度的干旱资料；
- 流域水文响应，对中低等流量的理解；
- 取水对环境的影响及取水和其他用水间的相互关系；
- 供水设施，从水源到用户；
- 人们和商业用户的用水方式，不同社会经济条件下用水方式的响应；
- 系统管理和发展的不同方案的投入-产出。

气候变化影响供需平衡的每一个环节。某些影响是直接、明显的：如温度和降水类型的变化将直接影响河流径流和地下水水位。但是，某些影响是间接的，显得更加复杂。需水直接受到天气的影响（例如，极端高温和干燥的天气会增加园艺用水）。但是，气候变化也会间接影响需水，如本地和世界其他地区的食物和服务的供应格局。不同供水规划方案的投入-产出是随着气候变化而变化的。这种响应是复杂的：供水的不断变化导致对环境需水的认识变化，同时温室气体的排放转移使得耗能方案不再令人满意，且其成本更高。

传统的供水规划方法是尽可能地减小其复杂度，匹配供和需的年内水平衡方法。计算年需水的单指标值，和年供水进行比较，决定供水系统是否"安全"。供需差额促使人们采取改变系统的方案，如抑制需求、提高供给或两者联合。更优的方案是将支出、影响、技术可行性和社会可接受度联合考虑，列出一张表，并从中选择。历史上，供水方案往往由水利学家和决策者决定，与消费者无关。供水系统的发展常常归功于公共健康目标，尽管 Geels（2005）指出 19、20 世纪 Netherlands 公共供水系统发展有多种不同原因。但最近几个世纪，供水方案的选择被视为合理的经济决策，寻求经济的最优化（Ofwat，2008）。环境和社会成本内置于经济模型中，通过货币价值对环境和社会的影响，也通过确保从方案列表中排除计划的不可接受方案。

民意调查的作用在制定供水规划时越来越得以重视；但多数民意调查面临着针对已经制定好的规划和公众参与程度低等问题。越来越多的人关注着大型待建供水规划的合法质询权；但是，仅在规划实施后质询权才起作用，并且质询的焦点在于规划的某一部分而不是整个供给计划的普遍问题。上述公众参与供水规划制定过程中出现的问题很重要，我们将在探讨水适应策略时继续关注。

众所周知，气候变化通过复杂并相互关联的方式影响整个供水系统。同时，对未来气候理解的不确定性得到广泛认同。但是，未来的排放是未知的，并且本世纪末全球温度升高限制在 2℃ 的政策目标是否能够实现也是不确定的，很多人对此持有悲观态度（Rogelj et al.，2009）。即使是在单个排放情景下的气候模型也存在着不确定性：无法确定给定大气 CO_2 水平下的伦敦、巴黎、纽约的气候如何响应和变化。因此，最新的英国气候预测了三种不同的排放情景，并给出了每一种排放情景可能变化的概率分布。例如，至 2080 年，中等排放情景下，英国南部的夏日平均温度极可能超过 2.2℃（10% 的显著性水平）；中等水平可能为 4.2℃（50% 的显著性水平），很难超过 6.8℃（90% 的显著性水平）（Jenkins et al.，2009）。其他气候变化（降水、日最高温度、湿度、云量）也可采用上述方法。对于进一步的模拟（如水文模拟）来说，这些可能的未来气候条件表现出多种多样的未来气候条件。每种未来气候条件将作出不同的水文响应，以此获得未来水文条件系列。

是否能够使用仅要求供需平衡的简单概念来探讨气候变化对供水的影响？结果是可行的，但是必须进行很多简化处理。最简单的问题是围绕着排放情景选择，这看起来可能不可思议。多数供水系统规划的水平年为 20~30 年，尽管系统的某些组分（如水库）的设计寿命远远超过规划的水平年；规划水平年通常表示能够确保及时采取措施加以改变而不会造成重大损失的足够长时间。在水平年时，所有的排放情景几乎给出了相同的结果，至少是在单独的 GCM 下。这是因为未来 20~30 年多数气候变化将会是现有大气温室气体水平的响应。进一步的简化假设是选择单一的未来气候条件（可能在某一 GCM 下）。由于国家以某种方式控制或者是组织供水规划，隐含着假设当地的 GCM 将会给出最好的未来气候估计。由于可能气候预测的出现，如英国气候预测 2009（Jenkins，2009），可能会倾向于选择单独的超标百分比。例如，50% 代表着最可能的结果；75% 或 90% 可能是反应规划者的风险意识的结果。在选择独立的气候预测后，规划者可以通过模拟这些变化对供需平衡的影响，确定未来供给赤字的指标。规划者采取计划消除赤字，进一步理解气候变化需内置于供水规划中。

显然，这种简化乃至是最简化方法也很难形成有效的气候变化的适应策略。和低于或高于适应性一样，路径选择的严重风险可能阻碍有效的深层适应性。举一个简单的例子：水库一旦建成，即使有可利用的土地，也很难对其进行扩容，因为进一步的施工建设将破坏已建结构的基础。

未来供需平衡情景序列的校核是一种高效的供水适应策略。情景序列应同时考虑气候和社会经济变化，并量化两者对供需平衡的影响。所以，供水规划的任务是选择适合不同的未来条件的水资源发展策略。经过充分考虑各种情景，分析不同策略适应供水系统的优势和不足是可行的（图 4.7）。部分方案可能适合所有情景,其他的只对某些情景有效。各情景的可能性并不是相互关联的,这点尤其重要;换句话说,不可能决定哪种情景是最可能发生的。尽管某些气候变化内涵的发展有迹可循,但是未来排放的变化仅能以情景来表达。相似的有,很难确定未来社会经济的变化的可能性。情景是研究未来的有效工具;它们需要采用其他考虑方式,使得规划者们能够统筹不同措施的风险,并且辨析各部分的供水重要层次。例如,大面积公共供水失效被认为是不可接受的。形成的策略倾向于在悲观情景下满足有效供给、在乐观情景下向有盈余方向转变。

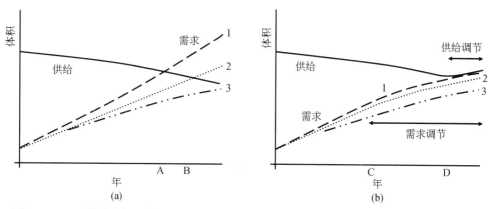

图 4.7 (a) 供需平衡的简化方案。显示了一个单一的供应投影,像气候变化一样,这种下降随时间发生改变。需求情景 1 为 A 年需水量大于供水量,情景 2 为 B 年供水量大于需水量,情景 3 为在规划年中供水量并没有大于需水量。(b) C 年的需求干预减少了情景 1 和 2 的需水量,但并不影响情景 3。需求的干预会影响未来的各种需求。D 年需求干预在 3 种情景下都可以确保供水量大于需水量。延迟供应行动直到 D 年,会有更多的需求信息可用,并且很有可能完全避免供给行为。

供水适应策略强调下述内容:
• 方案组的均衡性——需求方案和供给方案;快速生效的方案和需要数十年乃至更长时间才生效的方案;
• 减少需求优于增加供给——基于气候变化对减少需求较增加供给的影响小;
• 方案的灵活性,方案的时间尺度和空间范围随气候变化可以发生变动。

以上三点内容都有据可寻,尽管方案间的关系取决于供水系统、可能发生的其他变化(如人口增长)、气候变化可能影响的范围等因素。使用气候变化来证明已有方案的合法性存在着风险。例如,预期中英国的气候是将冬天变潮湿,夏天将变热、干燥;可以认为,需要将更多的水存放于新建的水库中;也可以认为，供水减少时，更热、更干燥的夏天将意味着最有效的策略是减少需水量，例如，通过税率来提高用水成本。以上两种观点同时适用于气候预测，它们反映了各种未来供水方案的有效差异；这些方案的差异应该受到广泛关注和充分论证。

在规划供水系统的适应方法中，现仍未完全明晰出这种适应气候变化的供水情景方法，尽管环境署（2001b）和Groves和Lempert（2007）说明了如何使用情景方法帮助建立完善的水资源战略。情景规划标志着供水规划的重大发展，并会增加未来供水策略的复杂度。但是，它仅仅是"预测和规定"方法的翻版，预测需求和构建供给系统来满足这些需求。Sofoulis（2005）认为水供应商、管理者、设施本身在消费者的用水和节水期望中均扮演着重要角色。发达国家的可靠供水使得人们期望使用他们所有的需水，这反过来会使实施减缓需求的策略更难。

也许，气候变化提供了重新思考供水和需水间关系的机会。人们的日常生活和商业正常运转均需要用水，Medd和Shove（2007，p.40）认为"水的消费是完成不同类型活动的结果"。水的消费并不是人类的刻意行为，如洗衣服、清洗花园、自身洗漱都是人们的日常生活所需。Hulme（2009，p.361）认为"气候变化的理念令我们重新思考和探讨关于我们如何以及为什么生活在这个星球上的广泛社会目标"。在水资源规划中，用水者（我们所有人）的积极参与，综合考虑需水和用水，有助于构建满足社会需水的具有广泛共识的适应策略。虽然这并不简单，但是用水和水资源的统筹考虑有助于水资源规划者们确保供水能有效保证社会实践的需求，有助于从"预测和提供"向自适应供水系统转变，该系统以一种不断满足用户的需求和期望值的方式动态响应年间、季节间气候变化。

参 考 文 献

Allen, R. G., Pereira, L. S., Raes, D., and Smith, M. (1998) *Crop evapotranspiration- Guidelines for computing crop water requirements*. FAO Irrigation and drainage Paper 56, Rome.

Anderson, M. G., and T. P. Burt (1985) *Hydrological forecasting*, John Wiley, Chichester.

Arnell, N. W. (2003) Effects of IPCC SRES emissions scenarios on river runoff: a global perspective. *Hydrology and Earth System Sciences*, 7, 619-641.

Arnell, N., and N. Reynard (1996) The effects of climate change due to global warming on river flows in Great Britain. *Journal of Hydrology*, 183, 397-424.

ASCE (1993) Criteria for evaluation of watershed models. *Journal of Irrigation and Drainage Engineering* 119, 429-442.

Bates, B. C, Kundzewicz, Z. W., Wu, S., and Palutikof, J. P (2008) *Climate change and water*, *Intergovernmental Panel on Climate Change*, IPCC Secretariat, Geneva, 210 pp.

Berkhout, F., Eames, M., Skea, J., Audesley, E. and Nash, C. (1999) *Environmental Futures*. Office of Science and Technology, DTI, London.

Beven, K. J. (2001) *Rainfall-runoff modeling-the Primer*, Wiley, Chichester.

Blackie, J. R., and Eeles, C. W. O. (1985) Lumped catchment models, In: Anderson, M. G. and Burt, T. P. (eds) *Hydrological Forecasting*, John Wiley, Chichester. pp. 311-345

Blaney, H., Criddle, W. (1950) *Determining Water Requirements in Irrigated Areas from Climatological and Irrigation Data. U. S. Development of Agriculture Soil* Conservation Service Technical Paper, 96.

Blenkinsop, S. and Fowler, H. J. (2007) Changes in drought frequency, severity and duration for the British Isles projected by the PRUDENCE regional climate models. *Journal of Hydrology*, 342, 50-71.

Chun, K. P, Wheater, H. S. andOnof, C. J. (2009) Streamflow estimation for six UK catchments under future climate scenarios. *Hydrology Research*, 40, 96-112.

Committee on Climate Change (2008) *Building a Low-Carbon Economy- the Uk's Contribution to Tackling Climate Change*. The stationery Office, London.

Costanza, R., R. d'Arge, R., de Groot, R. et al. (1997) The value of the world's ecosystem services and natural capital. *Nature*, 387, 253-260.

DECC (2009) Carbon valuation in UK Policy Appraisal: A Revised Approach. Available at: http://www. Decc. gov. uk/en/content/cms/what_ we_ do/lc_ uk/valuation/valuation. aspx (accessed20 October 2009).

Downing, T. E., Butterfield, R. E., Edmonds, B. *et al.* and theCCDeW project team (2003) *Climate Change and the Demand for Water*. Research Report, Stockholm Environment Institute Oxford Office, Oxford.

Environment Agency (2001a) *A scenario Approach to Water Demand Forecasting*. Environment Agency, Worthing.

Environment Agency (2001b) *Water Resources for the Future- a Strategy for England and Wales*. Environment Agency, Bristol.

Environment Agency (2008a) *Climate Change and River Flows in the 2050s*. Science Summary SC070079/SS1. Available at: http://publications. environmentagency. gov. uk/epages/epublications. storefront/4addcd3330324c0ca273fc0a8029606a1/Product/Views/SCHO1008BOSS&2DE&2DE (accessed 20 October 2009).

Environment Agency (2008b) *Water Resources Planning Guideline*. Available at: http://www. environmentagency. gov. uk/bussiness/sectors/39687. aspx (assessed 20 Octorber 2009)

Ficklin, D. L., Luo, Y., Luedeling, E., and Zhang, M. (2009) Climate change sensitivity assessment of a highly agricultural watershed using SWAT. *Journal of Hydrology*, 374, 16-29.

Fox, C., McIntosh, B. S., and Jeffrey, P. (2009) Classifying households for water demand forecasting using physical property characteristics. *Land Use Policy*, 26, 558-568.

Geels, F. (2005) Co-evolution of technology and society: the transition in water supply and personal hygiene in the Netherlands (1850-1930) - a case study in multilevel perspective. *Technology in Society*, 27, 363-397.

Gilg, A., and Barr, S. (2006) Behavioural attitudes towards water saving? Evidence from a study of environmental actions. *Ecological Economics*, 57, 400-414.

Goderniaux, P., Brouyère, S. Fowler, H. J. et al. (2009) Large scale surface-subsurface hydrological model to assess climate change impacts on groundwater reserves. *Journal of Hydrology*, 373, 122-138.

Groves, D. G., and Lempert, R. J. (2007) A new analytic method for finding policy-relevant scenarios. *Global Environmental Change*, 17, 73-85.

Guardian (2008) Barcelona forced to import emergency water, Available at: http://www.guardian.co.uk/world/2008/may/14/spain.water (accessed 21 October 2009)

Hannaford, J., Lloyd-Hughes, B., Keef, C., Parry, S. and Prudhomme, C. (2009) *The Spatial Coherence of European Droughts*. Environment Agency report SC070079 (in press).

Harou, J. J., Pulido-Velazquez, M., Rosenberg, D. E., Medellín-Azuara, J., Lund, J. R. and HowittR. E. (2009) Hydro-economic models: Concepts, design, applications, and future prospects. *Journal of Hydrology*, 375, 627-643.

Hawker, P. J. and Von Laney, P. H. (2008) *The effect of social, industrial and agricultural change on the demand for water*. Environment Agency Science Report-SC050032.

Hejazi, M. I., and Moglen, G. E. (2008) The effect of climate and land use change on flow duration in the Maryland Piedmont region. *Hydrological Processes*, 22, 4710-4722.

Herrington, P. (1996) Climate change and the demand for water. HMSO, London.

Hisdal, H. and TallaksenL. M., (2003) Estimation of regional meteorological and hydrological drought characteristics: a case study for Denmark. *Journal of Hydrology*, 281, 230-247.

Hough, M. (2003) *An Historical Comparison between the Met Office Surface Exchange Scheme-Probability Distributed Model (MOSES-PDM) and the Met Office Rainfall and Evaporation Calculation System (MORECS)*. Met Office, Exeter, UK.

Hulme, M. (2009) *Why we disagree about climate change: Understanding controversy, inaction, and opportunity*. Cambridge University Press.

Hulme, M., Jenkins, G. J., Lu, X. et al. (2002) *Climate Change Scenarios for the United Kingdom: the UKCIP02 Scientific Report*. Tyndall Centre for Climate Change Research, School of Environmental Sciences, University of East Anglia, Norwich, UK.

IPCC (2000) *Emissions Scenarios*, Nakicenovic, N. and Swart, R. (eds). Cambridge University Press.

IPCC (2007) *Climate change2007: Synthesis Report. Contribution of Working Groups I, II, III to the Fourth Assessment Report of the Intergovernmental Panel on Climate Change* [Core Writing Team,

Pachauri, R. K. and Reisinger, A. (eds)]. IPCC, Geneva, Switzerland, 104pp.

Ivanović, R., and FreerJ. E. (2009) Science versus politics: truth and uncertainty in predictive modeling. *Hydrological Processes*, 23, 2549-2554.

Ivkovic, K. M., Letcher, R. A., Croke, B. F. W. and Acworth, R. I. (2009) Use of a simple surface-groundwater interaction model to inform water management. *Australian Journal of Earth Sciences*, 26, 71-80.

Jenkins, G. J., Murphy, J. M., Sexton, D. S., Lowe, J. A, Jones, P. and Kilsby, C. G. (2009) *UK Climate Projections: Briefing Report*. Met Office Hadley Centre, Exeter, UK.

Johnson, A. C., Acreman, M. C., Dunbar, M. J. et al. (2009) The British river of the future: How climate change and human activity might affect two contrasting river ecosystems in England. *Science of the Total Environment*, 407, 4787-4798.

Jones, P. D. (1984) Riverflow reconstruction from precipitation data. *Journal of climatology*, 4, 171-186.

Jones, P. D., Lister, D. H., Wilby, R. L., and KostopoulouE. (2006) Extended riverflow reconstructions for England and Wales, 1865-2002. *International Journal of Climatology*. 26, 219-231.

Jones, P., Harpham, C., Kilsby, C., Glenis, V., and Burton, A. (2009) UK Climate Projections science report: Projections of future daily climate for the UK from the Weather Generator, Met Office Hadley Centre, Exeter, UK.

Jorgensen, B., Graymore, M., and O'Toole, K. (2009) Household water use behavior: An integratedmodel. *Journal of environmental management*, doi: 10.1016/k.jenvman.2009.08.009.

Kay, A. L. and Davies, H. N. (2008) Calculating potential evaporation from climate model data: A source of uncertainty for hydrological climate change impacts. *Journal of climatology*, 358, 221-239.

Knox, J. W., Weatherhead, E. W., and Rodriguez-Diaz J. A. (2008) *Assessing Optimum Irrigation Water Use: Additional Agricultural and Non-agricultural Sectors*. Environment Agency Science Report-SC040008/SR1.

Koch, H., and Vögele, S. (2009) Dynamicmodelling of water demand, water availability and adaptation strategies for power plants to global change. *Ecological Economics*, 68, 2031-2039.

Lambert, A., Myers, S. and Trow, S. (1998) Managing Water Leakage: Economics and Technical Issues. Financial Times Energy, London.

Lambert, A. O. Mendaza, F., Tveit, O. A. et al. (2002) International report: water losses management and techniques. *Water Science and Technology: Water Supply*, 2 (4), 1-20.

Lopez, A. Fung, F., New, M., Watts, G., Weston, A. and Wilby, R. L. (2009) From climate change model ensembles to climate change impacts and adaptation: A case study of water resources management in the southwest of England. *Water Resources Research*, 45, W08419, doi: 10.1029/2008/WR007499.

Loucks, D. P. and van Beek, E. (2005) *Water Resources System Planning and Management: An In-*

troduction to Methods and Applications. UNESCO, Paris.

MacKay, D. J. C. (2009) Sustainable Energy—without the hot air. UIT, Cambridge.

Marsh, T., Cole, G. and Wilby, R. (2007) Major droughts in England and Wales, 1800-2006. *Weather*, 62, 87-93.

Mawdsley, J. R., O'MALLEY, R., and Ojima, D. S. (2009) A review of climate-change adaptation strategies for wildlife management and biodiversity conservation. *Conservation Biology*, 23, 1080-1089.

Medd, W. and Shove, E. (2007) *The Sociology of Water Use*. UKWIR Report Ref No. 07/CU/02/2.

Milly, P. C. D., Betancourt, J., Falkenmark, M. et al. (2008) Climate change-Stationary is dead: whither water management? Science, 319, 513-574.

Monteith, J. L. (1965) Evaporation and environment. *Symposia of the Society for Experiment Biology*, 19, 205-234.

Murphy, J. M., Sexton, D. M. H., Jenkins, G. J. et al. (2009) *UK Climate Projections Science Report: Climate Change Projections*. Met Office Hadley Centre, Exeter, UK.

Nash, J. E., and Sutcliffe, J. V. (1970) River flow forecasting through conceptual models part I—A discussion of principles. *Journal of Hydrology*, 10, 282-290.

New, M., Lopez, A., Dessai, S. and Wilby, R. (2007) Challenges in using probabilistic climate change information for impact assessments: an example from the water sector. *Philosophical Transactions of the Royal Society A*, 365, 2117-2131.

Newson, M. D. (1997) *Land, water and development*, 2ndedn. Routledge, London.

Ofwat (2008) Setting Price Limits for 2010-15: Framework and approach. Ofwat, Birmingham.

Orr, H. G., Wilby, R. L., McKenzie Hedger, M. and Brown, I. (2008) Climate change in the uplands: a UK perspective on safeguarding regulatory ecosystem services. *Climate Research*, 37, 77-98.

Penman, H. L. (1948) Natural evaporation from open water, bare soil and grass. *Proceedings of the Royal Society of London A*, 193, 120-145.

Randolph, B., and Troy, P. (2008) Attitudes to conservation and water consumption. *Environmental Science and Policy*, 11, 441-455.

Rodríguez Díaz, J. A., Weatherhead, E. K., Knox, J. W. and Camacho E. (2007) Climate change impacts on irrigation water requirements in the Guadalquivir river basin in Spain. *Regional Environmental Change*, 7, 149-159.

Rogelj, J., Hare, B., Nabel, J., et al. (2009) Halfway to Copenhagen, no way to 2℃. *Nature Reports Climate Change*, published online 11 June 2009; doi: 10.1038/climate.2009.57.

Shaw, E. M. (1988) *Hydrology in practice*, 2nd edn. Chapman and Hall, London.

Sheffield, J., and Wood, E. F. (2007) Characteristics of global and regional drought, 1950-2000: Analysis of soil moisture data from off-line simulation of the terrestrial hydrologic cycle. *Journal of*

Geophysical Research, 112, D17115, doi: 101029/2006JD008288.

Shorthouse, C., and Arnell, N. (1999) The effects of climatic variability on spatial characteristics of European river flows. *Physics and Chemistry of the Earth*, Part B: *Hydrology, Oceans and Atmosphere*, 24, 7-13.

Sofoulis, Z. (2005) Big water, everyday water: a sociotechnical perspective. *Continuum: Journal of Media & Cultural Studies*, 19, 445-463.

Stern, N. (2006) *The economics of climate change*. Cambridge University Press.

Sydney Water (2009) Sydney's Desalination Project at a Glance. Available at: http://sydneywater.com.au/water4Life/Desalination/.

Tallaksen, L. M., Hisdal, H. and VanLanen, H. A. J. (2009) Space-time modelling of catchment scale drought characteristics. *Journal of Hydrology*, 375, 363-372.

Thornthwaite, C. W. (1948) An approach toward a rational classification of climate. *Geographical Review*, 38, 55-94.

Van der Schrier, G., Briffa, K. R., Jones, P. D. and Osborn T. J. (2006) Summer moisture variability across Europe. *Journal of Climate*, 19, 2818-2834.

Vidal, J. P., and Wade S. (2006) Effects of Climate Change on River Flows and Groundwater Recharge: Guidelines for Resource Assessment and UKWIR06 Scenarios. UKWIR report.

Vidal, J. P., and Wade S. (2008) A framework for developing high-resolution multi-model climate projections: 21st century scenarios for the UK. *International Journal of Climatology*, 28, 843-858.

Von Christierson, B., Hannaford, J., Lonsdale, K. et al. (2009) Impacts of Long Droughts on Water Resources. *Environment Agency Science Report* (in press).

Wagener, T. (2007) Can we model the hydrological impacts of environmental change? *Hydrological Processes*, 21, 3233-3236.

Watts, G. (1997) Hydrological modelling in practice. In: Wilby, R. L. (ed.) *Contemporary Hydrology: Towards Holistic Environmental Science*, Wilby, Chichester, pp. 151-194.

Webb, B. W., Clack, P. D. and Walling D. E. (2003) Water-air temperature relationships in a Devon river system and the role of flow. *Hydrological Processes*, 17, 3069-3084.

Webb, B. W., Hannah, D. M., Moore, R. D., Brown, L. E. and F. Nobilis (2008) Recent advances in stream and river temperature research. *Hydrological Processes*, 22, 902-918.

Whitehead, P. G., Wilby, R. L., Battarbee, R. W., Kernan, M. and Wade A. J. (2009) A review of the potential impacts of climate change on surface water quality. *Hydrological Sciences Journal*, 54, 101-123.

Wilby, R. L. (1997) *Contemporary hydrology: towards holistic environmental science*. Wiley, Chichester.

Wilby, R. L. (2005) Uncertainty in water resource model parameters used for climate change impact assessment. *Hydrological Processes*, 19, 3201-3219.

Wilby, R. L. (2007) When and where might climate change be detectable in UK rivers flow?

Geophysical Research Letters, 33, L19407.

Wilby, R., Whitehead, P. G., Wade, A. J., Butterfield, D., Davis, R. J. and Watts, G. (2006) Integrated modelling of climate change impacts on water resources and quality in a lowland catchment: River Kennet, UK. *Journal of Hydrology*, 330, 204-220.

Willows, R. and Connell, R. (2003) *Climate Adaptation: Risk, Uncertainty and Decision-making*. UKCIP Technical Report.

Wriedt, G., Van der Velde, M., Aloe, A. and F. Bouraoui (2009) Estimating irrigation water requirements in Europe. *Journal of Hydrology*, 373, 527-544.

Yates, D., Sieber, J., Purkey, D. and Huber-Lee, A. (2005) WEAP21—A Demand-, Priority-, and Preference-Driven Water Planning Model. Water International, 30, 487-500.

第5章 气候风险管理的新兴方法

A. 洛佩兹,罗伯特[1,3] L. 威尔比[2],冯辉[3],M. 钮[4]

[1]格兰瑟姆学院,伦敦政治经济大学,英国
[2]地理学院,拉夫堡大学,莱切斯特,英国
[3]廷德尔气候研究中心,地理学院,牛津大学,英国
[4]地理学院,牛津大学,英国

本章我们将对一些气候风险管理中的关键问题进行总结和梳理,这些问题主要是在用气候和水文模型来量化气候变化的影响时所需要考虑的。我们的讨论以假设为指导,假设建模工具采用水行业规划适应战略的最终目标,模拟工具考虑了气候变化适应措施即考虑了减少气候变化风险(包括气候变异和极端气候条件)而采取的所有措施。

显然,与气候相关的决策更具有挑战性,因为在大多数情况下,各种利益相关方是由多个变化目标和一个不确定的并且不断适应的发展的知识体系及社会经济过程共同导致的。

详细讨论不同决策框架已经超过了本章作者的讨论范围。许多不同的机构已经开发了关于气候变化的组织和评价决策支持活动的理论框架和方法。我们将在本章的结尾部分做进一步阐述,在4.3.7节已经给出简单介绍。这些框架通常是基于危险响应、公共健康、自然资源管理和先前的气候管理经验这些其他领域的决策理论和已有经验的组合。

历史上,大多数水资源方面决策的制定,包括现在也广泛应用的决策都是基于假定一个不变的气候模式(Milly et al.,2008)。对于成熟的供水系统而言,供水系统、自来水厂、洪水管理和其他的水基础设施的风险评价与管理都是基于以往的记录信息,同时根据系统一成不变的假设调整方法对相应功能进行分配而获得的。在这部分内容里,对于一个不变的系统,通过历史的数据构建合理的分配水量是非常合理的。但是由于供水距离、历史数据等因素的缺乏,可能存在一些错误。然而如果增加足够多的观测数据,这些错误是可以避免的,同时也可以使水量的分配更为合理。

随着反对气候平稳性假设的观测证据的增多(Solomon et al.,2007),基于模型的实践和决策方法也变得不再适用,并且未来对于不同信息资源进行选择将

变为必要的。长期的观察记录有助于更好的量化自然的变化范围，同时也有助于测试目前水利基础设施应对极端事件的恢复能力，这和它的设计标准也息息相关（Marsh et al., 2006）。然而，就像在第 2 章提到的，在过去的 100 年，由于没有关于类似温室气体浓度快速增长的记录，无法根据时空分辨率量化气候变化对区域或者当地的水文影响。

在缺乏长期的观察记录时，另一种选择是使用气候模型模拟。这种方法的关键在于讨论第 2 章中的气候模型输出的特征，包括构建模拟模型评价气候模式的模拟能力，考虑相关气候现象的模拟能力（见 2.3.2 节）、可行的模拟气候变化的时空尺度（见 2.3.1 和 2.3.3 节）、影响气候模型设计的不确定性（见 2.5 节）。结合上述这些，研究模型降尺度以及影响模型不确定性（见 3.4.2 和 4.2.3 节）。

当把这些因素都考虑进去的时候，在基于气候模型数据的可行性的基础上，构建健全合理、可以评估未来水文水资源的变化的分配模型是可行的，尤其是在一定程度上分析水文变化对水库水位的影响。一些人认为可以通过像 NWP 模型一样用同样的方法运行下一代的气候模型来实现。

因目前对气候模型理解的知识水平有限，在描述通用气候模型的不确定性时，基于现有气候模式分析未来气候因子的空间分布往往存在争论，在这种情况下，应该将气候模式作为定量评价气候变化影响的工具，同时在相关尺度上为气候变化的适应性决策提供支撑。然而，对于这个信息还存在一系列的问题。首先，气候模型只有在大尺度提供可信的未来气候变化的定量评估，（continental scales and larger according to Solomon et al., 2007），其结果基本上对于区域性和当地的自身决策太大意义。其次，运用不同的方法气候模式对气候的模拟结果是截然不同的，即使有相同的气候模型数据，其研究结果也可能存在很大的差别（Tebaldi and Knutti, 2007）。但是，其模拟结果往往包含关于极端事件可能性的信息。因此，由于其结果的不确定性可能导致极端气候事件的错误预估，从而造成巨大的社会经济损失。再次，极端气候事件的变化是非线性的，由于非线性的反馈和过程没有被人们足够了解或者到目前为止还没有完全地纳入气候模型中，即使当前气候模式的问题得以解决，其对极端气候事件模拟结果可能还是不准确的。

到目前为止，我们已经表明在脱离水资源计划和气候变化的背景下，通常采用的基于历史记录的合理分配已不再适用。并且使用气候数据的选择需要有合理的分配目的，但结果往往需要有严格的模型数据和统计数学方法来构建模型模拟（Hall, 2007）。本次讨论建议我们应建立全过程的适应决策方法，通过基于气候模型信息模拟得到的未来气候因子预测结果来制定随之而来可能产生影响的应对方案和措施。此外，基于单一方法的决策制定可能产生误导，可能导致应对性不足或者过度应对,也有可能降低未来适应气候变化影响的有效性。

如何做出选择,取决于决策目的。该方法遵循了一个给定的时间规划决策,相关的非气候因素都必须考虑到相应的风险评估中。我们应该永远记住,气候的多样性和变化性可能不是影响长期水危机的最重要因素。即使没有气候变化,中东、北非、南亚大部分地区也已经面临了一场水危机。人口增长加上人均水资源消费驱动增长,以及经济发展和城市化这些都会引起短期到中期内的水危机(Arnell,2004)。

首先是要考虑这个系统是否已经适应了当前的气候变化,当前气候条件下承受水压力的地区必须采取有弹性且符合当前气候变异性的方案来应对气候变化,同时方案要考虑社会经济因素的变化(Wiley and Dessai,2010;对 Quarai 河案例研究的讨论见 6.2 节)。

成熟的水资源系统已经适应当前的气候变化,探讨气候变化的评估对系统的响应及导致的问题是有必要的。例如,如果可操作的相关知识足以评估适应方案,即使不需要借助气候建模数据,也能够评估模型的物理价值。如泰晤士河2100 项目,是基于合理的未来海平面上升值,而不是依靠先前气候模型的预测结果,就可以设计出不同的适应途径,在下一章中会进行简单的探讨。

其次,如果需要统计数据变化的平均值、返回时间、时空的相关信息等数据,那么同样需要模型数据,综上所述,考虑模型的局限性和不确定性是必要的。此外,正如 4.2.5.3 节中讨论的,在系统非平稳特性下,风险评估模型也是必要的。在这种情况下,考虑到巨大的不确定性,使用模型以产生气候预测可能是一种合理的方法,并且结合社会经济场景产生的合适工具来评估不同地区的脆弱性,包括极端事件的出现频率(见 6.4 节 Wimbleball 水库案例研究)。

值得注意的是,情景方案已经作为支持战略决策框架的一部分,情景方案构建的目的是描述未来可能出现的挑战,代表未来外部世界的发展方向。在这个意义上,结合气候和社会经济情况下,涵盖了我们所不能涉及的未来各方面的可能性;从气候模拟的角度看,气候系统的反馈作用不能通过气候模式和不确定分析得以完全的呈现,这也的确限制了气候模型模拟未来天气情况的能力。

尽管有这些限制条件,方案仍然可以被用来当做工具以考虑未来一系列的可能情况以及和它们相关的后果。然后分析可用方案并将决策者认为对未来可能有价值的反馈信息提出来(见 4.4 节)。

显然,已有信息的不确定性和未来这种信息的改变前景将会要求决策者设计灵活的适应性途径,允许在获取新信息前能适应一段时间,同时根据适应情况表明增加的适应能力已经不够时,有改变为新途径的可能性。此外,决策的部分过程将不得不考虑这一事实:未来将会与内在的不可预测的技术及社会发展的不确定性相结合，甚至可能出现难以想象的气候变化事件。在这个环境下，灵活的对未知的信息强有力的适应能力的方法看起来将是最合理（Hulme et al.，2009），就像下文所强调的。

> 政府希望这些决定可以以最可能的科学事实为依据，但是科学的天气预测看似不能满足决定者们的期望，并且通过过于精准的预测，如果错误地解释或者运用不正确，可能导致其无法适应气候变化。这些对天气预测理论上的限制，应该不要被错误地解释为对适应的限制，气候适应策略能在面对很大不确定性的情况下得以发展。社会将会从气候影响的脆弱性和不确定性的深刻理解中获得比通过增加大量投入提高气候预测准确性更大的利益。与传统方法关注气候预估相不同的是新的方法更关注于应对策略对于假设和不确定性的表现如何。
>
> 欧洲社团委员会（2009）

泰晤士环保局 2100 项工程提供了一个监测和调整之间如何相互作用才能有效适应途径的例子。这个项目的目标是评估在 21 世纪海平面改变及多雨条件下，泰晤士河水闸能否保护伦敦防洪安全（图 5.1）。尽管预计的海平面和降雨存在很大的未知性，但这个项目计划仍然列出了怎样制订长期的洪水管理计划。在泰晤士河口项目（TE2100）中制定替代性洪水防御选择的计划，取决于已知的洪水风险的关键因素（例如海平面上升，潮汐，河流以及市区山洪）。这些因素有太多的不确定性以至于这个计划被分解成三个阶段。

1. 维护和提高现有的洪水防御设施，增加维护空间为未来洪水管理做准备（2010~2034 年）；
2. 重建和更换现有的潮汐防御设施（2035~2070 年）；
3. 持续维护现有系统或者进行新水闸建设（2070 年以前）

这个计划可以灵活的改变气候状态，因为干预可以及时介入，可以设置不同方案做出改变，比如调整其结构设计，制定新的防御措施或建造栖息地保护土地。10 个"变化触发"措施将会在整个计划过程中被监控；如果有任何变化被检测到，如平均海平面，其有效适应途径可以相应的调整。此外，这个例子再次支持了这样一个观点：基于气候模型和专家知识所确定的理论上可行的应对措施可能造成是基于气候变化的应对措施。

虽然可以采取多种形势的适应措施，大多数具有可操作性的适应举措都是在很大的不确定性或者不完整气候风险信息条件下实施的。必须制定有效措施应对未考虑未来适应对策情况下存在的不确定性，适应性对策应寻找最佳损失小的措施（注意："无损"选择几乎是不可能的，因为所有的措施都有一定的机会损失）。例如，在 Defra 的《在变化的气候下保护生态多样性》一书中的指导原则是很有用的，不

第 5 章 | 气候风险管理的新兴方法

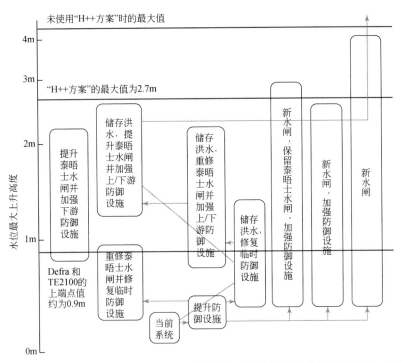

图 5.1 泰晤士河河口项目（TE2100）对潮汐洪水风险灾害管理适应措施的开发。蓝线表示下列两种情况下预估的最高水位：①由于海洋热膨胀，冰川和极地冰盖融化，导致海平面上升引起的" 可能" 情况，大致与 2006 年 Defra 指导中的情景相同；②由热膨胀，冰融化和风暴潮引起的极端事件，导致低几率高冲力的海平面上升（包括浪涌）或最坏的情况（H + +）发生。绿色框描述了水位有效范围内，洪水灾害风险管理措施；箭头表明了不同海平面范围的适应性选择路径。改编自 Lowe 等（2009）（见图版 13）。

管气候怎么变化。图框 5.1 提供了应用于部分地区的水资源领域最佳适应措施的例子，比如制定适应性措施防止水资源污染和盐渍化。同样的，长期的环境质量监测对于可利用水源的估算和变化情况下的标杆管理及管理决定至关重要。

图框 5.1 水管理中最佳适应性措施的例子，转载自威尔和沃思（2010）。

科学和气候风险信息

- 中央气候数据采集，质量监控和传播；
- 支持保护气象资料免遭损失和数字化；

- 监测基线和环境变化的监测参考点；
- 改善地表水和地下水模型，使资源估算更可靠；
- 提升对区域气候控制和地表面的反馈的理解；
- 发展实时、季节和年代预测能力；
- 提高应急管理预测的传播和理解；
- 沿海和河流洪水分区高分辨率地形勘察。

水管理措施

- 提高水的治理和配置方法；
- 源头防洪水源污染和盐渍化；
- 增加农业排水中水回用；
- 管理人工含水层的补给；
- 进行资产管理和维护（漏损控制）；
- 提高水的利用率；
- 更加快速的发展和/或更多的耐旱作物的品种；
- 采用传统的集水和保留技术（如梯田）。

尽管气候风险未知性很大，仍有一系列能让组织使用的实用步骤来减少其风险，以增加对气候威胁的认识（图框5.2）。对于这些努力，获取变化条件的真实信息很重要，因为他们在组织结构和监管框架上很灵活。我们也应该记住：一个部门的行为（如水资源）并不会和其他部门的适应和缓解措施孤立的发生。因此，需要广泛的伙伴关系以采取一个更综合的方法来适应评估。

图框5.2 适应气候变化的九个标志性共识，转载自威尔和沃思（2010）。

1. 气候变化的拥护者是显而易见的，他们制定目标，倡导和资源化气候变化适应性的主动性。

2. 适应气候变化的目标是在总体战略中被明确的提出，作为一个更广泛的战略框架的一部分被定期检查是否得以实现。

3. 灵活的结构和流程能协助组织进行学习，提高队伍的技能，将适应性作为行动准则的主流。

4. 在确定的目标下提高监测和报告的适应能力。

| 第 5 章 | 气候风险管理的新兴方法

> 5. 为商业规划的早期措施优先对全面的风险和脆弱性进行评估。
> 6. 从科学的角度对工作人员进行了可行的指导和适应性培训。
> 7. 以风险预防原则为指导提出适应性途径以达到"低影响"应对气候变化风险和不确定性的解决方案。
> 8. 多部门网络联动已准备就绪,共享信息,集中资源,并采取协调一致的行动,来实现适应性目标的互补。
> 9. 内部和外部人员的有效沟通是正在引起人们的注意,提高对气候风险和机遇的认识,实现行为上的改变,并采取适应行动。

政府和相关机构不得不在变化的气候环境下做一些决定。比如,在英国,监管部门已经要求公司在它们近期计划中公布气候的变化信息。在这本书中,我们将尝试描述气候多样变化对于水资源系统影响时采取的措施;从第 2 章中的假设模型中获得气候多样性,需要运行第三章的模型对这些变量在时间空间上进行降尺度,在第 4 章全面的分析水系统,包括气候的和社会经济的因素。自始至终,需要强调对不同方案的优势及局限的理解,尤其是每一步中引入的不确定量。这三个项研究包含在第 6 章中方法的实用性说明中。

因为气候模型存在很大的不确定性,我们建议应慎重采纳气候风险信息及其的适应性决定。正确应用模型在应对气候变化方面起着很重要的作用,而对模型的过度解释往往会起反作用。合理的适应气候变化,首先需要对当前系统的脆弱性进行正确评估,并采取相应措施。然而由于未来气候和社会经济趋势的不确定性很大,我们应采取合理的适应途径。

参 考 文 献

Arnell, N. W. (2004) Climate change and global water resources: SRES emissions and socio-economic scenarios. *Global Environmental Chang*, 14, 31-52.

Commission of the European Communities (2009) *Adapting to Climate Change: Towards a European Framework for Action: Impact Assessment*. Commission Staff Working Document, 387pp.

Environment Agency (2009) *TE2100 Plan Consulation Document. Thames Barrier. London*: 25pp.

Hall, J, (2007) Probabilistic climate scenarious may misrepresent uncertainty and lead to bad adaptation decisions. *Hydrological and Process*, 21, 1127-1129.

Heller, N. E. and Zavaleta, E. S (2009) Biodiversity management in the face of climate change: A review of 22 years of recommendations. *Biological Conservation*, 142, 14-32.

Hopkins, J. J., Allison, H. M. Walmsley, C. A., Gaywood, M. and Thurgate, G. (2007) *Conserving Biodiversity in a changing Climate*: *Guidance on Building Capacity to Adapt*. Defra on behalf of the UK Biodiversity Partnership, Nobel House, London.

Hulme, M. Pielke, R. J. and Dessai, S. (2009) Keeping prediction in perspective. *Nature*, 3, 126-127.

Lowe, J. A., Howard, T. P., Pardaens, A., Tinker, J., Holt, J., Wakelin, S., Milne, G., Ridley, J., Dye, S., Bradley, S. (2009), UK Climate Projections sciencereport: Marine and coastal projections. Met Office Hadley Centre, Exeter, UK.

Marsh, T., Cole, G and Wilby, R. L. (2007). Major droughts in England and Wales, 1800-2006. *Weather*, 87-93.

Milly, P. C. D., Betancourt, J., Falkenmark, M. et al. (2008) Stationarity is dead: Whither water management*Science*, 319, 573-574.

Solomon, S., Qin D., Manning, M. et al. for the IPCC (2007) *Climate Change* 2007: *The Physical Science Basis*. Contribution of Working Group 1 to the Fourth Assessment Report of the Intergovernmental Panel on Climate Change. Cambrige University Press.

Tebaldi, C. and Knutti, R. (2007) The use of multi-model ensemble in probabilistic climate projections. *Philosophical Transactions of the Royal Society A*, 365, 2053-2075.

Wilby, R. and Dessai, S. (2009) Robust adaptation to climate change. *Weather* in Press.

Wilby, R. L. and Vaughan, K. (2010) Hallmarks oforganizations that are adapting to climate change. *Water and Environment Journal*, doi: 10.1111/j.1747-6593.2010.00220.

延展阅读

Bate, B. C., Kundzewicz, Z. W., Wu, S. and Palutikof, J. P. (eds) (2008) *Climate Change and water*. Technical Paper of the intergovernment panel on Climate Change. IPCC Secreariat, Geneva, 210 pp.

Carter, T. R., Jones, R. N., Lu, X. et al. (2007) New assessment methods and the charecterisation of future conditions. In: Parry, M. L., Canziani, O. F., vander Linden, J. P. and Hanson, C. E. (eds) Climate Change 2007: Impacts, Adaptation and Vulnerability. Contribution of Working Group II to the Fourth Assessment Report of the Intergovernmental panel on Climate Change. CambridgeUniversity Press, Cambridge, pp. 133-171.

Committee on the Human Dimensions of Global Change (HDGC) (2009) Informing Decisions in a Changing Climate. The National Academies Press, Washington. Avaiable at : http//www.nap.edu/catalog.php?record_id=12626#toc.

Connell, R. K., Willows, R., Harman, J. and Merreff, S. (2007) A framework for climate risk-management applied to a UK water resource problem. Water and Environment Journal, 19, 352-360.

Dessai, S. and van der Sluijs, J. (2007) Uncertainty and Climate Change Adaption- a Scoping Study. Report NWS- E- 2007- 198, Department of Science, Technology and Society, University, Utrecht, 95 pp.

Jenkins, G. J., Murphy, J. M., Sexton, D. S., Lowe, J. A., Jones, P. and Kilsby, C. G. (2009) UK Climate Projections: Briefing Report, Met Office Hadley Centre, Exeter, UK.

Kropp, J. and Scholze, M. (2009) Climate Change Information for Effective Adaption: A Practitioner's Manual. Deutsche Gesellschaft fur Technische Zusammenarbeit (GTZ) GmbH Climate Protection Programme. Available at: http://www.pik-potsdam.de/research/research-do-mains/climate-impacts-and-vulnerabilities/research/expected-outcomes.

Miller, K. andYates, D. (2007) Climate Change and Water Resources : A Primer for Municipal Water Providers. National Centre for Atmospheric Research.

Preston, B, (2007) Application of climate projections in impacts and risk assessment. In: Climate Change in Australia. Technical Report. CSIRO, pp. 108-123. Available at http://www.cliamtechangeinaustralia.gov.au/technical_report.php.

第6章 实例研究

6.1 前　　言

现阶段许多学者涉足于定量描述气候变化对水资源的影响这一方面的研究，在这一章节里，我们选用3个案例来展示不同研究团体研究方法的差异性。所选择的案例从实际操作的角度，以自上而下的线性方法为基础，来评估气候变化所带来的影响。这些案例的分析需要结合第5章的讨论结果（在第5章里，这些方法只是决策过程输入的一部分）。

案例研究的结果并没有按照特定的形式来展现，表6.1给出了各个方法总体的介绍。需要注明的是，这些案例研究仅仅只是本书中所提到的各种方法的算例，除此之外，还存在着许多可行的方法（如考虑水资源系统的脆弱性的自上而下的方法）。本书中的案例只是针对气候风险评估中可能出现的问题。

表6.1　案例研究

国家	河流	气候模型数据来源	气候模型	气候情景	未来时段（年）	降尺度过程	研究模型
巴西/乌拉圭	夸拉伊河	MAGICC-SCENGEN 敏感性分析	9种	6种	2020 2050 2080	格局缩放	降水径流模型
法国	阿列日河	CMIP3	11种	A1B	2014~2045	统计降尺度	降水径流模型；水库调度
英国	埃克塞特	CMIP3气候预测网站	23种	A1B	2000~2079	位数映射	降水径流模型；供水网络
			246种	A1B			

6.2 案例1：气候变化对夸拉伊河流域地区水资源的影响

罗德里格·派瓦，沃尔特·柯立钦，伊迪斯·比阿特丽斯·斯凯蒂尼
巴西　南大河州　联邦大学　海军研究所

摘要：

本次研究采用大尺度分布式水文模型分析不同气候变化情景对夸拉伊河流域地区水资源的影响。夸拉伊河是乌拉圭河的一条支流，流域面积14 500km^2，属于南非第二大流域——拉普拉塔河流域。该流域是重要的粮食生产区，大部分耕地需要灌溉。较大的用水需求导致农业需水短缺以及一系列的环境问题。气候变化所带来的负面影响会加剧水资源供需矛盾，并影响区域经济的发展。此次研究采用大尺度分布式水文模型、敏感性分析和气候变化模式定量分析气候变化对夸拉伊河流域的影响。敏感性分析结果表明，流域最小径流量对平均降水量变化不敏感，但对平均气温的变化较为敏感（相对于平均径流量和最大径流量而言）。平均降水每增加1%、平均气温每减少1.98%，平均径流会增加1.85%。气候变化情景（对于2020年、2050年和2085年）来源于未来气候变化情景发生器——MAGICC/SCENGEN（考虑9种气候环流模式和6种温室气体排放情景）。研究结果表明，年均降水量和气温呈现出上升趋势（到2050年，年均降水量增加7.5%，年均气温升高1.1℃）。然而，不确定性分析结果表明：GCMs之间的不确定性要远远大于温室气体排放情景之间的不确定性。到2050年，在54种预测气候变化情景下，同时结合GCM模型预测结果所提供的气温和降水数据，利用MGB-IPH模型对其水文响应进行评估。其结果表明：径流呈现出增加的趋势，到2050年，径流平均增加量为15%。气候变化的不确定性在水文响应结果中表现得更为明显。

6.2.1 引言

人类社会的发展与气候息息相关，尤其是在那些依靠农业生产带动经济发展的地区。在自然和人为因素的双重作用下，气候条件并非是一成不变的。气候变化的不稳定性（如降水）可分为两类（Clarke，2007）：一类是长期的波动，另一类是短期的变化。

多年的干旱或湿润状况，以及长期的波动都可以看做是常见的气候现象。气候-水文系统的特点通常是指赫斯特现象或者是长期的稳定状态（Clarke，2007；Koutsoyiannis and Montanari，2007），且能在河道径流时间序列中得到体现。在南

非，这种变化可以在巴拉圭河及其支流（Collischonn 等，2001）以及巴拉那河（Robertson and Mechoso，1998）中发现。现阶段的研究重点在于从较长的时间来研究气候变化的趋势。

人类社会在气候变化和气候多样性条件下表现出一定的脆弱性，而这种脆弱性在很大程度上是与水资源相联系的。气候变化或气候多样性对水文系统能够产生较大的影响，如旱涝频繁、土壤侵蚀加剧、水质恶化、生态系统多样性的锐减等。而可利用水的变化会对工业、农业、产能以及其他行业造成影响，从而间接的影响社会经济的发展。因此，迫切需要研究气候变化对水文系统的影响。

本次研究以夸拉伊河为例来分析气候变化对水资源的影响。夸拉伊河流域面积为 14 500km^2，穿越巴西和乌拉圭，是乌拉圭河的一条支流。欧洲和拉丁美洲的合作项目（TwinLatin）对这片流域进行过相关的研究（TwinLatin，2006，2009a，2009b），并且对主要的水资源管理问题进行了识别，如乌拉圭的委内瑞拉城市的内涝以及由于生活污水的未处理排放所导致的水污染问题。近年来，许多问题都与耕地灌溉用水的增加有关，该流域包括了约 70 000hm^2[①] 的水稻田（图 6.2.3）。这些灌溉用水一方面来源于位于支流上的小型农田用水的水库，另一方面来自于干流河段（TwinLatin，2009a）。

由于抽水灌溉和低生态基流，农民经常会遇到缺水问题，干流河段也时常干涸，诱发了一系列的环境问题。夸拉伊河流域处于乌拉圭和巴西的交界处，水资源短缺问题会激化两国用水单位和水资源管理部门之间的矛盾。而这些矛盾在干旱年份内就已经存在，如果未来的气候变化导致降水和可利用水量减少，则这些矛盾会进一步加剧，制约区域经济发展。另一方面，如果夏季降水有所增加，则气候变化会有利于该地区的发展。

本次研究采用大尺度的分布式水文模型定量化评价气候变化对夸拉伊河流域的影响。评价过程分为两步：①以假定情景下气温和降水数据作为输入，采用 Chiew（2006）提出的敏感性分析识别流域对气候变化的响应；②选取不同的未来假设情景，改变气温和降水等变量，通过分析在不同大气环流模式和温室气体排放情景的结果，评价气候变化假设条件的不确定性。

敏感性分析的结果表明：由于径流系数较大，夸拉伊河流域对气候变化的敏感性较低。气候变化对径流影响的评价结果表明：夸拉伊河流域气候状况将会朝着暖湿方向发展，且径流量可能会呈现出增加的趋势。不确定性分析结果表明：GCMs 之间的不确定性要远远大于温室气体排放情景之间的不确定性。

---

① 1hm^2 = 10^{4}m^2。

第6章 实例研究

6.2.2 夸拉伊河流域

夸拉伊河（Quaraí）是乌拉圭河的一条支流，属于南非第二大流域—拉普拉塔流域（图6.2.1）。流域面积为14 500km²，坐落于巴西南部和乌拉圭北部的交界处（57°36′W，31°05′S；55°38′W，29°51′S）。乌拉圭的委内瑞拉和巴西的夸拉伊是该流域中最重要的城市。

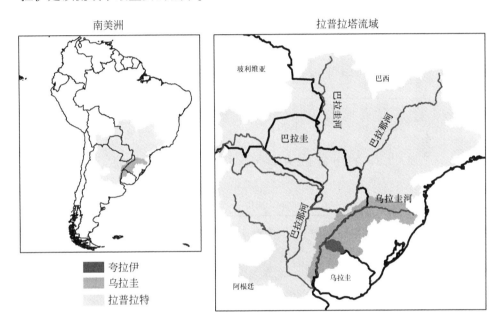

图6.2.1 南美洲乌拉圭和巴拉那河-拉普拉塔河流域的夸拉伊河流域（见图版14）。

该流域属于副热带气候，月平均气温为13~25℃，日气温最低值和最高值分别为0℃和近40℃。多年平均降水量为1300mm，通常年内分配较均匀（图6.2.2），但年际之间的变化较大，夏季易发生干旱。

土地利用以牧场为主，占全流域的90%（图6.2.3），其余的包括集中于河网周围的零星森林（4%），水稻田（5%）和小型水库（1%）。夏季以水稻种植为主，灌溉天数接近100天（11月至翌年2月）。

流域上游的大部分地区为浅层土壤（0.5m），在土层下方，多由不透水的玄武岩组成，以至于土壤持水能力较低，因而在干旱条件下，汇流快、流量小（图6.2.4）。

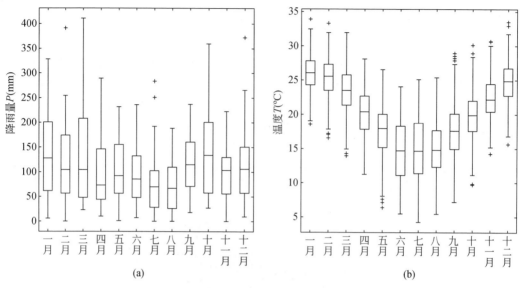

图 6.2.2　夸拉伊河流逐月降雨量和 Uruguaiana 的日平均温度。

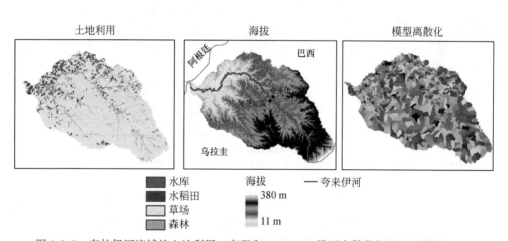

图 6.2.3　夸拉伊河流域的土地利用，高程和 MGB-IPH 模型离散化概况（见图版 15）。

位于委内瑞拉和夸拉伊之间的水文站的径流量数据统计结果表明：最大径流量为 4813m³/s，最小径流为 0 m³/s，平均径流为 95.6 m³/s，大部分径流形成于降水期间或降水之后的一段时间。夸拉伊河多年平均径流系数（多年平均径流 R/多年平均降水 P）为 0.4。

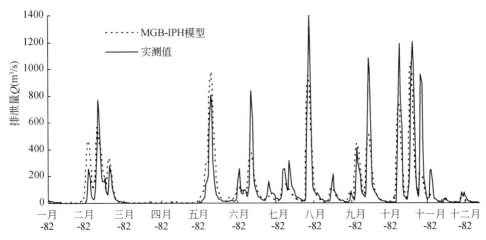

图 6.2.4 夸拉伊河部分校准周期的日排泄量的实测值（实线）和模拟值（虚线）。

6.2.3 气候变化分析方法

对于任何流域而言，气候变化对其水资源可利用性的影响取决于 2 个主要因素：①主导水文过程的气候因素的变化（如降水、太阳辐射和气温）；②流域对于气候变化的敏感性。因此，我们将气候变化影响评估分为 2 个方面：①在年均降水和年均气温变化的条件下，分析流域径流变化的敏感性；②在不同未来气候情景下（源于 MAGICC/SCENGEN），分析气候变化对水资源的影响。

本次研究采用 MGB-IPH 这一大尺度分布式水文模型（Collischonn et al., 2007），此模型通过观察降水数据以及其他气候变量来进行校准，并利用 2 个水文站的流量过程线来计算（TwinLatin, 2009a）。在此之后，以 1980～2010 年的观察降水数据（P）和气温数据（T）作为模型输入，计算得到现状气候条件下的水位曲线，作为基准线。

通过改变输入数据 P（假定变化范围为-20%～20%）和 T（假定变化范围为-3～3℃），得到不同变化范围下，P 和 T 的时间序列，以此作为模型数据的输入，运行模型 14 次后，得到 14 条不同的水位曲线。将这 14 条水位曲线与基准线相比较，分析平均流量、最大流量和最小流量的变化。

利用 GCMs 下的气候预测结果，改变输入变量 P 和 T，同理，可得到不同的水位线，并与基准线进行比较。从而可分析未来预测气候变化对水资源的影响。

其他用以计算潜在蒸发的气象因子（如相对湿度、日照时数、气压和风速）在本次研究中保持恒定。

6.2.3.1 水文模型

MGB-IPH 模型属于大尺度分布式水文模型，能够利用较少的输入数据来分析较大流域的水循环（Collischonn et al., 2007）。该模型是过程式模型，通过一系列的物理方程对水循环的各个环节进行概化。由于 MGB-IPH 模型适用于气候和下垫面特点较为类似的区域，且模型参数在缺少资料的地区也较为试用，因此选取 MGB-IPH 模型作为本次研究的基础。

在 Beven（2001）推荐的模型分类方式中，MGB-IPH 模型被划分为水文响应单元模型（HRU），与 LARSIM 模型（Ludwig and Bremicker, 2006）和 VIC 模型（Liang et al., 1994; Nijssem et al., 1997）相似。

按照水文响应单元的研究方法，需要对用来代表水文响应的土壤、植被和土地利用等要素进行分类（Kouwen et al., 1993）。依据规则网格或是不规则集水区对流域进行分区，并利用 GIS 技术对不同水文单元和不同水文过程中的土壤和植被要素进行分类。

MGB-IPH 模型包括多个模块：土壤水分预算、潜在蒸发、集水区径流过程、排水网络径流过程。

土壤水分预算在各个子流域的各个水文单元内进行计算，径流是各集水区内水文单元汇总的结果。这种方法在一些大尺度水文模型中均有所涉及，如 VIC 模型（Liang et al., 1994; Nijssem et al., 1997）和 WATFLOOD 模型（Leon et al., 2004）。

模型涉及不透水面截留、潜在蒸散发、渗透、地表径流、基流和土壤水分。降水数据通过 IDW 空间插值技术展布在各个集水区域上。林冠截留用与叶面积指数关系法计算得到，土壤水分入渗和径流通过 PDM 模型（Morre and Clarke, 1981）、Amo 模型（Todini, 1996）、VIC2L 模型和 LARSIM 模型联合模拟。土壤蒸发、植被蒸发和林冠蒸发采用彭曼公式进行估算（Shuttleworth, 1993）。地下径流用类似于 Brooks 和 Corey 提出的不饱和导水率公式估算（Rawls et al., 1993）。土壤层到地下水层的渗漏量根据土壤含水量和最饱和土壤含水量之间的简单线性关系估算。

各个子流域的汇水采用三个线性水库计算（基流、地下径流和地表径流），并利用马斯京根方法计算径流的传播过程。这些模型的详细描述及其典型流域的计算案例可参见相关的文献（Collischonn and Tucci, 2001; Collischonn et al., 2007），其进一步的应用在 Allasia（2006）、Tucci（2003）和 Collischonn（2005）的文献有所体现。

在对夸拉伊河各个子流域进行空间离散的基础上，用水文模型分析耕地灌溉、水库蓄水和水流流向（TwinLatin，2009a），并对耕地和水库地区的水平衡进行具体的、有针对性的描述。包括模型校准、小型水库、水稻田的模拟在本次研究的范围之外，但在 TwinLatin 的相关文献中已经有所体现。

图 6.2.4 给出了 1982 年模拟径流和观测径流的过程，从图中可以看出，夸拉伊河水文过程年内变化较大（洪峰较大，基流较小）。

本次分析气候变化影响的研究中，基准期和气候变化期不考虑取水和水库蓄水，主要分析气候变化对天然径流的影响，尚不考虑气候变化对水资源利用的影响。

6.2.3.2 敏感性分析

敏感性分析用于评估气候变化对径流和水资源的潜在影响，具体而言就是分析河流流量对降水和潜在蒸发的敏感性。最为普遍的方法就是水文模型，用历史径流观测数据进行校准，再对观测的气象输入数据进行修改，以此来反应温室效应的加剧。在此基础上，用修改后的气象数据作为输入，再用校准后的模型参数保持不变的条件下运行模型。最后，对比径流的模拟值和实际值，分析气候变化对径流的影响。这种分析方法已被 Chiew 应用于相关研究中，他称这种径流对降水的敏感性为"径流对于降水的弹性"。输入数据通常是选取特定参数对历史降水和潜在蒸发时间序列进行修正后的结果，在参数的选取过程中考虑年内降水分配变化（Chiew and McMachon，2002；Chiew，2006）。

在对夸拉伊河流域径流敏感性分析研究中，采用 1980～2000 年逐日观测降水（P）和气温（T）序列作为水文模型的输入，得到径流作为反映当前状况的基准期径流。将输入降水数据和气温数据按一定变幅进行修改，连续运行模型 14 次，得到 14 次不同的模拟结果。逐日降水数据按 -20%、-10%、-5%、-1%、$+1\%$、$+5\%$、$+10\%$ 和 $+20\%$ 的变幅进行修改，同时保证气温数据不变，得到 8 种不同的降水变化情景；气温数据按照 $-3℃$、$-2℃$、$-1℃$、$+1℃$、$+2℃$ 和 $+3℃$ 的变幅进行修改，同时保证降水数据不变，得到 6 种不同的气温变化情景。将这 14 种不同情景下模拟得到的径流结果与基准期径流相比较，分别计算平均径流、最大径流和最小径流的变化。

6.2.3.3 气象数据

夸拉伊河流域的气候变化情景源于 4.1 版本中的 MAGICC/SCENGEN（评估温室气体所导致的气候变化）中的全球大气环流模式（GCMs）（Wigley，2003a，2003b）。MAGICC/SCENGEN 用温室气体循环和气候的耦合模型（MAGICC）驱动空间气候变化情景发生器（SCENGEN），从而尺度化和区域化不同于全球大气环流模式下的未来气候。基于不同温室气体排放情景和简化模型，MAGICC 可计算得到温室气体浓度、全球平均气温和海平面高度的预测值。SCENGEN 情景发生器利用 GCM 的结果、MAGICC 预测的全球平均气温以及 Santer 等（1990）提出尺度变化方式将全球气候变化情景结果展布在 5°×5°的网格上。GCMs 的响应模式是用全球平均气温变化进行标准化。这种标准化之后的响应模式用 MAGICC 的简单气候模型模拟结果进行重新调整。

MAGICC/SCENGEN 所提供的气候变化情景是以 1960～1990 年的降水和气温数据作为参考，给出月降水和气温的变化程度。我们将这种变化程度用 1980～2000 年基准期的观测降水和气温资料，计算得到径流的水文过程。

此次研究采用 IPCC（2001a，2001b）中提到的 6 种不同的温室气体排放模式（A1B、A1F、A1T、A2、B1 和 B2）和 9 种不同的全球大气环流模式（CCCMa、CCSR/NIES、CSIRO、CSM、ECHAM4.5、GFDL、HADCM2、HADCM3 和 NCAR/PCM），组合得到 54 种不同的情景。

6.2.4 结果和讨论

6.2.4.1 敏感性分析结果

在 8 种不同的降水变化情景（-20%～+20%）和 6 种不同的气温情景（-3～+3℃）下，计算得到 14 种水文过程。用这些水文过程计算平水期径流量、丰水期径流量和枯水期径流量过程曲线。平水期径流量用日径流量均值表示，枯水期径流量用频率为 95% 的径流量表示（$Q_{95}\%$），丰水期径流量用频率为 5% 的径流量表示（$Q_5\%$）。

图 6.2.5 反映了降水变化（ΔP）和径流变化（ΔQ）之间的关系。图中的三条线分别为降水变化对平水期、丰水期和枯水期径流变化的影响。从图中可以看出，降水每变化 10%，平均径流量变化 18.5%。枯水期径流量对降水的变化不是特别敏感，降水每增加 10%，径流量增加约 13%。

以上研究说明，夸拉伊河流域对降水变化较为敏感，但集中体现在平水期和丰水期，枯水期径流对降水变化不敏感。这种特性在一定程度上是由于该流域的抗渗性和较大的径流系数所决定的。作者认为，降水入渗和含水层的补给并不完全取决于全流域的降水量，还受土壤渗透能力的影响。因此，枯水期径流主要受含水层流量的影响，降水的增加并不一定会导致径流的增加。

图 6.2.6 反映了气温变化（ΔT）和径流变化（ΔQ）之间的关系。图中的三条线分别为气温变化对平水期、丰水期和枯水期径流变化的影响。从图中可以看出，气温每上升 1℃，径流量减少 2%。

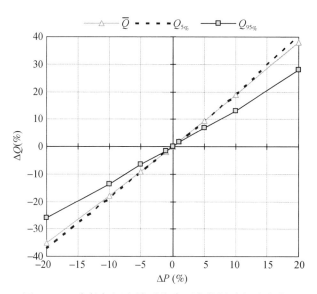

图 6.2.5 夸拉伊河流域平均降雨变化导致径流变化，平均径流（$\overline{Q}$）、高径流（$Q_5\%$）、低径流（$Q_{95}\%$）。

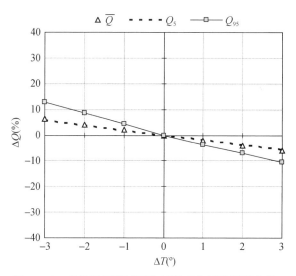

图 6.2.6 夸拉伊河流域平均气温变化导致径流变化，平均径流（$\overline{Q}$）、高径流（$Q_5\%$）、低径流（$Q_{95}\%$）。

显然，枯水期径流对气温变化比较敏感，主要是由于蒸发随气温的变化而变化。在无雨时段，土壤湿度与蒸发速率相关，在降雨时段，集水区的浅层土壤会迅速饱和，因此，前期土壤含水量对浅层径流、平水期和丰水期径流影响较小；另一方面，水分从土壤层向含水层的渗透取决于土壤湿度。所以，气温的变化会影响含水层的补给量，从而影响枯水期径流。

有的学者认为，流域对降水和气温的敏感性主要是由流域的特性所决定的（Chiew，2006）。例如，流域的径流系数较小，则受气候变化影响较为明显。降水变化对径流的影响用 $\frac{\Delta Q/Q}{\Delta P/P}$ 来表示（Chiew，2006），其变化范围为从1（抗渗流域，径流系数大）到4（流域径流系数小）。例如，在径流系数较小的流域（如 $Q/P<0.2$），降水减少10%，径流会减少40%；在径流系数较大的流域，降水减少10%，径流只减少10%~20%。

综上所述，此次对夸拉伊河研究的结果与Chiew（2006）的研究结果较为一致。

6.2.4.2 气候变化情景

图6.2.7~图6.2.9反映了在9种不同的大气环流模式和6种不同的温室气体排放模式下，2020、2050和2085水平年，夸拉伊河流域平均气温（y）与平均降水（x）之间的关系。图中的每个点代表不同大气环流模式和温室气体排放模式组合下的结果（共54种组合），每个水平年为30年的平均结果。

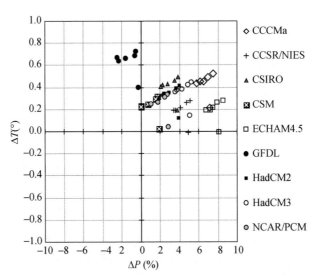

图6.2.7 基于多GCMs和排放情景的夸拉伊河流域2020年平均降雨和平均温度变化投影。

大部分的大气环流模式和全部的温室气体排放模式都表明夸拉伊河流域降水

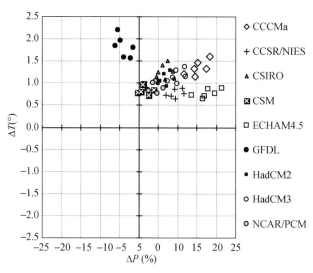

图 6.2.8 基于多 GCMs 和排放情景的夸拉伊河流域 2050 年平均降雨和平均温度变化投影。

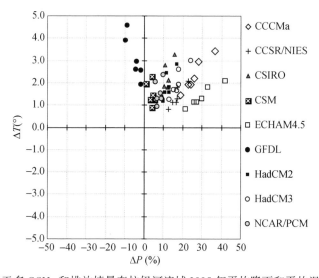

图 6.2.9 基于多 GCMs 和排放情景夸拉伊河流域 2085 年平均降雨和平均温度变化投影。

和气温呈现出增加的趋势,只有 GFDL 模型表明降水呈减少趋势。这意味着夸拉伊河流域的气候在未来一段时间里会变得潮湿和温暖。根据这些预测,在未来 80 年内,流域的平均气温上升 3℃,平均降水量上升 40%。

尽管大部分模型都得出了一致的气候变化结果,但仍然存在很大的不确定性。相同全球大气环流模式下不同温室气体排放模式模拟结果之间的差异(排放模式的不确定性）大于相同温室气体排放模式下的不同全球大气环流模式的模拟结果之间的差异（GCM 的不确定性）——图 6.2.7～6.2.9 中，GCM 的点较为集中。

2050 水平年下，相同大气环流模式下的不同排放情景模拟的降水和气温变化的标准偏差变化范围分别为 1.49%～2.71% 和 0.09～0.24℃，而相同排放情景不同大气环流模式下的降水和气温变化的标准偏差变化范围分别为 5.40%～8.27% 和 0.28～0.43℃。也就是说，GCM 不确定性是排放模式不确定性的 4 倍左右。除此之外，我们还发现，不同模型模拟结果之间的差异与气候变化预测本身是同一个数量级。

由于 GCMs 无法模拟夸拉伊河流域真实的气候变化，因此，采用这类模型预测未来气候的不确定性也随之增加。当利用 1981～2000 年实测降水数据作为 GCMs 输入模拟 1961～1990 年降水时，就出现了较为明显的错误。所有模型模拟的年均降水量误差在-63%～-33%，但实测降水并没有明显的变化趋势。

气候变化的预测结果表明气温和降水的逐年上升平缓的，说明季节间没有明显的改变，因此冬季和夏季将会变得更温暖和潮湿。

在任何一个模型运行之前，我们可以初步判断径流的变化将会很小，因为预测气温的升高会导致蒸发量的增加，从而减少径流量，但降水的增加会使得径流量也随之增加，因此，这两种影响将会相互抵消。

6.2.4.3 径流变化

经 9 种全球大气环流模式和 6 种温室气体排放情景的 54 种组合的模拟，得到夸拉伊河流域在 2050 水平年逐月的平均降水和气温的变化值，在此基础上与实测降水和气温序列对比，通过 MGB-IPH 模型分析气候变化对水文过程的影响。图 6.2.10 绘制了气候变化对夸拉伊河流量历时曲线的影响。图中给出了 54 种组合情景下，平水期、枯水期和丰水期的流量历时曲线。

从图 6.2.10 可以看出，平水期和丰水期径流受气候变化影响较大，平水期径流变化范围在-20%～+45%，占据相应时段的 50%。不同模型和不同情景组合下平水期径流的平均变化约为+10%，表明未来时段内，平水期径流呈现出增加的趋势。

从枯水期径流过程曲线可看出，其变化没有平水期径流明显。只有 10% 的情景预测径流将减少 17%；另一方面，有 10% 的情景预测径流量将增加 25%，枯水期径流平均变化量为 5%。因此，在未来时段内，枯水期径流将呈现出增加的趋势，但这种变化趋势没有平水期和丰水期径流变化明显。这与敏感性分析的结果（枯水期径流受气候变化影响较小）相一致。

由于夸拉伊河流域灌溉用水的需求，夏季枯水期径流量的多寡是关键因素，

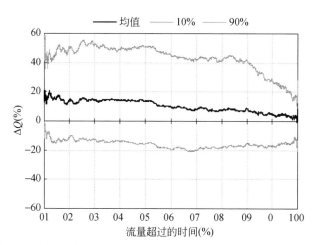

图 6.2.10　夸拉伊河流域 2050 年流量变化曲线对基于多 GCMs 和排放情景气候变化投影的响应。

因此本次研究将重点分析气候变化对不同月份枯水径流的影响。在绘制不同月份的径流过程曲线的基础上，在不同情景下利用不同模型计算逐月枯水径流量（$Q95$）的变化（图 6.2.11）。从图中可以看出，在夏季，枯水流量明显地增加，但这些月份的结果比较分散。

在全年的关键时期——夏季，气候变化对夸拉伊河枯水径流的影响，既有可能使流量增加，也有可能使流量减小。主要是因为流域径流系数较高，对气候变化敏感性较低。模型运行的结果表明，未来气候变化会导致夸拉伊河流量增加，

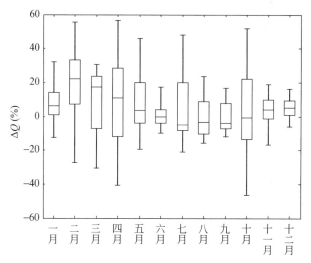

图 6.2.11　基于数个 GCMs 和排放情景的夸拉伊河流域 2050 年每月低径流变化。

但枯水流量并不会发生特别大的变化。

值得说明的是，本次研究存在着一定的局限性，尤其是没有对降水的分配进行评价。有时候气候变化会显著地改变极端水文事件，而很少改变均值状况。

6.2.4.4 决策制定

气候变化往往比水资源管理者和水文学家通常认为的更为复杂。同南美的流域一样，在夸拉伊河流域，社会各界在取用水标准和缓解水资源供需矛盾方面面临着巨大的挑战。在本书中，包括在其他讨论气候变化问题的尝试似乎过于先进，研究结果存在着一定的不确定性，影响了相关措施的执行。但社会各界仍致力于减少气候变化所造成的脆弱性。

6.2.5 结论

本次研究选取了位于南美洲的夸拉伊河作为典型区，分析气候变化对水资源的影响。大气环流模式的模拟结果一致性较好，结果表明未来时段内流域气候将更加温暖和湿润，但不同排放模式和模型之间存在着较大的差别。在预测的气候变化背景下，基流既有可能增加，也有可能减少，主要是由于气温的增加会减少径流，但降水的增加会增加径流。

气候变化的不确定性是通过对比不同模型在不同情景下的模拟结果来分析，结果表明，大气环流模式的不确定性要远远大于温室气体排放情景的不确定性。不同大气环流模式运行下的只能说明一部分的不确定性（大部分的大气环流模式建立在同一假设条件上），实际上的不确定性将会更大。

从作者的角度来看，气候变化的影响评价并不是主要的问题，主要的挑战是水资源系统的日益变化所导致的取用水标准的改变和水资源的利用效益的降低，气候变化所诱发的脆弱性增加。

6.3 案例2：气候变化对水电的影响
——以法国阿列日河流域为例

简-菲利浦·维达尔[1]，弗雷德里希·亨德里克[2]

[1]环境工程研究院，里昂第三大学，里昂，法国

[2]法国电力集团，法国

摘要：本次研究分析了未来气候变化对阿列日河流域水力发电的影响，该流

域位于比利牛斯山脉的南部，坐落于法国和西班牙之间（图 6.3.1）。同时，利用统计降尺度法和时间分解框架从 IPCC 第四次评估报告 A1B 排放情景下的大气环流模式中提出相应的网格数据。这些气象要素预测值用来作为 Cequeau 分布式水文模型的输入数据，对流域自然条件下的水文过程进行模拟，同时，也作为由 EDF R&D 开发的水库运行模型的输入，基于动态规划模拟水库调度。研究结果用于指导长期的水力发电和加伦水务局在大尺度上的多目标水资源管理。

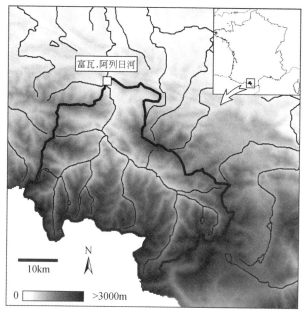

图 6.3.1　富瓦阿列日河流域地形和流域上游部分水库划分等级。

6.3.1　气候变化和加伦河流域

6.3.1.1　2030 设想工程

加伦河位于法国西南部地区，2003 年、2005 年和 2006 年为极端枯水年。这类极端水文事件使水资源配置面临着巨大的挑战，并促进了当前气候和未来气候条件下流域水资源管理的综合管理研究。Caballero 等在 2007 年利用 SIM 气象水文模型（Habets et al，2008）分析了气候变化对加伦河流域水文过程的影响。该模型由大气分析系统（Safran）（此处用未来气候预测来代替）、土地利用框架（Isba）和分布式水文模型（Modcou）组成。在 5 个大气环流模式、2 倍 CO_2 排放情景的异常气候条件下，径流在春季减少、冬季小幅度增加；枯水径流大幅度增加。

在此次研究之后，Cemagref（法国农业环境工程研究所）、EDF（法国电力、法国能源）和阿杜尔-加伦省水文局联合发起了 Imagine2030 计划（气候与水资源管理——2030 年加伦河流域水资源不确定性管理）。该项目由法国政府环境变化部门资助，于 2007 年中期开展，持续 2 年时间，致力于评估极端水文干旱条件下，加伦河流域水资源的脆弱性。该项目的首要目标是对流域当前风险特征进行研究，主要包括如下方面：①评价子流域的敏感性；②提出人类压力和系统的潜在风险指标；③集合模拟人类活动影响和流域自然水文过程。次要目标是评估在 2030 水平年下，气候变化对多取用水系统的影响。本次研究的目的是评价极端气候变化对阿列日河流域的影响。

6.3.1.2 阿列日河流域

阿列日河流域位于弗瓦（1360km²），是 Imagine2030 计划重点考虑的加伦河 9 大子流域之一。该流域坐落于比利牛斯山脉，年降水量较高，大部分降水源于冬季降雪。图 6.3.2 反映了降水和气温年内分配状况。由于融雪的影响，流量过程线在春末时出现较为明显的峰值，而在夏末时流量较小。因为流域处于山区，用于水电站发电的水资源有限。实际上，流域内的几个水库（Gnioure、Izourt、Laparan 和 Soulcem 水库以及 Hospitalet 水库系统）累积储水量为 200km³。弗瓦地

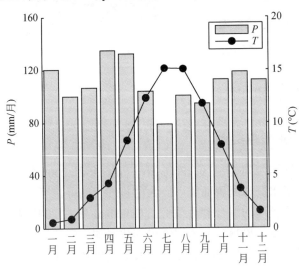

图 6.3.2 阿列日河流域降雨量（P）和温度（T）。

区的径流取决于水库蓄水和放水，此外，Lanoux 水库（位于埃布罗河流域，在西班牙的比利牛斯山侧）与阿列日河流域存在着水量交换。

6.3.2 气候变化对水力发电影响的评价

6.3.2.1 研究方法综述

水力发电的效应取决于气候条件和水文状况，并且气候变化会影响到平水流量和极端流量（Bates et al.，2008；Arnell，1998）用于识别气候变化和人类活动对径流影响的方法将运用于本次研究。水力发电的潜力取决于能用于发电的径流量的多少，这与受水资源管理体系影响的实际发电量不同。

6.3.2.1.1 对水电潜力的影响

气候变化对潜在发电量的影响体现在两个方面（Arnell，1996）：流量规模的季节性变化既有可能影响流量的过程曲线，也会影响水库的蓄水量。此外，蒸发量的增加也会导致区域蓄水量的减少。近十年来，虽然有很多学者致力于水文影响方面的研究（Bates et al.，2008），但对于水力发电的影响关注较少。最早关注水资源发电效益的是北欧的一些国家，这些国家具有一个共同点——水力发电是电力的主要来源（Salthun et al.，1998；Bergstrom et al.，2003）。北欧的"气候和能源"项目对该地区主要流域的未来径流进行预测，在此基础上预测能源的变化（Bergstrom et al.，2007；Graham et al.，2007）以瑞典北部的鲁尔河流域为例，对这一课题进行了深入的研究，通过年径流量估算了水利发电量。

Lehner 等（2005）在模拟径流时考虑了取用水的影响，并运用水资源综合模型——WaterGAP 推算月尺度上欧洲的一次水电潜力和二次水电潜力。一次水电潜力是通过径流能量潜力计算得到的，而二次水电潜力是在考虑现有水电设施的基础上获取的。Lehner 在 HadCM3 和 ECHAM4/OPYC3 两种大气环流模式下，预测了 IS92a 排放情景下的水资源利用和气候变化。

Lehner 等对该区域（比利牛斯山脉南坡）的研究结果表明，综合考虑地理位置及大气环流模式，以 1961~1990 年时段为基准，在 2020 水平年，流量变化范围

表 6.3.1 在气候变化下水力发电的影响重点研究回顾，灵敏度参考干扰历史数据

参考	水系	排放的不确定性	GCM的不确定性	空间分辨率缩减	事件解集	水力模型	多动能系统	最佳化
Mimikou 等(1991)	Four-reservoir system (Greece)	敏感				Conceptual	—	—
Robinson(1997)	Two hydropower systems (USA)	敏感				Water budget	—	—
Ricardo Munoz 和 Sailor(1998)	Set of hydropower plants (california)	敏感				Regressions	—	—
Mimikou 和 Baltas(1997)	Polyfito reservoir catchment(Greece)	√	√	Delta		Conceptual	—	—
Westaway(2000)	Grande Dixencehydroelectric scheme(Switzerland)	—	—	Delta		Regression	—	—
Yao 和 Georkakos(2001)	Folsom Lake(california)	—	√	统计学	Analogues	Conceptual	√	√
Logfren 等(2002)	Great lakes (Canada and USA)	—	√	Delta	Delta	Conceptual	√	√
Lund 等(2003)	Six basins(california)	—	—	统计学		Conceptual	√	√
Payne 等(2004)	Columbia River Basin (USA-Canada)	—	—	统计学	Ananlogues	Macroscale	√	√
VanRheenen 等(2004)	Sacramento-San Joaquin River Basin(USA)	—	—	统计学	Ananlogues	Macroscale	√	√

第6章 实例研究

续表

参考	水系	排放的不确定性	GCM的不确定性	空间分辨率缩减	事件解集	水力模型	多动能系统	最佳化
Christen 等(2004)	Colorado River Basin (USA)	—	—	统计学	Ananlogues	Macroscale	√	√
Mimikou 和 Fotopoulos (2005)	Polyfito reservoir catchment	√	√	回归法		Conceptual	—	—
LOSLR(2006)	Great lakes	√	√	插值法	Delta	Conceptual	√	√
Schaefli(2007)	Mauvoisin dam catchment (Switzerland)	概率场景与模式扩展	√			Conceptual		—
Christensen 和 Lettenmaier (2007)	Colorado River Basin	√	√	统计学	Ananlogues	Macroscale	√	√
Vicuna 等(2008)	Eleven-reservoir system of the Upper American Basin (California)	√	√	Delta	Delta	Macroscale		√
Markoff 和 Cullen(2008)	Columbia River Basin	√	√	插值法	Delta	Macroscale	√	—
Minville 等(2009a)	Peribonka River System (Quebec)	—	√	Delta	Weather generator	Conceptual	—	—
Minville 等(2009b)	Perbonka River System		—	动力学和经济学		Distributed	—	√
This study	Ariege River system (France)	—	√	经济学和局部图形构建	Weather generator	Distributed	—	√

为-5%~+10%，在2070水平年，径流减小幅度为10%~25%。从而导致二次水电潜力的减少3%（2020水平年）和17%（2070水平年）。进一步的研究结果表明，在法国，水库电站所受到的影响要略微大于径流式电站，可能是由于前期融雪的补给造成。

6.3.2.1.2 对发电量的影响

Bergstrom 等（2007）和 Graham 等（2007）的研究只是评估发电潜力。然而，水力发电量是水资源管理、径流量和不同时段能源需求的综合作用结果。因此，有学者构建了专用水资源模型用于模拟预测特定水资源系统的发电量。

表6.3.1比较了分析气候变化对水力发电影响的不同方法。除了20世纪90年代末期的气候变化敏感性研究之外，几乎所有的研究都是采用复合模型和复合情景的模式。区域气候预测的不确定性很大程度上源于模型结构的不确定性（Deque et al.，2007；Vidal and Wade，2008b）。表6.3.1还比较了不同时空尺度的降尺度方法。这些研究中运用了大量的水文模型（从线性回归模型到宏观的分布式模型）。水库的多目标联合调度管理在表中也有所体现。

6.3.2.2 模型框架构建

表6.3.1比较了此次研究和以往研究的特点。本次研究重点分析了在构建水力发电影响评价模型的过程中，大气环流模式所引发的不确定性的影响。图6.3.3展示了整个模型的框架，该图反映了各个模块的功能及相互的联系。空间降尺度模块由Cemagref研发，水文模型模块（分布式水文模型和水库多目标调度）由EDF R&D研发。

6.3.3 集水区天然径流过程模拟

6.3.3.1 还原径流

本次研究首先对阿列日河天然径流过程进行模拟。日数据源于EDF的研究成果——1990~2004年的流域内水库水位变化、生产用水的排放量和径流量。数据经过处理后得到所有水库蓄水量的时间序列，进一步考虑水库和弗瓦水文站之间的径流过程，结合水文站实测径流序列分析，最后得到阿列日河复瓦水文站1990~2004年逐日天然径流序列。

图6.3.4绘制了观测径流和还原径流曲线。从图中可以看出，与天然还原径流相比，实测径流季节间的周期变化较弱，主要体现在：冬季生产需水减少，径流增加；春季融雪用于补给水库蓄水，径流增加；夏季持续防水，径流减少。

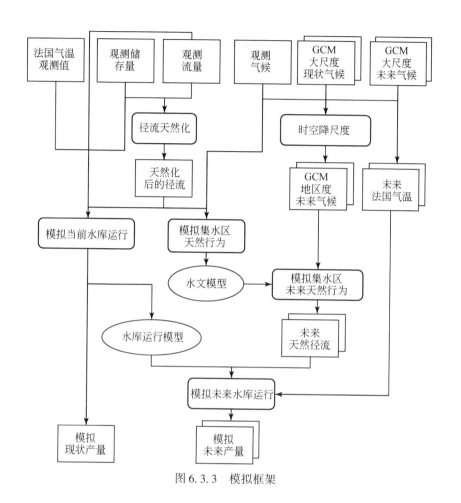

图 6.3.3 模拟框架

6.3.3.2 天然径流

流域的天然径流模拟采用 Cequeau 分布式水文模型，该模型由位于魁北克的法国国家安全研究所研发（Charbonneau，1977），并被 EDF R&D 用于评价气候变化对法国当地较大流域的影响（Hendrickx，2001；Manoha et al.，2008）。需要模拟的水文过程（包括积雪和融雪过程）是利用概念模型对集水区内的基本单元计算得到的（假设径流是沿着离散化河网的一个单元传递到另外一个单元）。Cequeau 分布式水文模型以降水和气温序列作为输入，得到不同地区的径流序列。

模型输入所需要的数据源于赛峰大气再分析数据（Vidal et al.，2010）。赛峰再分析是通过综合大尺度 ERA-40 全球再分析数据和法国国家气象观测数据得

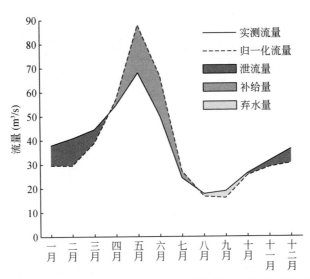

图 6.3.4 阿列日河流域 1990~2004 年观测径流和还原径流。暗灰色区域表示生产排放量，浅灰色和白色区域代表为维持低流量的水库蓄水和排水时期。

到的。最终的再分析数据涉及的气象要素包括每小时的降水、降雪、气温、相对湿度、风速以及可见光和红外辐射，所有的数据都展布在 8km×8km 的网格上。35 个网格日降水数据和日平均气温用来驱动 Cequeau 模型，模拟 1991~2004 年的径流过程。

模型的校准通过分割范例程序与实际径流对比，估算并验证两个子时段内的模型参数（Klemes，1986）。模型参数的率定以径流和流动对数的纳什系数为标准。最终选定的参数对所对应的径流和流动对数的纳什系数分别为 0.79 和 0.80。

6.3.4 水库调度模拟

EDF R&D 的水力与环境国家重点实验室基于动态规划理论开发的水库调度模型（Bellman，1957）在近几十年的水库管理研究中得到了广泛的应用（Hall et al.，1968；Turgeon，2005）。简而言之，水库调度管理就是处理蓄水和放水之间的矛盾。以给定时段内的最大效益为目标，计算放水量 R、效益 B、时间 t 和蓄水量 S，可构建为如下关系：

$$B(t, S) = \max_{R}[P_t \cdot R_t + B(t+1, S - R_t + I_t)] \qquad (6.3.1)$$

式中，P 为每日水库放水所产生的经济效益，R 为每日放水量，I 为每日入流量，描述了不同时段 t 内蓄水量 S 所带来的最初和最终的经济效益。本次研究选用该方程来探寻给定时段内，水库蓄水量的最优过程曲线，并进一步计算出不同时段的水库泄水量。

式 (6.3.1) 中的参数 P 是根据实际的政策来确定的，与南欧的大部分国家不一样，在法国，水电能源并不是主要的能源来源，而是除核能之外的辅助能源，在特定时段内，弥补核能与国家能源需求之间的缺口。因此水库蓄水量的管理需要满足寒流期间的用电需求，并与用电取暖相联系。我们可构建一个关于 P 与日平均气温 TF 和临界气温15℃之间的函数：

$$P = \max(0; 15 - T_F) \qquad (6.3.2)$$

值得注意的是，模型并没有考虑未来气温的潜在变化对夏季用水需求的影响。即使动态规划可应用于多水库系统的优化管理（Turgeon，2007），但这种应用是考虑整个阿列日省集水区所有的水库蓄水。根据以往的规划研究和气候变化影响研究（BPA et al.，2001；Van Rheenen et al.，2004），水库调度模型假设在对法国径流和气温预测准确的情况下，求解方程 (6.3.1)。并以弗瓦水文站最小流量——8m³/s 作为约束条件。最小流量的选择是根据连续 5 年的 10 日内的最小径流量以及阿列日省龙河最小径流管理中所定义的生态需水和生活用水量所确定的（Cavitte and Moor 2004）。

图6.3.5 表明了蓄水量的周期变化对弗瓦水文站径流量的影响，作为水库调度模型的重建和计算的基础。同时，模拟出来的结果作为方程 (6.3.2) 中法国平均气温的参数。

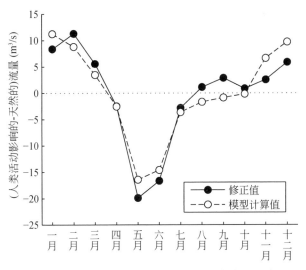

图 6.3.5　1990~2004 年水库运行流动制度的影响。

6.3.5 研究区气候变化预测

研究区气候预测分为2步：①生成逐日的随机序列；②依据GCM模式繁衍出逐月的数据。

6.3.5.1 日随机时间系列

采用KNN算法（Lall and Sharma，1999）对赛峰再分析的数据进行重采样，得到1973~2045年逐日栅格数据。目前，KNN算法广泛运用于气候变化的研究之中（Sharif and Burn 2006），包括对前k日的数据进行迭代计算得到k+1日的数据。通过对研究区平均降水和气温的计算得到逐日栅格数据。领域窗口的长度为2个月，利用马氏距离（Yates提到，该类距离能够考虑数据集之间的相关性并能保持恒定的尺度）计算得到第k日以后的值。此外，水库调度模型运行过程中的平均气温保持不变以确保研究区的气候因素在时间上的一致性。

Dupeyrat等通过对比模拟值序列和实际值序列对KNN算法的合理性进行了验证（Dupeyrat，2008）。他们的研究首次表明，该算法得到的降水和气温的逐日值和平均值均与实际较为符合，并进一步利用模拟值作为Cequeau模型的输入，得到的模拟径流过程与实际径流过程十分吻合。

为说明这项研究的过程，生成了1973~2045年这一时段内的5组栅格数据系列，其中有11个随机样本用于GCM模型的预测。

6.3.5.2 月尺度大气环流模式

未来气候的预测是基于最近一次IPCC报告中的月尺度气候预测模型（IPCC，2007），并在A1B排放情景下运行。表6.3.2列出了本次研究所选用的GCMs模型，构成了足够大的样本用于预测特定排放情景下的未来气候状况。本次研究用GCMs模型模拟1973~2024年内的降水和气温序列，并采用Vidal和Wade（2008a）提出的偏置校正局部缩放（BLS）方法进行降尺度处理。该方法最早是Wood等（2002）提出的分类和纠偏方案，用以预测季节变化，目前已广泛应用于评估气候变化对水资源的影响（Christensen et al.，2004；Payne et al.，2004；Van Rheenen et al.，2004）。该方法是基于参考期内GCMs运行得到的模拟值与实际值之间的统计关系。

表 6.3.2　在这个研究中 GSM 模型应用的名单

中心	国家	名字
加拿大中心对于气候模型和分析	加拿大	CGCM3.1（T47）
Centre national de recherché mereorogiques	法国	CNRM-CM3
Meteorogical institute, university of bonn, Meteorogical research institude of KMA, model and date group at MPI-M	德国和韩国	ECHO-G
大气物理研究中心	中国	FGOALS-g1.0
地球物理流体力学实验中心	美国	GFDL-CM2.0 GFDL-CM2.1
Goddard 空间研究中心	美国	GISS-AOM GISS-EH
数值数学研究所	俄国	INM-CM3.0
拉普拉斯学院	法国	IPSL-CM4
国立研究所环境研究	日本	MIROC3.2（medres）

从上述提到的赛峰高分辨率在分析数据中选取 1973～2004 年的系列数据作为本次研究的基础数据，BLS 方法的步骤如下。

1. 从 GCM 海量单元格内选取合适的栅格时间序列数据；
2. 通过位数转换方式对 GCMs 模型输出的逐日数据进行校正；
3. 利用逐月观测值对校正后的数据进行分解，使其尺度适合于研究。

Vidal 和 Wade（2008a）的研究中对比了 BLS 方法与其他动力和统计降尺度方法之间的差异。BLS 方法最大的优势在于所提供的高精度月尺度预测值在参考期内与观测值吻合效果较好。

第 3 步中，假设在给定月份，校正后的 GCMs 输出结果与研究区的数据之间是一常数关系。本次研究对该步骤进行了改进，对两个不同时间序列的数据进行位数转换，考虑了 GCM 栅格年际的空间变化。这种新方法称为 BQM（偏置校正分量映射），用以预测不同大气环流模式下，各 8km 网格逐月的降水和气温数据。

6.3.5.3　逐日数据预测

参照 1973～2004 年模拟出的逐月数据均值，将校正和降尺度后的不同大气环流模式下预测得到的数值转为异常值。其中，模拟出的参考期逐月均值是基于对赛峰再分析数据的处理。利用异常值对先前生成的 2014～2045 年逐日的数据进行修正处理。最终得到 11 个网格连续的逐日数据。

图 6.3.6 表明了阿列日省流域未来时段与参考时段内降水和气温的差异。结果表明，11 个大气环流模式下的夏季降水平均减少约 20%，但冬季降水变化范

围较大，如1月份降水变化约为-50%～+50%。在温度变化方面，模型表现出较好的一致性，全年气温上升约1～2℃。图6.3.6还描述了同一时段内，研究区气温的平均变化量要高于法国平均气温的变化。但不同模型之间得到的结果并不一致，主要是由于研究区较小以及研究区位于山区所致。

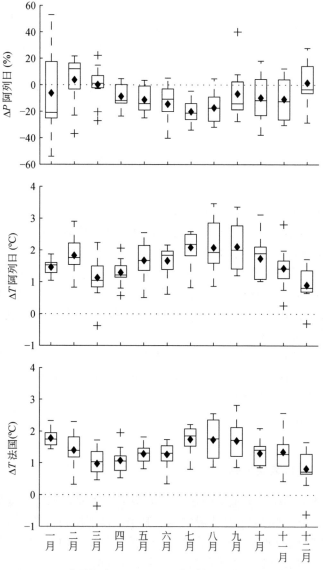

图6.3.6　1973～2004水平年和2014～2045水平年阿列日河流域温度（T）和降雨量（Y）的变化及法国温度变化（11种大气环流模式）。

6.3.6 水文和水力发电预测

6.3.6.1 天然径流

用各栅格 2014~2045 年逐日的降水和气温数据作为 Cequeau 水文模型的输入,用来模拟弗瓦水文站未来的天然径流。第一年用来作为模型的预热期。图 6.3.7 为 11 个大气环流模式下的径流模拟结果:在冬季和早春期间,河道径流呈现出上升的趋势,5~9 月,径流平均减少量达 20%。GCMs 在秋季和冬季表现出较大的不确定性,无法判断径流在该时段内的变化情况。

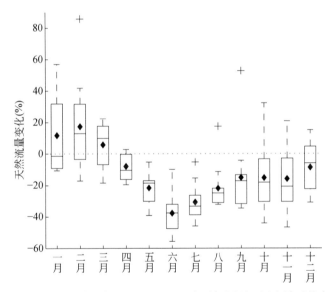

图 6.3.7 1973~2004 水平年和 2014~2045 水平年阿列日河流域天然水流变化。

6.3.6.2 蓄水量

用天然径流的模拟结果和法国平均气温时间序列作为未来时段内水库调度模型的输入。图 6.3.8 比较了参考期和 11 种大气环流模式下模型模拟的水库蓄水过程变化周期。这种周期在未来时段内表现得并不是那么明显,主要是由于整体上降水量的下降和冬季降雪的减少。此外,水库的蓄水仅仅只能发挥一个月的效益,在一定程度上是由于气温的升高导致降雪的过早融化。夏末和秋季的放水量能满足弗瓦水文站最小流量条件。这些结论与 Dupeyrat 等在 2008 年的敏感性实验分析结果（气温上升 0.85~1.25℃）较为一致。图 6.3.8 绘制了水库蓄水量在 2003 年、相对干燥时段和相对湿润时段的变化过程线。与未来时段不同，在 1973~2004 年，水库在每年年初蓄水，之后便是与 2015~2045 年较为类似，春季蓄水、夏季放水以维持最小径流。

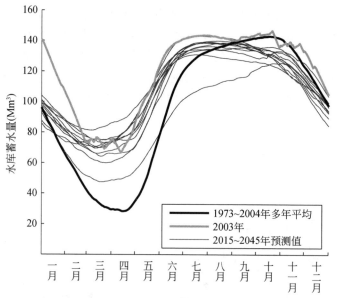

图 6.3.8　水库的存储量的季节性周期比较：表 6.3.2 中列出了目前的平均气候状况，2003 年为基准年，11 个大气环流模型（GCM）的独立预测（见图版 16）。

6.3.6.3　发电效益

水库调度模型计算逐日的泄水过程，通过换算可计算得到发电潜能。用逐年的数据计算参考期的发电效益以及未来不同大气环流模式下的发电效益，并通过参考期的发电效益对其进行标准化处理，将不同模型的结果进行多模式集合平均处理。经过 BLM 方法的校正，可认为各个模型是等权重的。

图 6.3.9 表示了相对于参考期而言，不同大气环流模式下，发电效益的变化率。多模式集合平均处理的结果表明，未来发电效益为参考期的 80%，比 2003 年要多。不同模式下，发电效益为参考期的 62%~92% 不等。而不同模式下的年际发电效益相对升高。

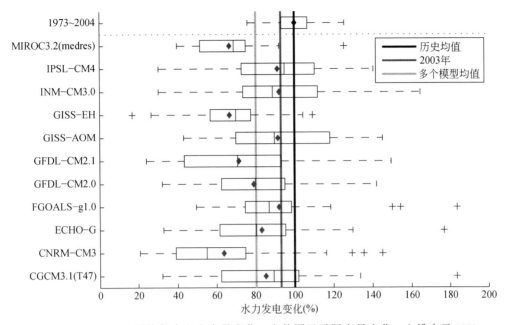

图 6.3.9　1973～2004 平均年水电生产量变化。盒状图显示际产量变化。上排表示 1973～2004 年年观测值，下排为 GCM 是模拟结果。

6.3.7　结论

本次研究的结果表明比利牛斯地区的水力发电系统将会面临着一些困难，不仅是在未来发电效益会下降约 20%，并且还要应对复杂多变的气候条件。需要对用于发电流量、不发电流量和最小径流从日尺度上进行更为深入的调查，探讨气候变化条件下，发电效益降低的原因。

本研究将时空降尺度模型、水文模型和水库调度模型综合应用于分析气候变化对龙河流域的子流域——阿列日省流域水力发电效益的影响。研究结果与 Dupeyrat 等开展的实验较为吻合。与传统的降尺度方法相比，本次研究考虑了气候的年际变化情况，并通过位数转换对 IPCC 第 4 次评估报告中的气候模型进行了不确定性处理。

之后的研究需要进一步考虑其他不确定性的来源，如气候排放模式、模型结构以及逐日气象数据所带来的不确定性。采用单一的降尺度方法难免会影响到不确定性的分析结果，需要就此展开更为深入的研究。

本次研究的结果和 Imagine2003 项目的成果将会为水行政主管部门的龙河流域水资源管理计划和阿列日省流域最小径流管理提供科学指导。

6.4 实例3：英国西南部的水资源管理水平实例

安·洛佩兹

格兰瑟姆研究院，伦敦经济学院，英国和多伦多的气候研究中心，地理学院，牛津大学，英国

6.4.1 引言

该项目旨在评估气候变化背景下扰动的物理集合（PPE）对理解和规划气候变化条件下公共供水的价值。我们的目标是在未来的几年中为供水管理者探索适合于实际应用的技术。为了实现这个目标，我们使用由英格兰和威尔的供水机构和水公司提供的水资源型工具，以英格兰西南部的温布尔顿水资源地区的研究实例（图6.4.1）阐述问题的方法，在该区域来演示该方法的用途是很简单的，但进一步探索适应性的决策却很复杂。

图6.4.1 英国西南部温布尔顿水资源区地理位置示意图。

扰乱物理组（PPE）模型是气候预测网项目的一部分，为了准备更多的标准方法影响的分析，我们还需要一个全球多元化的气候模型组（GCM），用在内部对照项目双模型核对的第三阶段，为政府内部陪审团关于气候变化的第四阶段评估报告（IPCC、AR4）提供保障。

为了将气候模型的输出合理地转化为水文水资源模型的输入，我们提出了一些简单的假设。首先，假设PPE仅仅基于GCM这唯一母体，在与CMIP组进行比较时，有一部分考虑模型公式的不确立性（一般称为模型建构的不确立性）。其次，我们在PPE上使用的是个人模型而非其他先进的评估技术，也没有充分的对系统进行描述。我们同样用一种相对简单的程序来缩减关于英格兰西南部水文值表时空相平衡的GCM分解数据，忽略新添的不确定性的资源。通过考虑其他缩减技术，将其进行量化。我们将这些简单的方法进行调整，不管怎样，来自PPE的信息是有用的，我们将这些简单的方法进行调整。

探究性的分析并没有提出一个完善的气候变化预测或影响的方法，而是通过探索一系列的影响及关于适应未来所能出现的气候的实例而采取的方法。

6.4.2 资料及方法

6.4.2.1 气候资料

分析中使用的资料已经被2006年开展的CPDN二次实验所用。GCM是HADCM3L，英国气象局的一个统一模型，这个模型是由一个标准决议大气模型与海洋模型耦合组成的。它比HADCM3L标准海洋模型分辨率略低一些，存档在CMIP3模型，模型朝向赤道进行网格划分。CPDN实验研究了扰乱关于辐射能、大气层信息、海洋循环、硫酸盐周期、冰湖的形成、陆地表面及传递26个变量。

在工作中我们使用瞬变物理模型。它包括1920～2000年的第一阶段，此阶段的实验被历史记录的二氧化碳、火山、电子流、太阳能所控制；在第二阶段中，未来一系列可能出现的情景用来响应2000～2080年模型反应。PPE由246个瞬变模型组成，这些模型是全部模型运用中的一小部分。在这个子集里运行的所有模型都受A1B SERS情景的控制。CPDN实验把不同时间（每月到十年）和不同空间尺度（网格点大陆平均数）的各种气候变量进行归类。我们使用英格兰西南部（48.75°N～51.25°N，5.625°W～1.857°W）逐月时间序列的温度、降水和相对湿度的网格框为例。

此处所使用的CMIP3数据来自21GCMs，在A1B情景的控制下，21GCMs至少包含一个能将1920～2080年提供的雨量和温度进行归类的模型。对于网格点，测定的一系列温度和降水量与被使用的温布尔顿汇水量是相对应的。关于 CPDN 和 CMIP3 数据，使用月时间序列可以保证每个模型年内及年际数据的变化被保留，在气候预测中，气候变率还需进一步的探讨。

6.4.2.1.1 降雨量按比例缩减和偏差

GCM 坐标方格上的英国西南部地区的日平均降水量可以从 CPDN 和 CMIP3 模型上直接得到，对降雨量的模拟过程显示的一个季节性的变化偏差通过以前一段时间的分析，当模拟过程降雨量与观察到的实际降雨进行对比。几乎所有的 CPDN 模型的运行结果中月平均值都。CMIP3 中模拟的偏差一致性较好，尽管这些影响对于 CPDN 的各个组件的意义并不相同。以观测得到的降水作为驱动，水文模型通过参数化来模拟河川径流量，降水模拟过程中产生的任何的大的偏差都会导致超出模型校准的范围，造成模拟结果无意义。

因此，为了纠正模拟量雨量和逐日将尺度降雨量的偏差，我们使用一个变种的量-量方法，保留观测到的月降水量分布，并采用观测时间序列的日时间序列。

修正偏差后，每个模型的长期月平均降水量的值与观测的月平均降水量的值吻合度较高，表明通过汇水的降雨量修正偏差较合理。这个方法保留了模型内部年度变化，在这个意义上，序列的雨季和干旱的季节月份的天然原始模型数据被偏差修正数据所代替。通过抽样获取了分布区的最湿润和最干旱的数据。通过比较按将尺度和原始的 GCM 每月系列，对于整个 CPDN 产生 0.71~0.95 的相关系数，和 CMIP3 整体 0.73~0.95 的相关系数。此外，对于一个偏差修正时间序列的详细的气象旱灾统计的分析表明了他们的旱灾统计与那些在 1930~1984 年的观测资料是一致的（Lopez et al.，2009）。

与系统的气候模拟相比，降水量降尺度的不确定性仅仅是系统不确定性组成的很小一部分，并与目前的气候模型相关。因此，不同的降尺度技术产生的结果也不同。研究中，我们忽略对降尺度的选择，使用量——量方法，因为它的计算效率更适合将尺度缩减大的 GCM 模拟（Maurer et al.，2007；Maurer and Hidalgo，2008）。

6.4.2.1.2 潜在蒸发损失（PE）

获得潜在蒸发的程序是更加复杂的。因为这种变量是不可以从 CPDN 模拟或者 CMIP3 中得到的。我们从 CPDN 模拟运行中获取温度和相对湿度，同时观测风速和日照率，用来估计每月时间序列的可能蒸发量，为了简化计算，我们认为风和日照百分率未来恒定。此外，由于大规模的潜在蒸发和当地的潜在蒸发相关性强，我们认为可以用英国西南部坐标方格数据计算的潜在蒸发代表汇水蒸发，同时用月平均值和日平均值也很合理。

当和过去的1930~1984年内每日蒸发量相比，对于整年的蒸发量，CPDN和CNIP3整体估计都过高，因为GCM模型存在温度偏差。为了修正这些偏差，使1930~1984年通过一个因素模拟的长期月蒸发量和观测的长时期的逐月量相同。因此，在偏差修正之后，模拟月平均模拟值与观测值相叠加。注意这种方法只调整长期的平均值，并不对降水偏差模拟进行额外的修正；就如在降雨量偏差修正的方法。因为预估逐年蒸发量偏高，月值模拟的调整因子很少，与原始模拟数据相比应减少与模拟蒸发量分布系列变动范围。以前离差过大的问题在降尺度的蒸发量中已经被提及。

我们认为，基于蒸发损失的修正偏差系数不是为了输入温度。因为我们已经观测了当地的蒸发量，包括降雨量和可能的蒸发量，但没有观测温度。

6.4.2.2 汇水模型和河流动力学模型

汇水模型是模拟降雨和径流的模型，被环境组织应用于水资源规划和水资源配置中，在 wiby（1994）中有详细描述。它利用逐日降水和可能蒸发系列通过河流汇水来模拟逐日系列的径流量。

案例建立了 Thowerton Exe River 汇水模型。Exe River 汇水区面积$600km^2$。通过校准来确定五种水文模型参数。任何水文模型，当汇水模型被参数后依据一个像 Nash-Sutcliffe 那样具有客观功能的方法，那些参数有一系列的用途使假想流无限接近显示存在的流体。这些参数转化我成分客观显示存在的具有一致性的流体过程中，会产生一系列的偏差，即使这种不确定性是不不被忽略的。以前的工作已经显示出这种不确定性在汇水模型要比气候模型终不改小得多。当我们希望模拟与气候模型 PPE 发生联系的不确定性时我们从未向这种不确定性方向进行搜索，环境机构也从未把汇水模型当成处理测量问题的方法。

我们通过对 CPDN 和 CMIP 气候模式的降尺度信息进行基础修正和潜在蒸散发基础信息，利用 CATCHMOD 模型获取径流索弗顿地区的径流系列。图6.4.2显示的百分率意味着每月流量在2020~2039年和1961~1991年之间。大部分CPDN 成员表示流量在第二季度连续下降。6月、7月、8月各月分别减少82%、93%和91%。CMIP3模型显示夏季各月流量分别减少67%、67%和76%。这个减少意味着产流量也将减少。我们可观察到的降雨和潜在蒸散发要比观测到的径流大很多。无用的汇水模型产生的结果在低水流处不适用。当在对一系列的流体进行测量的误差减小时，一致认为跨模型 CPDN 和 CMIP3 整体之间的低流量比观测值大，此外，观测的最大流量是大约模拟流量的两倍左右，这个事实证明汇水模型不是一个合适的估算洪峰流量的工具。

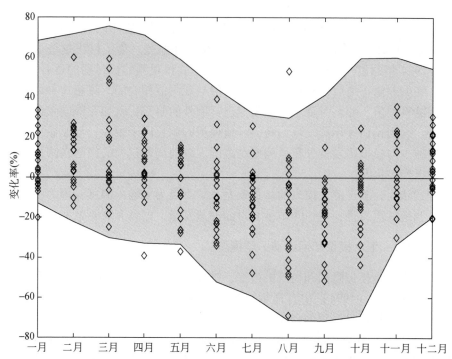

图 6.4.2 River Exe flow at Thorverton 2020~2039 年和 1961~1990 年的流量月平均变动百分率。灰色阴影表示 CPDN 模拟的降雨量变化范围，黑色表示 CMIP3 模型模拟的降雨量变化范围。

如图 6.4.3 所示，在 A1B 情景下，作为整体偏差的因素之一，模拟径流的范围随着时间呈现扩张趋势。例如，模拟径流的整体范围的 Q90 基线（图 6.4.3a）在 2020~2039 年增长超过了 50%。尽管如此，对许多模型而言仍存在共同点，如在夏季降雨普遍降低的驱动下，与基线时期相比枯水量下降；与实测径流相比，CPDN 枯水量的相对位置（relative position）下降。

同样，在冬季降水普遍增加的驱动下，除了最大水量，相对基准时期丰水量有所增加。在这个案例中模拟的洪峰值均小于实测的洪峰值，可能是由于 CATCHMOD 没有对最大流量进行校验。在未来的工作需要确定水文模型或真实结果或者将尺度的错误。

假设本章得出的模拟径流可为索弗顿的 Exe 河未来的自然径流预测提供依据，规划该区域未来可利用水的范围。为了评价未来水资源量的扩频，将模拟的河道流量作为下面章节中水资源模型的输入。

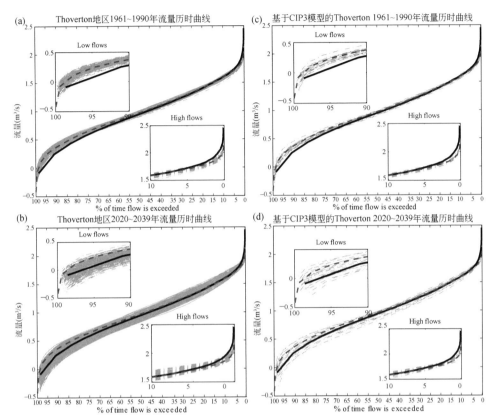

图 6.4.3　Thorverton 1961~1990 年 [(a) 和 (c)] 和 2020~2039 年 [(b) 和 (d)] 日流量历时曲线。黑色线表示观测流量，暗灰色的虚线表示用观测降雨量和潜在蒸发量模拟的流量，灰色虚线为 CPDN 模型 [(a) 和 (b)] 和 CMIP [(c) 和 (d)] 运行的结果。

6.4.2.3　水资源管理系统

温布尔顿水资源区域为英格兰西南部、devon 与 Somerset 区提供用水。在区域模拟的 LANCMOD 简化模型中（图 6.4.4），供水主要是温布尔顿和 Clatworthy 水库，Exe 河（有 Exebridge 与索弗顿两个抽水点）和砂岩地下水源。水量需求最大的是 devon 东部地区的 Exeter、Somerset 与 Peak 三大城市。最近的两个具有代表性的调水工程将水转移到相邻的区域，即韦塞克斯供水。另一种方式是抽水蓄能，即在冬季用水期间将 Exebridge 到 Thorverton 的 Exe 河段的可用水资源填满水库。

温布尔顿是区域内主要的水库，建于 1979 年，坐落在埃克斯穆尔，储蓄

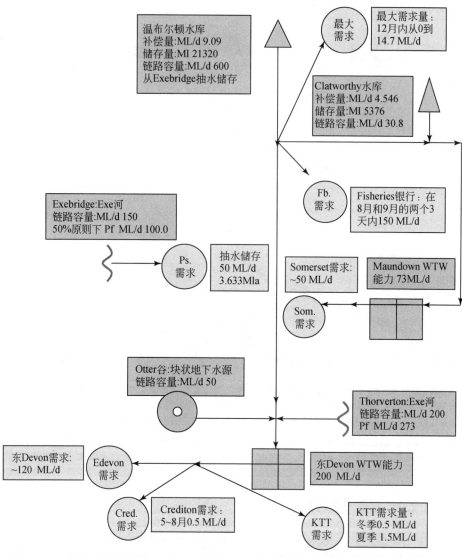

图 6.4.4 温布尔顿水资源区。水库、河流和地下水资源分别由三角形，线条和穿孔的圆表示；实心圆表示不同的用水需求；矩形表示水处理工程；黑色箭头表示不同水源和需求的流动方向。

Haddeo 河（Exe 河支流）的水量，净蓄水量 21.320ml，占地 150hm²。通过向 Exe 河中放水，供 Tiverton 和 Exeter 抽取给 exeter 与 devon 东部地区供水。

温布尔顿系统的 LANCMOD 表示方法需将 Exebridge 与 Thorverton 间 Exe 河径

流的日时间序列与温布尔顿与 Clatworthy 的日流入量作为输入。采用 CATCHMOD 模拟 Thorverton 的径流量（前面章节中描述的）。通过缩小索弗顿径流量的尺度来模拟其他的三条河流径流量的时间序列，保证常年平均径流量与运用流量评估软件，枯水量 2000 （Young et al.，2003）。环境保护局认为简化方式在温布尔顿中运行效果较好。需要说明的是假设换算系数在气候变化下仍保持一致。因此，通过 Thoverton Exe 河径流量考虑气候变化对水库入流量的影响。当对河水抽取存在不同的需求优先和控制规则时，建立 LANCMOD 模型模拟该水资源系统的功能，限定水库的功能。基于当前流域内的耗水，LANCMOD 以当前的数字（表 6.4.1）作为需求优先。这些是月均降水需求，不包括年际间与月内变量，隐藏的事实是：如夏季干燥期的最大需求会增加。简化水资源模型不适合评价最大值需求的影响，因此要求更多关于需求建立与系统限制的细节。保证最大量需求的解决办法通常包括增加本地蓄水量（水库）、泵采水、压力限制等，对于其他简化模型都较为普遍，LANCMOD 模型则不可模拟。尽管如此，模型如 LANCMOD 仍被广泛地应用，因为它可以提供一种高效的方法去探索变化如何影响水资源的供应。它们构成一个分层的方法，提供一个系统设计步骤，详细设计和每天的日常运作建模需要复杂的模型，不能轻易地模拟100年的气候影响。

表 6.4.1　球形湖年纪水资源系统需求概况　　　（单位：ML/d）

	东德文区	萨默塞特	最大需求	抽水蓄能	基蒂莱	克雷迪顿
一月	114	47.35	6.3	150	0.5	0
二月	116	48	6.3	150	0.5	0
三月	116	48.2	6.3	150	0.5	0
四月	115	49.15	14.7	0	0.5	0
五月	120	50.3	14.7	0	1.5	0.54
六月	130	53.55	14.7	0	1.5	0.54
七月	138	56.75	14.7	0	1.5	0.54
八月	138	59.55	14.7	0	1.5	0.54
九月	115	48.2	14.7	0	1.5	0
十月	111	46.85	0	0	0.5	0
十一月	111	46.1	6.3	150	0.5	0
十二月	114	46	6.3	150	0.5	0

抽水蓄能电站作为一种需求模型并且能够确保从 Exe 抽出水来在 EXE 桥，并且能够运输到墨尔本球形水库来确保在冬天水库能够蓄满水。当按照水库的控制规则时，它的建立是转移 150ML/d 从十一月到三月，每年最够转移 13 633ML。渔业银行占据了 150ML/d，但是在八月份九月份只排名第三。

为了说明如何运作模拟的墨尔本球形水库，图 6.4.5 中显示出 1930~2005

年每年每月水库的存储水平，模拟使用1930~1957年的CATCHMOD河流流量，观察1957~2005年的径流。我们挑选出历史水位记录的百分数仅仅是根据时间和运行水库的管理条例。其他的控制条例固定为21320ML，1100ML和0ML（100%，5%和0%的容量）LANCMOD模型运行的水库如下所示。

当储存水位介于最大容量（21320ML）和随时间变化的控制条件时，就要以350ML/d的速度把水释放到系统中去，并且此时不要抽水储蓄。

6.4.3 常规情境下的水资源模型

在这个部分我们将描述在同样的控制条件下，水资源系统对于现在和将来的水库容量以及剖面的响应。这就是我们所说的常规情景。我们将以各种变量的月平均数据介绍我们的结果，以及我们过去常常借鉴实际观测，用于产流计算的常规的降水结构。

6.4.3.1 温布尔顿水库

为了回答在未来气候条件下水库的管理制度是否需要进行改革，我们假设我们所使用的模型的整体可以提供任何时间、任何地点的可能发生的部分环节，因此，我们可以用模型的整体信息来分析水库对未来任何给定的单一气候变化因素的响应。例如，如图6.4.5所示，温布尔顿水库的水位的分布对于未来一个特殊年用了246名员工模拟预测气候。未来任何一年的相似图表就可以绘制出来。图6.4.5显示的不同的百分比超过2040年各月模型所给的参考值。这个图表建议我们如果使用模型的所有组件进行实践时，需要参考历史的记录，在未来任何一天现在的所运行的控制条件都需要进行调整。为了阐述这个观点，我们关注一年最干涸的时期，8月~10月，在水库库容通过历史事件进行模拟一半的年份水库水位高于55%库容。并且四分之三的年份能够达到40%的库容，然而已经超过了模型模拟出的25%的库容。CMIP3的全体的25%和50%可以获得相似的价值。尽管最低的水库库容模拟和CPDN的25%十分的接近，但需要考虑的事实是CPDN比CMIP3更偏于干旱。

我们也可以探索一段时间内水库储存水位的变化规律。图6.4.6呈现出的1960~2079年的单一月的水库储蓄水位，我们把9月份作为夏季结束的特殊月份，因为水库的水位通常情况下比较低。这个图显示从现在到2020年水库的水位线呈下降趋势，并且下降速度也会增加。例如，从19世纪50年代到2020年百分比从60%下滑到50%，最后在模拟的结束期只有30%。在模型CMIP3的情

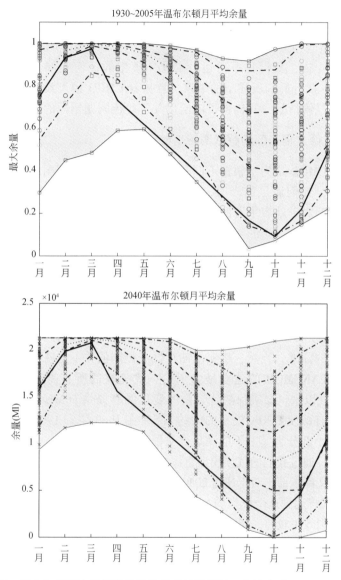

图 6.4.5　左图：温布尔顿历史数据的月平均最高储量等级。方块表示 1930~1957 年之间使用模型模拟的河流流量的存储水平。圈表示 1957~2005 年之间使用观测到的河水流量的水平。黑色的实线表示在文本中描述的控制规则。虚线从上到下依次表示为水库水位超过时间的 2.5%、25%、50%、75% 和 97.5%。右图：2040 年 CPDN 模型模拟的温布尔顿最大存储水平的等级。黑色实线表示文本中描述的控制规则。虚线从上到下依次表示为 2.5%、25%、50%、75% 和 97.5% 模型模拟了水库水位运行情况。

况下，在接近模拟结束期的时候，19世纪50年代的百分数显示较小的干旱倾向。由于CMIP3模型的本身的小尺度局限，较低的百分数很难识别它的趋向性。然而，CPDN模型能够显示一个明显的干旱趋势，但在CMIP3模型里却无法证明，正如所涉及的一样，我们将不再运行CPDN模型的任何一部分。但是，如果图6.4.6就是命令执行后的所显示的结果，意味着CMIP3模型没有包含将来可能出现的最干旱的气候情景，同样也可能给出关于径流问题错误的结论。

6.4.3.2 德文郡东部和萨默赛特水资源需求

设计LANCMOD是为了根据不同资源需求的用户制定不同的优先等级。当分析不同情境下，如何满足需求时，这个命令就十分重要。例如，相比较其他需求，德文郡东部对于地表水资源就有优先权。目前的地表水供应配置是50ML/d，德文郡东部几乎将近一半的年平均（120ML/d）要感谢这个资源，即使在气候变化下也要收取一定费用来应对可能的赤字。

在1993~2005年LANCMOD靠使用历史的资金流动来运行，只有1976年9月德文郡东部的需求没有得到满足，面临着约1%失败的风险。在另一方面，在1960~1989年运行CPDN模型只有0~3次失败，呈现的失败的风险不会高于1.2%。这与图6.4.5所示的水位线也相符合，在9月份只有少于2.5%的模型的水位低于控制的标准。当然，事实上储存低于控制值并不意味着需求的满足能够实现自动化，LANCMOD的建立是为了第一优先权的所有需求得到满足，自从LANCMOD建立以来，要确保随着气候的变化能够提供50ML/d不变的供应。和事实相关的还有即使CPDN模型的大约2.5%在1960年到1990年保持着一个低水位，只有一小部分事实上不能满足德文郡东部的需求。

展望未来，通过我们的气候模型整体效果显示出在九月份CPDN模型的一小部分不能供应德文郡东部，对于超过2030年的任何10年都至少是基准期的3倍，到21世纪70年代将达到这个模型的5%。同样可以发现模型的一些环节在十月份相比较九月份模拟效果较差。暗示着满足需求的临界期趋向于秋季。十一月模拟效果较差的类似于九月份，并且有极少数的模型可以模拟从十二月份直到冬天的结束。

在萨默赛特水资源的需求量是德文郡的一半，同样也可以通过来源于克拉特沃希的水量得到满足。因此，即使CPDN模型在德文郡存在一小部分对于基准期的模拟失败，但将来模拟失败概率的增长还是很小的，即使模拟到2170年其失败的几率只有2%。对于萨默赛特而言，模型对于九月份模拟失败的可能性相对十月和十一月有所增加。对于萨默赛特而言，对于模型部分失败的可能性也有所增加在十月和十一月相对九月而言。

第 6 章 | 实 例 研 究

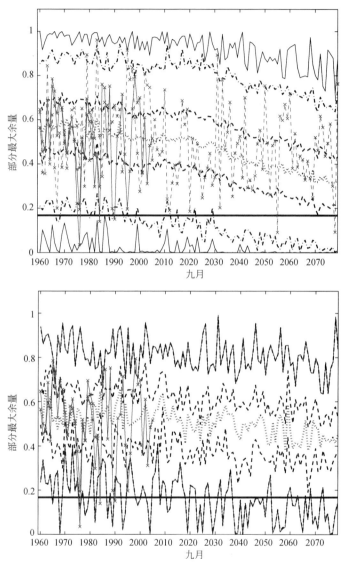

图 6.4.6 CPDN（左图）和 CMIP3（右图）模拟的 1960～2079 年九月最大储水量的级别。黑色线条从上到下依次代表最大值（实线）、97.5%（点缀虚线）、75%（dashed）、50%（dotted）、25%（dashed）、2.5%（点缀虚线）、最小值（实线），粗实线对应于文本中所描述的控制规则。加入深色和浅灰色十字架的实线表明由 LANCMOD 模型通过观测到的流量和模拟的历史流量模拟的存储水平。加入十字架的虚线表示 CPDN 模型采用物理参数的标准值运行的存储水平和单一模式运行的变化。

6.4.4 气候变化下管理方法的适应性

调整水资源模型各种参数，探索不同的适应政策以减少将来供不应求的风险，确保水资源系统对气候变化的响应。在这个案例中，我们主要探讨通过LANCMOD模型，可以模拟出不同的应对响应的方案。有两个基于降低消耗的方案，一个是关于增加水资源的供应，另一个方案是将增加供应和减少需求相结合。我们的目标是简单地分析如何将气候模型信息应用到管理制度中。其中一个可能适应目标的政策，要充分考虑社会经济因素以及将来工作中一些被关注的不确定因素。

6.4.4.1 需水削减方案

对于这个研究，我们假定这个地区家庭的最低需求是150L/h/d，这是目前英格兰和威尔士的标准。目前英国政府水资源战略目标是降低到130L/h/d，意味着需求将比现在减少15%，并且假设其他需水同样减少15%。

这一年，德文郡和萨默塞特的需水量最多，针对这个情况，我们设计了两套方案来解决这个问题。其他地区的需水量很少（不到德文郡和萨默塞特的2%），其他地区的需水量很少（不到德文郡和萨默塞特的2%），或者一年中只有很少的时间对水的需求较大（渔业银行），他们对整个水资源系统的影响很小，因此我们对其不做考虑。

在第一个需求管理情景中，labelled ED_{red}，我们假设德文郡东部的需水量减少15%。德文郡东部是这个系统中需水量最多的地区，大概每年消耗120ML/d，并且ED_{red}结果降低18ML/d。这种情况很有代表性，例如，一个需求管理计划是在第二个情景中针对部分资源区，解决长期水消费与需求高峰问题。ALL_{red}，假设总需求减少15%，德文郡东部、Peak和萨默塞特，平均减少28ML/d。两个情景都假设在适当的位置安装节水设施并考虑其他因素，如人口数量的变化等一些恒定的因素。

6.4.4.2 萨默塞特和德文郡东部需求的响应

对于水资源管理者来说，不仅要了解供不应求会导致的结果，还要明确数月或数年供不应求发生的频率。例如，我们都很想知道通过气候模型和基准期对比，到2030年供不应求的情况是否会发生改变。或者连续两年以上供不应求发生类似改变，然而无论发生何种变化都取决于情景的假设。

表6.4.2表明了这些假设情景不能满足单一连续年的需求，超过30年的时段。

第6章 实例研究

表6.4.2 赛默赛特郡和东德文郡需求分析。左边栏中多个30年尺度的模型在1到6连续年均不适合赛默赛特郡和东德文郡。每个元素中第一个图形是CPDN模型得数字,第二个图(在圆括号中)是无效的CPDN总体数量,同时第三个图(在方括号中)是CMIP3模型得总体数量(仅仅在指出什么时候不同于0值)。

需求状况 (年)	1					每年连续失效值 2					3				
	BAU	ED$_{red}$	All$_{red}$	L$_{res}$	L+All$_{red}$	BAU	ED$_{red}$	All$_{red}$	L$_{res}$	L+All$_{red}$	BAU	ED$_{red}$	All$_{red}$	L$_{res}$	L+All$_{red}$
萨默赛特郡															
1960～1989	24(25)[1]	15(15)[1]	0[1]	22(22)[1]	0	1(1)	1(1)	0	1(1)	0	0	0	0	0	0
1990～2019	33(34)[2]	17(17)[3]	1(1)	29(30)[2]	0	2(2)[1]	1(1)	0	2(2)[1]	0	0	0	0	0	0
2020～2049	64(84)[7]	36(42)[4]	0	57(69)[6]	0	10(10)	3(3)	0	10(10)	0	1	1(1)	0	1(1)	0
2050～2079	122(208)[7]	71(94)[3]	7(7)	103(161)[6]	6(6)	22(24)	0	5(5)	1(1)	0	5(5)	1(1)	0	4(4)	0
东德文郡															
1960～1989	47(49)[8]	9(9)[2]	8(8)[2]	30(30)[5]	2(2)[1]	1(1)	0	0	1(1)	0	0	0	0	0	0
1990～2019	81(97)[4]	19(19)	11(11)	61(73)[4]	9(9)	4(4)	0	0	3(3)	0	0	0	0	0	0
2020～2049	126(206)[8]	49(54)[1]	39(42)[1]	101(141)[6]	26(27)	20(21)[1]	0	0	12(12)	0	1(1)	0	0	1(1)	0
2050～2079	190(500)[12]	89(138)[3]	78(111)[2]	149(315)[10]	53(64)[1]	60(91)[1]	10(10)[1]	5(5)	44(53)	4(4)	16(19)	0	0	7(7)	0

在过去的三十年模拟期基本超过连续四年供不应求的情况很少见。我们把年供不应求定义为当一年或一年中数月发生年供水量不能满足年需水的情况。因此，这些表格并没有提供特殊年份的需求，何时通过怎样的方式被满足。他们还需要提供，在模拟未来气候变化和 BAU 供需情况下，需求管理方案是如何确定的信息。

在 BAU 情境下，只有 CPND 模型模拟结果不能满足摩尔塞特在 1960～1989 年任何连续两年的需求，但是从 2020～2049 年的 10 名成员增加到 2050～2079 年的 27 名成员，严格地说，连续年的模拟不吻合情况在德文郡东部增加的更多。当德文郡东部的需求减少 15% 的时候，这个模型在摩尔塞特的不吻合数量将减少为原来的 1/4，而在德文郡在 2020～2049 年不吻合数将减少为原来的 1/7。

6.4.4.3 替代管理方案

降低需求的替代方法是增加另一种水源。在 LANCMOD 中这样做的一种方法是增加蓄水库尺寸。尽管这种方法可能实际中无法用于温布尔顿水库，但是增加蓄水库尺寸通常是种选择，因为它相对不具争议且成本效益好。它也是一种简单的方法，代表了在现有建库模型中增加的水源。增加蓄水库深度 1m，短缺从 21 320ML 到 25 075ML，贮存的水容增加 18%。由于不能改变模型的任何参数，如连接性能或控制标准，排入系统的水量限额仍由这些因素控制。但是，蓄水库在高流速阶段能贮存更多水，这一事实改变了其他情景的水库运行状况。图 6.4.7 表明温布尔顿水库 9 月短缺的运行功能，为 ALLred 需求减小情景，增加水库水平情景（Lres）和这两种情景的联合实施（L+Lres）。

如果只是需求降低，更为干旱的夏季效应可以得到缓解：许多 CPDN 模型与 BAU 情景相比，超过任何给定阈值。例如，短缺水平超过一半，21 世纪 70 年代模型从 BAU 下的 30% 变为 ALLred 下的 40%。此外，极低水库水平整体发生风险，预计第 25 位百分率，从 21 世纪 30 年代的 BAU 被搁置至 21 世纪 70 年代的 ALLred。

当水库容量增加而需水量没有降低时，我们看到 50% 几率下的运行与 ALLred 案例相似，与 BAU 情景相比改进了水库发生风险的概率。但是，预计为第 2.5 百分率的极低情景风险，与 BAU 情景相比并没有显著改变，这表明即使系统中有更大容量，流速整体改变不足以在更为干旱年份获取更多的可利用水量。如果容量增加，需求降低（L+ALLred），当将百分率运行作为事件功能时，对 ALLred 也没有多大改进。显然对绝对值而言，贮存水平的小部分，Lres 和 L+ALLred（25075ML 部分）比 ALLred（21320ML 部分）代表更大的贮存容量。

基于不同供需情景下在 CMIP3 不同集合模式得到相似的形势变化（未显示）。尤其对 ALLred 和 L+ALLred，最低水库水平几乎任何时候都在控制标准以上，对 Lres 而言，它们在控制标准上下摆动，与 BAU 相似（图 6.4.6）。但是，对图

6.4.6 所示 BAU 情景，数据更摆动，每种管理情景的趋势对 CPDN 整体而言不宜确定。

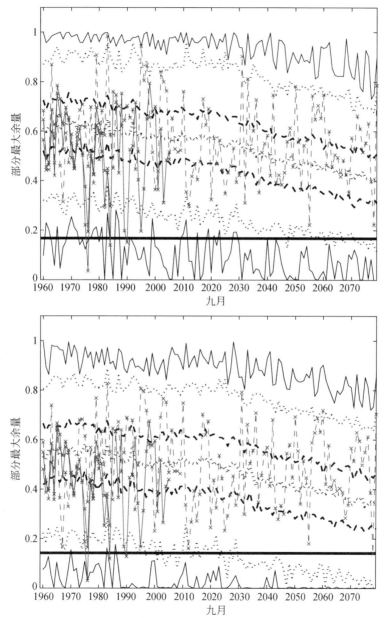

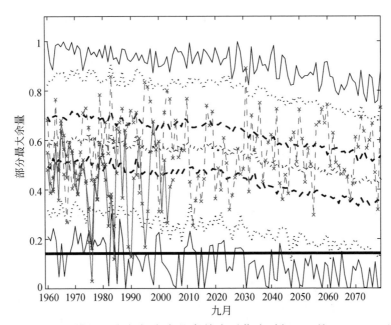

图 6.4.7 CPDN 通过模拟温布尔顿水库的存储水平作为时间（9 月）ALL_{red}（上）、L_{red}（中）、$L+ALL_{red}$（下）供需管理方案。黑色线条从上到下依次表示最大值（实线）、97.5%（点缀虚线）、75%（dashed）、50%（dotted）、25%（dashed）、2.5%（点缀虚线）、最小值（实线），粗实线对应于文本中所描述的控制规则。加入深色和浅灰色十字架的实线表明由 LANCMOD 模型通过观测到的流量和模拟的历史流量模拟的存储水平。加入十字架的虚线表示 CPDN 模型采用物理参数的标准值运行的存储水平。

仅增加水库的库容并不是十分有效，也就是说即使这个工程的一大部分在冬季是多雨的，也不能完全消除夏季的干旱。但是，当水库库容很大，同时需水量减少的时候，每年由于 CPDN 引起的相关失败从 BAU 的基线 49 变为 2020～2049 年的 27，CPDN 整体也出现类似的反映。

对两个或两个以上的连续失败，需水量减少，L+ALLred 一直到 21 世纪中期都是有效的，这说明减少连续失败的关键限值因素是水资源可利用量，而不是存储量，至少在 2050 年之前是这样的。在 CMIP3 整体中，每年连续失败是很罕见的。然而，没有一个结论可以说明这个考虑了不同的需求和供给管理设置的案例。也出现过类似每个月连续失败的情况（Lopez et al.，2009）。

6.4.5 讨论

在这个案例研究中，我们描述了一种运用 GCM 合奏物理扰动来提供研究气候变化对水资源系统的影响和水资源系统对气候变化的适应性所需要的连续有效信息。我们的分析建立在唯一的官方物理扰动系统（CPDN）。我们还将实验结果和通过 CMIP3（一种小可能系统）得到的结果进行了比对分析。

在将气候模型的输出值转化为水文和水资源模型的输入值的过程中，我们进行了一些简化的假设。首先，我们运用所有的 PPE 和 CMIP3 原始数据，而没有对他们在模拟气候系统中的相关性进行提前评价。其次，我们假设用于英国南部网格的模型数据是用于输入 CATCHMOD 模型导出当地逐日降雨和 PE 的输入数据的缩减方式可靠输入。然而，在这样的小范围内运用精确模拟对外部力量变化的反映是值得商榷的（Solomon et al.，2007），下一步的工作是考虑用更大尺度的更可靠的气候模型数据作为任何缩小的尺度的输入数据。此外，尽管用于计算实际、缩减降水的偏差的位数变化方法已经表现出和更多地诡辩论方法的可比性，但是还需要做大量的工作来保证缩小尺度的数据的时间可空间正确性。（Hey et al.，2002；Wood et al.，2004；Venema et al.，2006）。

我们选择这种简单的方法来处理气候模型数据的事实依据是我们在这个案例中注重的是气候模型系统怎样运用于影响和适应性研究中，而不是预测某种特定的气候变化在未来的表现形式。

我们的结果表明，像 CMIP3 这样的一个可能性集合，不能代表与一个单独的气候模型相联系的模型不确定性变化。由模型的不确定性产生的其他可能性形成了未来条件的更大范围，我们可以对适应性选项做出全面勘测。这对于长时间处于枯水期的水库系统尤其重要。我们希望通过研究气候模型的不同不确定性内在规律而获得的多种假设可以用来给出长系列可能性一个更好的解释，这个也可以用于决定不同的管理方式的好处，这在少量的确定性情境中是不能实现的。用于进行影响分析的额外的时间和专业知识的开销，将会在稳定性分析的决定中得以应用。

我们得出这样的结论：尽管我们的案例分析时在水利专业进行的，考虑到使用大型的气候模型系统来研究影响分析的评价，我们希望这个关键结论也可以在其他领域运用。

致谢

感谢来自 CODN 团队的 Nick Faull，Tolu Aina 和 Milo Thurston 提供数据支持。这项研究由科学工程 SC50045 环境机构和气候变化研究中心支持。还要感谢环境工程机构管理者 Dr Harriet Orr 的支持。此处发表的观点反映了笔者的观点并不代表环境机构所持的立场。

参 考 文 献

Adour-Garonne Basin Committee (2004) Low-flow Management Plan "Garonne Ariège". Adour-Garome Baisn Committee.

Alcamo J, Döll P, Henrichs T, et al. (2003) Development and testing of the WaterGAP 2 global model of water use and availability. Hydrological Sciences Journal, 48, 317-337.

Allasia D G, Collischonn W, Silva B C. and Tucci C E M. (2006) Large basin simulation experience in South America. In: Predictions in Ungauged Basins: Promise and Progress. Proceedings of Symposium S7 held during the Seventh IAHS Scientific Assembly at Foz do Iguacu, Brazil, April 2005. IAHS Publication 303, pp. 360-370.

Arnell, N. (1996) Global Warming. River Flows and Water Resources. Wiley, Chichester.

Arnell, N. W. (1998) Climate change and water resources in Britain. Climate Change, 39, 83-110.

Bates, B., Kundzewicz, Z. W., Wu, S. et al. (2008) Technical Paper on Climate Change and Water. Technical Paper of the Intergovernmental Panel on Climate Change IV. IPCC Secretariat, Geneva.

Bellman, R. (1957) Dynamic Programming. Princeton University Press, Princeton.

Bergström, S., Andréasson, J., Beldring, S. et al. (2003) Climate Change Impacts on Hydropower in the Nordic Countries-State of the art and discussion of principles. CWE Report 1. Climate, Water and Energy, Reykjavík.

Bergström, S., Jóhannesson, T., Aðalgeirsdóttir, G. et al. (2007) Impacts of climate change on river run-off, glaciers and hydropower in the Nordic area, Joint final report from the CE Hydrological Models and Snow and Ice Groups CE-6. Climate and Energy, Reykjavík.

Beven, K. J. (2001) Rainfall-Runoff modeling-The Primer. Wiley, Chichester, 360 pp.

BPA, USACE and USBR (2001) The Columbia River System Inside Story, 2nd edn. Bonneville Power Administration, US Bureau of Reclamation and US Army Corps of Engineer, Portland, OR.

Caballero, Y., Voirin-Morel, S., Habets, F. et al. (2007) Hydrological sensitivity of the Adour-Garonne river basin to climate change. Water Resources Research, 43, W7448.

Cavitte, J. P. and Moor, J. F. (2004) Dry period water management plans on Adour-Garonne basin, an example of partnership between basin authorities and the agriculture world. La Houille Blanche, 1, 26-30 (in French).

Charbonneau, R., Fortin, J. P. and Morin, G. (1977) The CEQUEAU model: description and examples of its use in problems related to water resource management, Hydrological Sciences Bulletin, 22, 193-202.

Chiwe, F. H. S. (2006) Estimation of rainfall elasticity on streamflow in Australia. Hydrological Sciences Journal, 51, 613-625.

Christensen, N. S. and Lettenmaier, D. P. (2007) A multimodel ensemble approach to assessment of climate change impacts on the hydrology and water resources of the Colorado River Basin. Hydrology

And Earth System Sciences, 11, 1417-1434.

Christensen, N. S., Wood, A. W., Voisin, N., Lettenmaier, D. P. and Palmer, R. N. (2004) The effects of climate change on the hydrology and water resources of the Colorado River basin. Climatic Change, 62, 337-363.

Clarke, R. T. (2007) Hydrological prediction in a non-stationary world. Hydrology And Earth System Sciences, 11, 408-414.

Collischonn, W. and Tucci, C. E. M. (2001) Hydrologic simulation of large basins. Revista Brasileira de Recursos Hídricos, 6 (1) (in Portuguese).

Collischonn, W., Clarke, R. T. and Tucci, C. E. M. (2001) Hydrologic simulation of large basins. Revista Brasileira de Recursos Hidricos, 6 (1) [in Portuguese].

Collischonn, W., Haas, R., Andreolli, I. and Tucci, C. E. M. (2005) Forecasting River Uruguay flow using rainfall forecasts from a regional weather-prediction model. Journal of Hydrology, 305, 87-98.

Collischonn, W., Allasia, D. G., Silva, B. C. and Tucci, C. E. M. (2007) The MGB-IPH model for large-scale rainfall—runoff modelling. Hydrological Sciences Journal, 52, 878-895.

Defra (2008) Future Water: The Government's Water Strategy for England. Defra, London. Available at: http://www.defra.gov.uk/environment/quality/water/strategy/pdf/future-water.pdf.

Déqué, M., Rowell, D. P., Lüthi, D. et al. (2007) An intercomparison of regional climate simulations for Europe: assessing uncertainties in model projections. Climatic Change, 81 (Suppl 1), 53-70.

Dupeyrat, A., Agosta, C., Sauquet, E. and Hendrickx, F. (2008) Sensibilite aux variations climatiques d'un bassin àforts enjeux. Le cas de la Garonne [Sensitivity of a catchment with high stakes to climate variations. The Garonne case study]. In: Proceedings of the 13th IWRA World Water Congress. International Water Resources Association, Montpellier (in French).

Ebi, K. L., Woodruff, R., von Hildebrand, A. and Corvalan, C. (2007) Climate change-related health impacts in the Hindu Kush-Himalayas. EcoHealth, 4, 264-270.

Graham, L. P., Andréasson, J. and Carlsson, B. (2007) Assessing climate change impacts on hydrology from an ensemble of regional climate models, model scales and linking methods- a case study on the Lule River basin. Climatic Change, 81 (Suppl 1), 293-307.

Habets, F., Boone, A., Champeaux, J. L. et al. (2008) The SAFRAN-ISBA-MODCOU hydrometeorological model applied over France. Journal of Geophysical Research, 113, D6113.

Hall, W. A., Butcher, W. S. and Esogbue, A. (1968) Optimization of the operation of a multiple-purpose reservoir by dynamic programming. Water Resources Research, 4, 471-477.

Hay, L. E., Clark, M. P., Wilby, R. L. et al. (2002) Use of regional climate model output for hydrologic simulations. Journal of Hydrometeorology, 3, 571-590.

Hendrickx, F. (2001) Impact of climate change on the hydrology of the Rhone catchment. Hydroecologie appliquee, 13, 77-100.

Henrichs, T., Lehner, B. and Alcamo, J. (2002) An integrated analysis of changes in water stress in Europe. Integrated Assessment, 3, 15-29.

IPCC (2001a) Climate Change 2001: The Scientific Basis- Contribution of Working Group 1 to the IPCC Third Assessment Report. Cambridge University Press.

IPCC (2001b) Climate Change 2001: Impacts, Adaptation and Vulnerability- Contribution of Working Group 2 to the IPCC Third Assessment Report. Cambridge University Press.

IPCC (2007) Climate Change 2007: The Physical Science Basis: Contribution of Working Group I to the Fourth Assessment Report of the Intergovernmental Panel on Climate Change. Cambridge University Press, Cambridge and New York.

Kleme 8 130 V38 (1986) Operational testing of hydrological simulation models. Hydrological Sciences Journal, 31, 13-24.

Koutsoyiannis, D. and Montanari, A. (2007) Statistical analysis of hydroclimatic time series: Uncertainty and insights. Water Resources Research, 43, W05429. 1-W05429. 9.

Kouwen, N. et al. (1993) Grouping response units for distributed hydrologic modeling. Journal of Water Resources Management and planning, ASCE, 119, 286-305.

Lall, U. and Sharma, A. (1996) A nearest neighbor bootstrap for resampling hydrologic time series. Water Resources Research, 32, 679-693.

Lehner, B., Czisch, G. and Vassolo, S. (2005) The impact of global change on the hydropower potential of Europe: a model-based analysis. Energy Policy, 33, 839-855.

Leon, L. F., Booty, W. G., Bowen, G. S. and Lam, D. (2004) Validation of an agricultural non-point source model in a watershed in southern Ontario. Agricultural Water Management, 65, 59-75.

Liang, X., Lettenmaier, D. P., Wood, E. F. and Burges, S. J. (1994) A simple hydrologically based model of land surface water and energy fluxes for general circulation models. Journal of Geophysical Research, 99, 14415-14428.

Lofgren, B. M., Quinn, F. H., Clites, A. H., Assel, R. A., Eberhardt, A. J. and Luukkonen, C. L. (2002) Evaluation of potential impacts on Great Lakes water resources based on climate scenarios of two GCMs. Journal of Great Lakes Research, 28, 537-554.

Lopez, A., Fung, F., New, M., Watts, G., Weston, A. and Wilby, R. L. (2009) From climate model ensembles to climate change impacts and adaptation: A case study of water resource management in the southwest of England. Water Resources Research, 45, 21.

LOSLR (2006) Options for Managing Lake Ontario and St. Lawrence River Water Levels and Flows. Final Report to the International Joint Commission. International Lake Ontario- St Lawrence River Study Board.

Ludwig, K. and Bremicker, M. (2006) The water balance model LARSIM-Design, Content and Applications. Freiburger Schriften zur Hydrologie 22. Institut fur Hydrologie, Universitat Freiburg, Germany.

Lund, J. R. (2003) Climate Warming and California's Water Future. Report for the California Energy

Commission 03-1. University of California, Center for Environmental and Water Resource Engineering, Davis, CA.

Manoha, B., Hendrickx, F., Dupeyrat, A., Bertier, C. and Parey, S. (2008) Impact des evolutions climatiques sur les activités d'EDF (projet Impec) [Climate change impact on the activities of Èlectricite de France]. La Houille Blanche, 1, 55-60 (in French).

Markoff, M. S. and Cullen, A. C. (2008) Impact of climate change on Pacific Northwest hydropower. Climatic Change, 87, 451-469.

Maurer, E. P. and Hidalgo, H. G. (2008) Utility of daily vs. monthly large-scale climate data: an intercomparison of two statistical downscaling methods. Hydrology and Earth System Sciences, 12, 551-563.

Maurer, E. P., Brekke, L., Pruitt, T. and Duffy, P. B. (2007) Fine-resolution climate projections enhance regional climate change impact studies. Eos Transactions of the American Geophysical Union, 88, 504.

Maurer, E. P., Stewart, I. T., Bonfils, C., Duffy, P. B. and Cayan, D. (2007) Detection, attribution, and sensitivity of trends toward earlier streamflow in the Sierra Nevada. Journal Geophysical Research, 112, D11118.

Mimikou, M. A. and Baltas, E. A. (1997) Climate change impacts on the reliability of hydroelectric energy production. Hydrological sciences journal, 42, 661-678.

Mimikou, M. and Fotopoulos, F. (2005) Regional effects of climate change on hydrology and water resources in Aliakmon River basin. In: Wagener, T., Franks, S., Gupta, H. V. et al. (eds) Regional Hydrological Impacts of Climatic Change-Impact Assessment and Decision Making. IAHS Redbooks Vol. 295. International Association of Hydrological Sciences, pp. 45-52.

Mimikou, M. A., Hadjisavva, P. S., Kouvopoulos, Y. S. and Afrateos, H. (1991) Regional climate change impacts: II. Impacts on water management works. Hydrological Sciences Journal, 36, 259-270.

Minville, M., Brissette, F. and Leconte, R. (2010) Impacts and uncertainty of climate change on water resource management of the Peribonka river system. Journal of Water Resources Planning and Management, doi: 10.1061/(ASCE) WR.1943-5452.0000041.

Minville, M., Brissette, F., Krau, S. and Leconte, R. (2009) Adaptation to climate change in the management of a Canadian water-resources system exploited for hydropower. Water Resources Management, 23, 2965-2986.

Moore, R. J. and Clarke, R. T. (1981) Distribution Function Approach to Rainfall Runoff Modeling. Water Resources Research, 17, 1367-1382.

Nakicenovic, N., Alcamo, J., Davis, G. et al. (2000) Emissions Scenarios. Cambridge University Press, Cambridge.

Nash, J. E. and Sutcliffe, J. V. (1970) River flow forecasting through conceptual models part I-A discussion of principles. Journal of Hydrology, 10, 282-290.

New, M., Lopez, A., Dessai, S. and Wilby, R. (2007) Challenges in using probabilistic climate change information for impact assessments: an example from the water sector. Philosophical Transactions of the Royal Society A: Mathematical, Physical and Engineering Sciences, 365, 2117-2131.

Nijssen, B., Lettenmaier, D. P., Liang, X., Wetzel, S. W. and Wood, E. F. (1997) Streamflow simulation for continental-scale river basins. Water Resources Research, 33, 711-724.

Panofsky, H. A. and Brier, G. W. (1968) Some Application of Statistics to Meteorology. The Pennsylvania state University Press.

Payne, J. T., Wood, A. W., Hamlet, A. F., Palmer, R. N. and Lettenmaier, D. P. (2004) Mitigating the effects of climate change on the water resources of the Columbia River basin. Climatic Change, 62, 233-256.

Penman, H. L. (1948) Natural evaporation from open water, bare soil and grass. Proceedings of the Royal Society of London, A193, 120-145.

Rawls, W. J., Ahuja, L. R., Brakensiek, D. L. and Shirmohammadi, A. (1992) Infiltration and soil water movement. In: Maidment, D. (ed.) Handbook of Hydrology McGrawHill, New York, PP. 5.1-5.51.

Muñoz, J. R. and Sailor, D. J. (1998) A modelling methodology for assessing the impact of climate variability and climatic change on hydroelectric generation. Energy Conversion and Management, 39, 1459-1469.

Robertson, A. W. and Mechoso, C. R. (1998) Interannual and decadal cycles in river flows of southeastern South America. Journal of Climate, 11, 2570-2581.

Robinson, P. J. (1997) Climate change and hydropower generation. International Journal of Climatology, 17, 983-996.

Sælthun, N. R., Aittoniemi, P., Bergström, S. et al. (1998) Climate change impacts on runoff and hydropower in the Nordic countries. No. 1998: 552 in TemaNord Series. Nordic Council of Ministers, Copenhagen.

Santer, B. D., Wigley, T. M. L., Schlesinger, M. E. and Mitchell, J. F. B. (1990) Developing Climate Scenarios from Equilibrium GCM Results. Max-Planck-Institut fur Meteorologie Report No. 47, Hamburg, Germany, 29pp.

Schaefli, B., Hingray, B. and Musy, A. (2007) Climate change and hydropower production in the Swiss Alps: quantification of potential impacts and related modelling uncertainties. Hydrology and Earth System Sciences, 11, 1191-1205.

Sharif, M. and Burn, D. H. (2006) Simulating climate change scenarios using an improved K-nearest neighbor model. Journal of Hydrology, 325, 179-196.

Shuttleworth, W. J. (1993) Evaporation In: Maidment, D. R. (ed.) Handbook of hydrology, McGraw-Hill, New York, pp. 4.1-4.53.

Solomon, S., Qin, D., Manning, M., Chen, Z., Marqis, M. and Avery, K. (2007) IPCC

2007: Climate Change 2007: The Physical Science Basis. Contribution of Working Group I to the Fourth Assessment Report of the Intergovernmental Panel on Climate Change. Cambridge University Press.

Todini, E. (1996) The ARNO rainfall—runoff model. Journal of Hydrology, 175, 339-382.

Tucci, C. E. M., Clark, R. T., Collischonn, W., Dias, P. L. S. and de Oliveira, S. G. (2002) Long term flow forecast based on climate and hydrological modeling: Uruguay river basin. Water Resources Research, 39, 1-11.

Turgeon, A. (2005) Solving a stochastic reservoir management problem with multilag autocorrelated inflows. Water Resources Research, 41, W12414.

Turgeon, A. (2007) Stochastic optimization of multireservoir operation: The optimal reservoir trajectory approach. Water Resources Research, 43, W5420.

TwinLatin (2006) Current Status Report. Twinning European and Latin-American River Basins for Research Enabling Sustainable Water Resources Management. Available at http://www.twinlatin.org/contentdata/1.%20Introduction_1_8.doc.

TwinLatin (2009a) WP3- Hydrological Modelling and Extremes. Twinning European and Latin-American River Basins for Research Enabling Sustainable Water Resources Mangement. 248 pp. Available at http://www.twinlatin.org/contentdata/WP3%20Final%20Report.pdf.

TwinLatin (200b) WP8- Change Effects and Vulnerability Assessment. Twinning European and Latin-American River Basins for Research Enabling Sustainable Water Resources Mangement. 193 pp. Available at http://www.twinlatin.org/contentdata/WP8%20Final%20Report.pdf.

VanRheenen, N. T., Wood, A. W., Palmer, R. N. and Lettenmaier, D. P. (2004) Potential implications of PCM climate change scenarios for Sacramento-San Joaquin River Basin hydrology and water resources. Climatic Change, 62, 257-281.

Venema, V., Bachner, S., Rust, H. W. and Simmer, C. (2006) Statistical characteristics of surrogate data based on geophysical measurements. Nonlinear Processes in Geophysics, 13, 449-466.

Vicuña, S., Leonardson, R., Hanemann, M. W., Dale, L. L. and Dracup, J. A. (2008) Climate change impacts on high elevation hydropower generation in California's Sierra Nevada: a case study in the Upper American River. Climatic Change, 87, 123-137.

Vidal, J. P. and Wade, S. (2008a) A framework for developing high-resolution multi-model climate projections: 21st century scenarios for the UK. International Journal of Climatology, 28, 843-858.

Vidal, J. P. and Wade, S. D. (2008) Multimodel projections of catchment-scale precipitation regime. Journal of Hydrology, 353, 143-158.

Vidal, J. P., Martin, E., Franchistéguy, L., Baillon, M. and Soubeyroux, J. M. (2010) A 50-year high-resolution atmospheric reanalysis over France with the Safran system. International Journal Of Climatology, 30, 1627-1644.

Westaway, R. (2000) Modelling the Potential Effects of Climate Change on the Grande Dixence

Hydro-Electricity Scheme, Switzerland. Water and Environment Journal, 14, 179-185.

Wigley, T. M. L. (2003a) MAGICC/SCENGEN 4.1: Technical Manual. National Center for Atmospheric Research, CO, 14 pp.

Wigley, T. M. L. (2003b) MAGICC/SCENGEN 4.1: User Manual. National Center for Atmospheric Research, CO, 23 pp.

Wilby, R. L. and Harris, I. (2006) A framework for assessing uncertainties in climate change impacts: Low-flow scenarios for the river Thames, UK. Water Resources Research, 42, doi: 10.1029/2005WR004065.

Wilby, R., Greenfield, B. and Glenny, C. (1994) A coupled synoptic-hydrological model for climate change impact assessment. Journal Of Hydrology, 153, 265-290.

Wilby, R. L., Whitehead, P. G., Wade, A. J., Butterfield, D., Davis, R. J. and Watts, G. (2006) Integrated modelling of climate change impacts on water resources and quality in a lowland catchment: River Kennet, UK. Journal of Hydrology, 330, 204-220.

Wood, A. W., Leung, L. R., Sridhar, V. and Lettenmaier, D. P. (2004) Hydrologic implications of dynamical and statistical approaches to downscaling climate model outputs. Climatic Change, 62, 189-216.

Wood, A. W., Maurer, E. P., Kumar, A. and Lettenmaier, D. P. (2002) Long-range experimental hydrologic forecasting for the eastern United States. Journal of Geophysical Research, 107, D20.

Wood, E. F., Lettenmaier, D. P. and Zartarian, V. G. (1992) A land-surface hydrology parameterization with subgrid variability for general circulation models. Journal of Geophysical Research, 97, 2717-2728.

Yao, H. and Georgakakos, A. (2001) Assessment of Folsom Lake response to historical and potential future climate scenarios: 2. Reservoir management. Journal Of Hydrology, 249, 176-196.

Yates, D., Gangopadhyay, S., Rajagopalan, B. and Strzepek, K. (2003) A technique for generating regional climate scenarios using a nearest-neighbor algorithm. Water Resources Research, 39, 1199.

Young, A. R., Grew, R. and Holmes, M. G. (2003) Low Flows 2000: a national water resources assessment and decision support tool. Water Science and Technology, 48, 119-126.

图 版

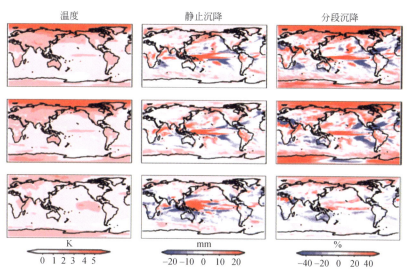

图版1 依据IPCC SRES A1B"正常"的人为排放量情景,全球气候(GCM)模拟变化图。2038～2057年与1988～2007年的年平均变化不同。左:地表气温变化;中:降水变化的绝对值;右:降水的相对(百分比)变化。上部和中部:两个CCSM3.0模型的模拟,该模型模拟开始的天气状况不同;底部:GFDL-CM2.1模型模拟。GCM数据由社区气候系统模型集合项目、大学大气研究公司及地球物理流体动力学实验室提供。

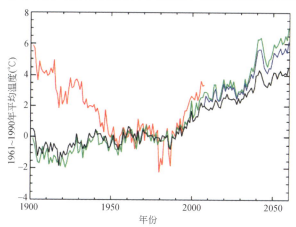

图版2 单一的气候模型模拟的北极地表气温异常时间序列估计不同。年平均值,在北纬60°以北海陆域,表现为1961–1990年的平均值异常。绿线:没有应用观测范围掩饰的GCM数据。红线:月GCM数据被保存在栅格箱(grid boxes)内,并且仅有实测数据,但计算每年区域平均值之前,没有消除季节性周期。黑线:每月的GCM数据被隐藏,根据观测的可用性和季节性周期移除计算年度区域的平均值,把2007年观测范围用于到未来。蓝线:运用过去数月可察隐藏的常见做法。GCM的数据由气候系统模型项目集合和大学大气研究合作所(UCAR)提供;由英国气象局哈德利中心和东英吉利大学气候研究组提供观测数据(HadCRUT3)。

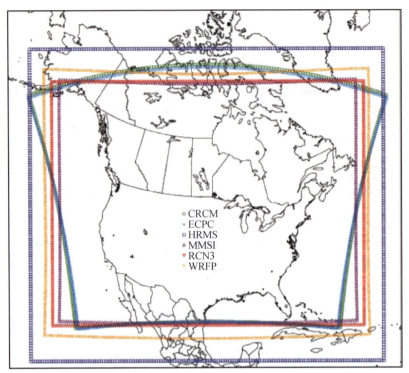

图版 3 北美区域气候变化评价方案的区域气候模型空间域对比。转自 http://www.narccap.ucar.edu/data/domain-plot.png.

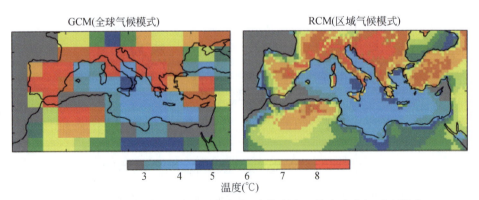

图版 4 关于地中海及其周围的夏季温度变化,哈德利中心的全球大气环流模式(GCM)和区域气候模型(RCM)分辨率的比较。科西嘉岛,撒丁岛和西西里岛等岛屿没有用 GCM。摘自 Jones et al.,2004。

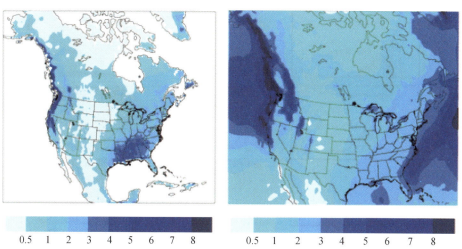

图版5 对比1980~2004年的观察值(左图)和动态缩减(右图)冬季平均降水量(mm/d)。感谢北美区域气候变化评估计划(the North American Regional Climate Change Assessment Program)为我们提供的数据。NAR CCAP由国家自然科学基金(NSF)、美国能源部(DoE)、美国国家海洋和大气管理局(NOAA)和美国环境保护局(EPA)组成。

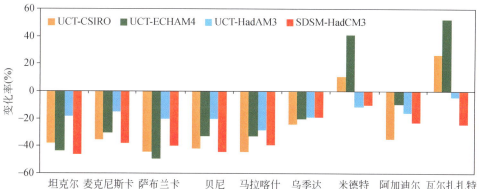

图版6 摩洛哥9个地区年总降水量变化(%)。该方案由两个统计降尺度方法构建:[统计降尺度模型(SDSM),开普敦大学(UCT)]和四套环流模式(GCM)边界胁迫(ECHAM4,CSIRO,HadAM3,HadCM3)为A2排放情景下的直到21世纪80年代。来自Wilby and Direction de la Météorologie National(2007)。

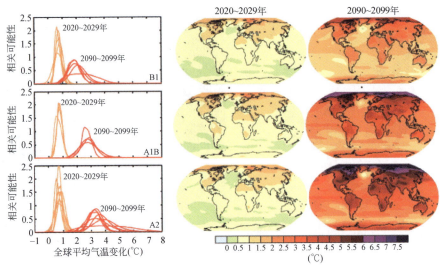

图版 7 相对于 1980~1999 年,预估 21 世纪早期和晚期地表温度变化。中部与右侧的图显示了 2020 年到 2029 年的海洋大气环流模式(AOGCM)的多模型平均预测(℃)排放情景特别报告,B1(上),A1B 情景(中)和 A2(下),2020~2029 年(中)和 2090~2099 年(右)。左图中显示在同一时期内,不同的海气耦合气候模型和中等复杂地球系统模型研究(EMIC)对全球平均变暖相对概率的估计的相应的不确定性。一些研究结果目前仅适用于排放情景的一个子集,或各种版本的模型。由于结果的可获得性差异,左图显示了曲线数量的差异。摘自 Solomon et al. (2007)。

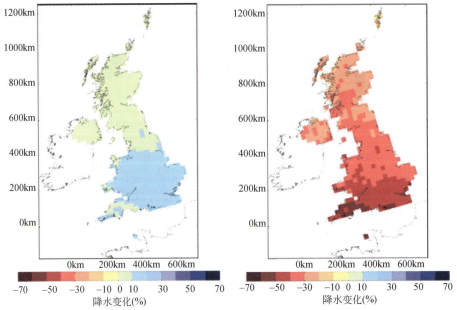

图版 8 UKCP09 预估的 21 世纪 50 年代夏季平均降水总量变化,作图为低(B1)排放情景(90%),右图为高排放情景(A1F1)(10%)。转摘许可© 2009 年英国气候预测。

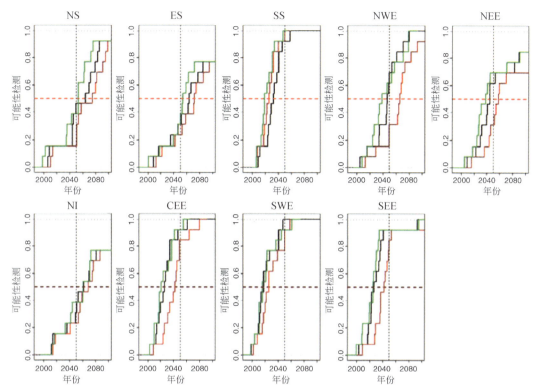

图版9 英国均匀降雨地区,预估10年重现期的10日冬季降水总量的显著变化($\alpha=0.05$)的检测年份。使用数据包括是从1958~2002年的观测值(黑线)、1961~1990年区域气候模型(RCM)模拟值(绿线)及1961~1990年的观测值(红线)。当超过概率阈值0.5(水平红色虚线)时,不作为检测年份。被检测出来的最早时间为2016年,英格兰西南部(SWE),基于RCM方差估计。摘自Fowler和Wilby(2010)。

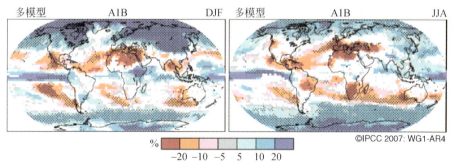

图版10 基于多模型平均预测A1B排放情景,与1980~1990年相比,2090~2099年的降水变化(%)。白色区域表明模型一致表明变化小于66%;斑点区域表示90%左右的模型认同该编号。摘自政府间气候变化专门委员会(2007)。

图版11　通过观察怀俄明州大堤顿国家公园,在一定程度上认为几千米内地形和土地覆盖是多样化的。

图版12　日本超级计算机地球模拟器 NUGAM 气候模型对瞬时领域(云,降水和积雪)可视化的高分辨率气候模拟。摘自 http://www.earthsimulator.org.uk,由 P. L. Vidale,NCAS 气候和英国–日本气候协作团队认证许可。

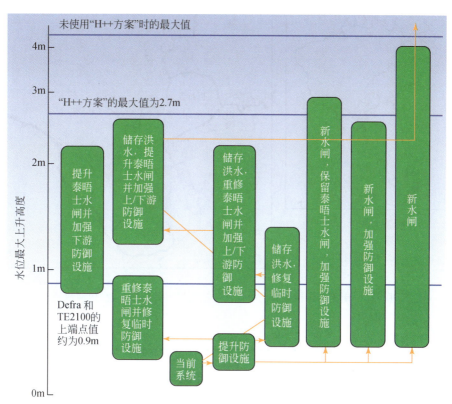

图版 13 泰晤士河河口项目(TE2100)对潮汐洪水风险灾害管理适应措施的开发。蓝线表示下列两种情况下预估的最高水位:①由于海洋热膨胀,冰川和极地冰盖融化,导致海平面上升引起的"可能"情况,大致与 2006 年 Defra 指导中的情景相同;②由热膨胀,冰融化和风暴潮引起的极端事件,导致低几率高冲力的海平面上升(包括浪涌)或最坏的情况(H++)发生。绿色框描述了水位有效范围内,洪水灾害风险管理措施;箭头表明了不同海平面范围的适应性选择路径。改编自 Lowe 等(2009)。

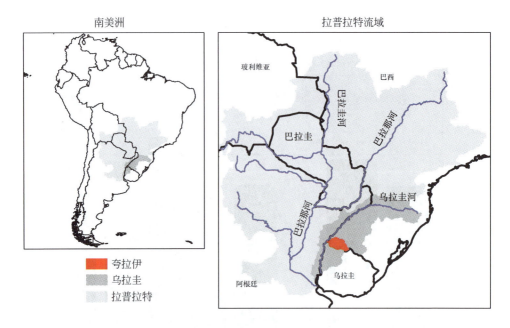

图版 14 南美洲乌拉圭和巴拉那河-拉普拉塔河流域的夸拉伊河流域

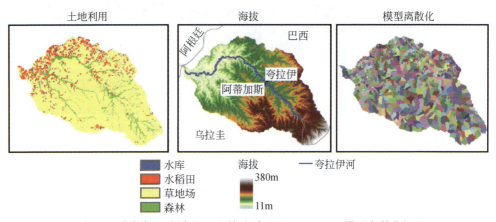

图版 15 夸拉伊河流域的土地利用,高程和 MGB-IPH 模型离散化概况

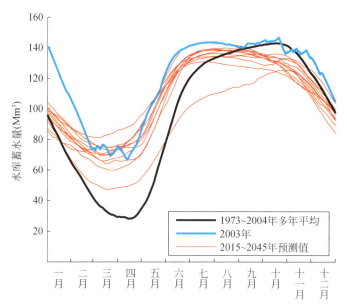

图版16 水库的存储量的季节性周期比较:表6.3.2中列出了目前的平均气候状况,2003年为基准年,11个大气环流模型(GCM)的独立预测。